LE PROPRIÉTAIRE-PLA

I0067924

SEMER ET PLANTER

CHOIX DES TERRAINS — SEMIS — PLANTATIONS FORESTIÈRES ET D'AGRÉMENT
ENTRETIEN DES MASSIFS — ÉLAGAGE — DESCRIPTION
ET EMPLOI DES ESSENCES FORESTIÈRES INDIGÈNES ET EXOTIQUES, ETC.

TRAITÉ PRATIQUE ET ÉCONOMIQUE DU REBOISEMENT

ET

DES PLANTATIONS DES PARCS ET JARDINS

Par D. CANNON
Lauréat du Prix d'Honneur pour la Sylviculture en Sologne

DEUXIÈME ÉDITION REVUE ET AUGMENTÉE
ORNÉE DE 380 GRAVURES

PARIS

J. ROTHSCHILD, ÉDITEUR

13, RUE DES SAINTS-PÈRES, 13

—

1894

LE PROPRIÉTAIRE-PLANTEUR

—

SEMER ET PLANTER

LE PROPRIÉTAIRE-PLANTEUR

SEMER ET PLANTER

CHOIX DES TERRAINS — SEMIS — PLANTATIONS FORESTIÈRES ET D'AGRÉMENT
ENTRETIEN DES MASSIFS — ÉLAGAGE — DESCRIPTION
ET EMPLOI DES ESSENCES FORESTIÈRES INDIGÈNES ET EXOTIQUES, ETC.

TRAITÉ PRATIQUE ET ÉCONOMIQUE DU REBOISEMENT

ET

DES PLANTATIONS DES PARCS ET JARDINS

Par D. CANNON

Lauréat du Prix d'Honneur pour la Sylviculture en Sologne

DEUXIÈME ÉDITION REVUE ET AUGMENTÉE

ORNÉE DE 380 GRAVURES

PARIS

J. ROTHSCHILD, ÉDITEUR

13, RUE DES SAINTS-PÈRES, 13

1894

SOMMAIRE DES CHAPITRES

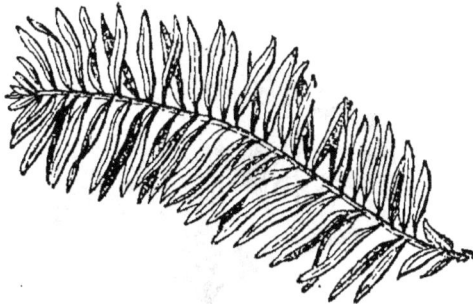

PRÉFACE DE LA 2ᵉ ÉDITION

A faveur avec laquelle a été accueilli cet ouvrage, dont nos lecteurs ont bien voulu reconnaître l'utilité, nous a décidé à faire paraître cette seconde édition, dans laquelle nous avons pu corriger quelques erreurs du texte primitif et compléter les renseignements concernant quelques arbres forestiers ou d'agrément, d'après les résultats de cinq ans de culture, ajoutés à notre expérience antérieure.

Les gravures qui ornent cette édition ont été choisies de manière à compléter utilement le texte.

Les planches qui accompagnent la description des principales essences forestières montrent en détail les caractères botaniques de leurs organes essentiels.

Il était impossible, sans dépasser de beaucoup le prix modeste de cette publication, d'en faire autant pour toutes les autres espèces; mais les vignettes que nous en donnons font ressortir leurs caractères distinctifs, et les font mieux comprendre que d'arides descriptions.

L'introduction de l'ouvrage a été écrite en 1887. Depuis, la période de la détresse aiguë de l'agriculture a heureusement pris fin, mais celle de ses difficultés ne paraît pas près de se terminer.

Le reboisement est donc toujours une ressource pour l'agriculture, et comme, d'ailleurs, nous ne conseillons de reboiser que les terrains impropres à être cultivés, nos observations à ce sujet conservent toute leur portée.

ERRATA ET OMISSIONS

Page 8. Titre, pour : Remises d'Impôts accordées *par les Bois*, lire : *par les Lois.*

— 47, 9ᵉ ligne du § 70, pour : *à l'ouvrage déjà cité de M. de Kirwan*, lire : *à un ouvrage de M. de Kirwan*, ancien conservateur des Forêts : *Les Conifères indigènes et exotiques.*

— 100, ligne 9, après : « l'énorme proportion que nous indiquions tout à l'heure », lire : *soit : à l'hectare, 80 kilog. d'avoine :*
Glands, châtaignes, etc., en mélange. . . . . 8 à 10 hectol.
Pin maritime. . . . . 6 kilog.
Pin sylvestre (graine désailée) . . . . 2 kilog. 500

— 128, 4ᵉ ligne du § 232, pour : *composant* le même nombre de plants, lire : *comportant*, etc.

— 145, 6ᵉ ligne du § 271, pour : *Ses Pins*, lire : *Les Pins.*

— 151, dernière ligne du § 289, pour : § *184 et suivants*, lire : § *198 et suivants.*

— 174, § 351 : Propagation du Frêne, *de l'Orme*, du Sycomore, supprimer les mots : *de l'Orme.*

— 187, en tête : les mots : *Pins à deux feuilles*, forment un sous-titre, celui de la 1ʳᵉ section ; ils ne font pas partie du titre général du chapitre.

— 221, sous-titre, pour : Les *Esquoias*, lire : Les *Sequoias.*

— 255, figure 255, Chêne Quercitron, légende, supprimer les mots : *Feuilles de première année.*

— 259, figure 261, Chêne du Banister, légende : les mots : *Première feuille*, s'appliquent seulement à la petite feuille représentée au bas, à la droite de la figure.

— 314, en tête du § 536, pour : Magnolier *à grandes feuilles*, lire : Magnolier *à grandes fleurs.*

INTRODUCTION

S I LA détresse agricole actuelle atteint d'une façon bien malheureuse les principales richesses de la France, si elle détruit tant d'espérances, paralyse tant de louables efforts, elle nous rend au moins ce service, qu'elle attire de plus en plus l'attention générale sur les bienfaits du reboisement. Elle démontre clairement la folie des défrichements des bois en valeur. Elle nous rappelle qu'il existe en France des millions d'hectares en friches, dont une grande partie, plantée en essences rustiques qui conviennent à chaque terrain, pourrait rendre au pays les richesses perdues par la dépréciation des produits agricoles, par les maladies des vignes, en un mot par tous les malheurs qui pèsent sur la culture.

On voit clairement qu'il devient urgent :

1. — De boiser toute vieille terre en culture qui ne rend plus de bénéfice, soit en labour, soit en pâturage ;

2. — De remplacer les terres usées, là où l'utilité en est démontrée, par la mise en culture des friches qui peuvent être rendues productives au moyen de nouveaux engrais et d'outillages perfectionnés ;

3. — Enfin, de constituer des ressources pour l'avenir, en reboisant, autant que possible, les friches impropres à la culture.

C'est sur cette triple tâche que depuis vingt ans nous faisons porter nos efforts en Sologne, région qui fut longtemps l'une des plus déshéritées de la France, mais qui, grâce à l'ensemble général des travaux que nous venons d'indiquer, se transforme rapidement, et, malgré toutes les crises, tous les désastres que nous avons éprouvés, atteint déjà une prospérité relative et sans cesse croissante.

Dans cette époque de transition où nous sommes, nous avons donc pensé que, malgré le nombre d'ouvrages classiques et complets qui existent sur le sujet du reboisement, l'expérience pratique d'un *planteur*, travaillant sur un sol des plus ingrats, avec les ressources limitées d'un modeste propriétaire, peut être utile aux jeunes sylviculteurs qui entreprennent l'utilisation des terrains improductifs.

De nos jours, dans toute entreprise culturale, la marge qui représente la différence entre le profit et la perte devient de plus en plus étroite, par suite de l'augmentation des frais et de la concurrence croissante pour la vente des produits. Toute erreur dans les procédés employés, toute prodigalité inutile dans la création des bois, peut donc devenir une source de déceptions pénibles et qui pourraient se produire trop tard pour qu'il fût possible de réparer le mal ; car, si l'art en général est long, celui de la sylviculture l'est particulièrement ; la vie de l'homme ne correspond, hélas ! qu'à l'enfance de l'arbre qu'il plante.

Ce n'est donc qu'à la condition de ne pas se tromper, soit dans la nature des opérations, soit dans la manière économique de les exécuter, que les reboisements deviennent avantageux au propriétaire, utiles au pays.

Si notre expérience peut éviter à nos lecteurs les écoles que nous avons faites et les déceptions que nous avons éprouvées avant de réussir, le but de ce modeste traité sera atteint.

LE PROPRIÉTAIRE-PLANTEUR

SEMER ET PLANTER

CHAPITRE PREMIER

RÉFLEXIONS A FAIRE AVANT D'ENTREPRENDRE
DES REBOISEMENTS D'UNE IMPORTANCE CONSIDÉRABLE.

1. — **Ce que coûte le Reboisement.** — Il va sans dire qu'on doit tout d'abord se rendre bien compte du prix de ce travail, prix qu'il faut calculer largement, en laissant une bonne part à l'imprévu.

On ne se rappelle peut-être pas toujours qu'une très forte proportion du prix de revient d'une plantation, c'est l'intérêt composé de la valeur marchande du terrain, c'est-à-dire du prix pour lequel on a acheté la terre, ou pour lequel on pourrait la vendre. Ces intérêts doivent courir jusqu'à la première production rémunératrice du jeune bois. Calculés au taux de 4 p. 100, ces intérêts s'élèvent, au bout de quinze ans, à 80 p. 100 environ de cette valeur ; à 3 p. 100, ils seraient de 55 p. 100. Mais nous croyons que les cas où les terrains boisés peuvent fournir un rapport sérieux dans l'espace de quinze ans, à partir du moment où ils ont été réservés à cet effet, sont très rares, et que le chiffre de cette perte d'intérêts peut souvent égaler celui du capital, surtout.

si nous tenons compte des déceptions que l'on éprouve toujours dans de plus ou moins grandes proportions. Ces mécomptes peuvent provenir de tous les accidents défavorables, et ils donnent toujours lieu à des retards et à des surcroîts de frais.

Il est donc nécessaire de réfléchir sérieusement avant d'acquérir une propriété avec l'intention de la boiser, ou de planter celles dont on a déjà la jouissance ; et de s'assurer, avant d'entreprendre cette tâche, s'il n'y a véritablement pas d'autres moyens, soit actuellement, soit dans un délai rapproché, d'en tirer un parti plus avantageux. Il faut se sentir les reins solides pour pouvoir faire les avances nécessaires à l'établissement des jeunes bois et pour sacrifier les intérêts de son capital, aussi bien que ceux de ses déboursés, pendant de longues années.

2. — **Vente à obtenir.** — Il est également nécessaire de songer à la nature des débouchés pour les produits, et à l'état probable de ces débouchés dans un avenir éloigné. Tel bois, peu avantageux à cultiver aujourd'hui, pourra devenir précieux demain et *vice versa*, selon l'état futur des marchés et des communications.

3. — **Agrément et Utilité du Reboisement.** — La décision de reboiser une fois prise, après mûre considération de ces circonstances et de toutes les autres dont il faut tenir compte, nous dirons au jeune sylviculteur : Marchez hardiment en avant! Nous souhaitons tout succès à votre œuvre, car elle est éminemment bonne et utile. Bien comprise et bien exécutée, elle ajoutera infailliblement à la richesse du propriétaire et à celle du pays, et même, si le succès financier se fait attendre, elle aura donné au reboiseur, pendant les meilleures années de sa vie, une occupation des plus agréables, avec la satisfaction d'avoir employé utilement son temps et sa fortune, d'avoir fait vivre des travailleurs, d'avoir contribué pour sa part au développement de la prospérité de sa patrie.

4. — **La véritable Économie est dans la bonne Exécution des Travaux.** — Le sacrifice d'intérêts pendant de longues années, que nous venons de constater, forme à lui seul l'article le plus important dans le véritable prix de revient du reboisement. Il ne

faut donc jamais oublier que ce sacrifice, et ensuite les frais de garde et ceux d'entretien, les impôts, etc., jusqu'au premier rapport rémunérateur, sont les mêmes pour une bonne plantation que pour une mauvaise ; la seule différence est que, dans le premier cas, arrivé au bout de ses labeurs et de son attente, on se trouve en possession d'une vraie valeur, dans l'autre, en présence d'une déception.

Tout en constatant que la bonne économie est de rigueur, que, si nous voulons un succès financier, il est indispensable que les dépenses soient réglées en stricte proportion avec la valeur à obtenir, il résulte clairement des observations précédentes :

Qu'il est de la plus fausse économie d'avoir recours à des modes défectueux de plantation ou de semis pour épargner quelques francs par hectare, les déboursés directs ne constituant, en général, qu'une faible partie du prix de revient total ; qu'il est surtout plus économique de faire ce qu'il faut pour réussir d'abord. que d'avoir à réparer des insuccès ensuite, les frais, les difficultés et les dangers étant infiniment plus grands en proportion pour les remplacements que pour la première plantation, et le produit moins satisfaisant. Dans cette culture, comme dans toute autre, il faut, pour donner un rendement rémunérateur, des récoltes *maxima*. Celles-ci ne peuvent s'obtenir que sur un sol régulièrement couvert de végétation vigoureuse, et celui qui, pour diminuer quelque peu la dépense, se servirait d'essences fragiles ou exécuterait des travaux insuffisants, ressemblerait au fermier qui achèterait ses semences au rabais ou qui épargnerait les engrais nécessaires à ses terres.

5. — **Valeur du Terrain à boiser.** — Nous avons dit que la dépense du reboisement doit être proportionnée à la valeur du produit qu'il doit rendre. Nous ajouterons qu'elle doit être maintenue en rapport avec la valeur vénale du terrain sur lequel on opère.

Les contrées qui demandent le plus à être boisées, et où se trouve la plus grande étendue de friches, ont acquis une réputation de stérilité uniforme, très souvent peu méritée ; car la nature du sol, dans une région négligée, est souvent variable, et, à côté de landes arides ou de montagnes rocailleuses, il peut se trouver des plaines ou des vallées naturellement fertiles, qui n'ont besoin que d'un peu de capital et d'une culture intelligente pour devenir productives. Mais le public condamne la contrée en bloc et calcule le prix de son terrain à un chiffre moyen qui ne peut être beaucoup dépassé, même dans les cas les plus favorables.

Il peut toujours arriver que, pour une raison ou pour une autre, on soit obligé de mettre en vente un terrain boisé avant son plein rapport. Dans le cas que nous venons d'indiquer, on aura beau représenter aux acheteurs qu'on a doublé ou triplé la valeur de la propriété par de larges dépenses faites en vue d'une culture peu commune qui doit devenir exceptionnellement lucrative; les acquéreurs admettront peut-être une légère augmentation du prix moyen des terrains dans la région, mais pas davantage, et le sylviculteur aura perdu la plus grande partie de ses frais, s'ils ont été en disproportion avec la valeur de son fonds.

6. — Nous avons cru de notre devoir de prévenir le jeune reboiseur contre toute déception, et nous résumons ces conseils en l'engageant à tout prévoir avant d'entreprendre son œuvre afin de n'avoir pas à faiblir après l'avoir engagée.

CHAPITRE II

CHOIX DU TERRAIN A BOISER ET DES ESSENCES
QUI DOIVENT L'OCCUPER

En choisissant les terres à boiser, on doit, autant que possible, agir sur un plan d'ensemble, en vue de réunir des conditions favorables au développement et à l'administration des futurs massifs.

7. — **Positions des Parcelles.** — Les bois doivent être compacts et accessibles, et la position relative des parcelles est importante. Ainsi, au point de vue de la chasse ou du coup d'œil pittoresque, un petit massif isolé, entouré par des cultures ou des pâturages, est charmant; mais, en général (quoique aucune règle ne soit absolue, les circonstances locales constituant un facteur qui ne peut impunément être négligé), un tel bois est peu pratique dans la sylviculture. Il est relativement plus exposé à toutes les intempéries du climat que les grands massifs, dont les arbres s'abritent mutuellement. Si la coutume du pays exige une clôture, les frais de l'établissement et de l'entretien de celle-ci seront infiniment plus élevés. Si, au contraire, il ne doit pas être clos, il sera difficile à garder, il gênera le cultivateur, sera dévoré par ses bêtes et saccagé par ses pâtres. Ajoutons que son administration, son exploitation et la vente de ses produits, peuvent avoir à souffrir de sa position écartée.

En sylviculture, la règle générale est donc de masser autant que

possible les plantations et, quand on en crée de nouvelles, de
choisir à cet effet des parcelles réunies, attenantes, si possible, aux
anciens bois.

En enlevant à la culture de la ferme les pièces destinées aux
boisements, on en fait évidemment un choix raisonné. En premier
lieu, on prend celles qui, par la nature inférieure de leur sol, offrent
le moins de ressources à l'agriculture; mais ici encore la position
des parcelles peut être importante. Telle pièce de terre, qui offre
assez de ressources naturelles, peut être peu commode d'accès,
éloignée du fumier et des engrais, et par conséquent peut risquer
d'être mal entretenue par le cultivateur ; il y aurait donc avantage
à la planter. Telle autre, tout en étant usée et improductive, pourrait
être gênante, si elle était boisée, pour les raisons que nous venons
d'indiquer au dernier paragraphe, ou par suite d'autres considérations locales, et il serait préférable de la laisser au pâturage.

8. — **Danger des Opérations trop pressées.** — Il est très
naturel que le planteur, qui doit forcément attendre si longtemps
le fruit de ses efforts, désire pousser ses travaux le plus rapidement
possible ; mais ici, comme dans toute autre entreprise, il faut join-
dre la prudence à l'activité. Nous avons connu et éprouvé bien des
mécomptes résultant de reboisements précipités, et nous ne pouvons trop engager nos lecteurs à patienter jusqu'à ce qu'ils soient
sûrs de l'efficacité de leurs moyens de travail et de la préparation
convenable du sol, dans les cas où cette préparation est nécessaire.

Dans les terres usées par une culture épuisante, on peut ordinairement semer ou planter immédiatement ; quant à celles qui sont
en friche ou qui menacent d'être rapidement couvertes de végétation arbustive ou de hautes herbes, il sera, en général, plus prudent de les soumettre pendant quelques années à une culture
préalable, surtout s'il s'agit de les boiser en essences feuillues.

On doit donc prendre pour règle, malgré un très juste empresse-
ment à opérer au plus vite, de ne choisir, pour l'exécution immédiate des travaux, que les terrains où leur succès est actuellement
assuré, et, pendant le reboisement de ceux-ci, de préparer le succès

au moyen des procédés nécessaires, comme ceux d'assainissements, de cultures raisonnées, etc., dans les autres qui ne sont pas encore prêts à recevoir les essences qui doivent leur être confiées.

9. — Étude des Terrains en vue du Choix des Essences. — Enfin, le choix de la superficie à boiser étant arrêté, il s'agit de déterminer les essences qu'on doit employer. Ici, on doit se guider par deux ordres de considérations : celles de la nature variable des sols et des sous-sols, car il faut que les jeunes bois puissent s'y développer vigoureusement ; celles des débouchés actuels et futurs, car il faut que leurs produits trouvent un placement avantageux, autrement le planteur aura travaillé en vain. Celui-ci doit donc se livrer à un examen soigneux de ses terrains et de leurs sous-sols, pour y introduire les essences les plus aptes à y végéter vigoureusement, tout en commandant de bons prix dans la région où il se trouve. Celui qui voudrait planter le chêne, par exemple, dans un sable acide et sec, le mélèze dans une terre forte, avec un sous-sol retenant l'humidité, ne pourrait que s'exposer à de pénibles déceptions. Les plantations d'essences feuillues ne peuvent non plus réussir dans les terrains destinés à être envahis par une forte végétation arbustive.

On voit donc qu'il est de toute nécessité de bien étudier, avant de commencer les opérations, la nature, les ressources, la position de son terrain, et les essences qui lui conviennent. Il faut, à ce sujet, observer soigneusement la croissance des massifs de ces espèces qui se trouvent dans les terrains voisins analogues à ceux du planteur. Nous adjoignons une énumération succincte des sols les plus ordinaires avec les essences les plus utiles à employer dans chacun d'eux.

9 bis. — Essences convenant aux différentes Natures de Terrains.

Sols siliceux-sablonneux, arides. — Pin maritime (dans les climats doux), pin sylvestre, chêne tauzin ; dans le Midi, pin d'Alep, chêne yeuse.

Sols siliceux-sablonneux, frais. — Presque tous les conifères forestiers; le sapin même s'y plaît, pourvu qu'il y trouve une certaine proportion d'humus. Chêne rouvre, charme, châtaignier. Bouleau, aulne blanc, robinier faux-acacia. Saule marceau.

Sols légers, granitiques. — Comme pour les précédents, mêmes espèces. Sur les coteaux et dans les vallons, le hêtre et le frêne.

Sols siliceux-argileux, ou à base d'argile. — Pin sylvestre, épicéa, sapin, chêne rouvre ou pédonculé, hêtre, châtaignier, orme, charme, bouleau, érables, frêne.

Sols calcaires. — Pin d'Autriche, pin d'Alep (dans le Midi), pin laricio, pin sylvestre, sapin, épicéa, mélèze (pourvu que la proportion du calcaire ne soit pas excessive), hêtre, sycomore, acacia, cytise, aulne blanc, cerisier Sainte-Lucie, mérisier, saule marceau, frêne.

Sols marécageux assainis. — Pin sylvestre, épicéa, pitch-pin, taxodium ou cyprès chauve, aulne commun et blanc.

Sols à fonds mouillés, sujets à être inondés. — Cyprès chauve, aulne commun, saule blanc.

Bruyères et Landes. — Pin sylvestre. Dans les climats maritimes, pin maritime.

Environs de la mer. — Pin maritime, pin d'Autriche, pin laricio, pin remarquable (*insignis*), orme de montagne, orme commun, frêne, chêne yeuse et sorbier.

Les arbrisseaux suivants, résistant aux vents de mer, abritent les jeunes plantations :

Argousier rhamnoïde ou saule épineux, romarin ; sureau, troène.

CHAPITRE III

MANIÈRE D'OBTENIR LES REMISES D'IMPOTS, ACCORDÉES
PAR LES BOIS SUR LES TERRES A BOISER.

10. — **Distinction à observer.** — Le propriétaire qui a l'intention de boiser un terrain pour la première fois a le choix entre deux articles de loi aux termes desquels, selon la nature de son sol, il peut demander la remise des impôts qui le grèvent. Ces deux articles sont dissemblables et se complètent l'un l'autre. La Société des Agriculteurs de France a mis récemment cette question à l'étude; d'un autre côté un jurisconsulte éminent, M. Meaume, dans son répertoire de législation et de jurisprudence, communiqué à la *Revue des Eaux et Forêts*, a distingué très nettement les différences qui existent, non seulement entre les dispositions de chacun des articles dont il s'agit, mais entre les procédés qu'il faut suivre pour en obtenir le bénéfice.

11. — **Dégrèvement des Friches.** — Le premier article en question est le n° 226 du Code forestier, ainsi conçu :

« Les semis et les plantations de bois sur le sommet et le penchant des montagnes, sur les dunes et dans les landes, seront exempts de tout impôt pendant trente ans. »

Les dispositions de cet article ne sont donc applicables qu'aux

terrains classés sur le cadastre comme étant tout à fait impropres
à la culture. Nous insistons sur cette expression « classés sur le
cadastre », car il peut arriver qu'un terrain ait changé de nature
depuis ce classement. Telle bruyère a été défrichée, telle terre cultivée peut être retombée en friche.

La marche à suivre pour obtenir le bénéfice de cet article est
celle-ci :

Le propriétaire doit commencer par planter ou semer quelques
hectares ; cela fait, dans les trois mois qui suivent la publication
des rôles des contributions, il doit adresser au *conseil de Préfecture*
une demande en décharge selon l'article cité, et accompagnée (condition indispensable) de l'avertissement du percepteur et de la
quittance des termes échus avant la demande. Il peut citer à
l'appui de sa réclamation l'arrêt du Conseil d'État du 14 juillet 1861
(affaire Alibert). Le demandeur doit ainsi, au bout des délais
réglementaires, obtenir successivement des dégrèvements complets,
pendant trente ans, de tous ses terrains en friche, à mesure
qu'il les fera boiser.

Si on lui oppose une fin de non-recevoir par la raison que son
terrain n'est ni montagne, ni dune, ni lande, mais bien un sol
cultivable, il faudra se prévaloir, *pour ce qui reste à boiser*, de l'article de la loi qui a rapport à cette dernière catégorie de terres.

12. — **Dégrèvement des vieilles Terres cultivées.** — Par les
dispositions de l'article 116 de la loi du 3 frimaire an VII, la cotisa-
tion de tout terrain en valeur doit être réduite au quart de la cotisa-
tion cadastrale. Cet article est ainsi conçu :

« Le revenu imposable des terrains maintenant en valeur qui
seront plantés ou semés en bois ne sera évalué, pendant les trente
premières années de la plantation ou du semis, qu'au quart de celui
des terres d'égale valeur non plantées. »

Mais le procédé nécessaire pour profiter de cette loi est tout
différent de celui prescrit à l'égard de l'article du Code forestier.
C'est une déclaration préalable qu'il faut remettre au *Secrétariat de
la mairie :* selon un autre article de la même loi, une commission

municipale doit, dans la « décade » qui suivra la déclaration, visiter le terrain et vérifier son état. Sur le rapport de cette commission, la remise des trois quarts des impôts est accordée.

On voit donc qu'il est important, pour le propriétaire, d'être au courant des distinctions assez délicates qu'il faut observer, tant à l'égard de sa demande que de la façon dont elle doit se faire. Comme exemple des inconvénients de l'ignorance en cette matière, nous pouvons citer notre propre expérience. Il y a une quinzaine d'années, nous plantions en pin sylvestre une bruyère de 50 hectares, en faisant une déclaration préalable pour bénéficier des dispositions de la loi de frimaire an VII, les seules que nous connaissions alors. La remise nous fut refusée, notre terrain n'étant pas « en valeur » ou en état cultivable. Ignorant l'article 226 du Code forestier, auquel nous aurions dû avoir recours, nous ne cherchâmes pas plus loin, et depuis lors nous payons régulièrement nos impôts complets sur cette étendue de terrain boisé, comme sur bien d'autres dont nous aurions pu obtenir le dégrèvement.

13. — **Dégrèvement en cas de Sinistre.** — Outre les reboisements proprement dits, il peut arriver que des bois déjà existants aient été détruits par suite de sinistres comme les gelées de 1879-80, et demandent à être reconstitués.

Il existe une provision, mais qui a été trop perdue de vue, pour dégrever les terrains ainsi dénudés pendant le temps où ils restent improductifs. Il faut avoir recours à l'article 37 de la loi du 15 septembre 1807, qui règle les dispositions concernant le cadastre. Voici cet article :

« Les propriétaires compris dans le rôle cadastral pour des propriétés non bâties ne seront plus dans le cas de se pourvoir en surtaxe, à moins que, par un événement extraordinaire, leurs propriétés ne vinssent à disparaître : il y serait pourvu alors par une remise extraordinaire ; mais ceux d'entre eux qui, par des grêles, gelées, inondations ou autres intempéries, perdraient la totalité ou une partie de leur revenu, pourront se pourvoir, comme par le passé, en remise totale ou en modération partielle de leur cote de

l'année dans laquelle ils auront éprouvé cette perte ; le montant
de ces remises ou modérations sera pris sur le fonds de non-
valeur. »

Selon le texte de la loi, la réclamation doit être faite dans le mois
qui suit la publication des rôles, et le plus tôt possible après le
sinistre, le dégrèvement devant être accordé en raison de la destruction de la matière imposable plutôt qu'en raison de sa reconstitution
par le reboisement. La connaissance de telles réclamations appartient, selon Dalloz, aux préfets, et c'est au sous-préfet que la
pétition doit être remise. Celui-ci la renvoie au contrôleur des contributions, qui doit vérifier les pertes sur les lieux, en constater
la quotité et envoyer son procès-verbal au sous-préfet, qui le fait
passer au préfet.

Une circulaire de M. le Préfet de Loir-et-Cher, adressée le 12 juin
1880, au lendemain des gelées destructrices de 1879, aux maires du
département, enjoignait une application spécialement large de cette
mesure aux sinistrés, en étendant ses effets pendant plusieurs
années, jusqu'à ce que la destruction des bois fût réparée, à la
charge pour les propriétaires de renouveler tous les ans leur
demande en dégrèvement, la loi n'accordant en effet que des remises
pour *l'année courante*. Cette interprétation généreuse pourra servir
de précédent à invoquer dans des cas analogues.

14. — **Résumé.** — Enfin, pour résumer la question entière,
autant que nos lumières nous le permettent, nous pouvons poser aux
reboiseurs les cas suivants :

1er CAS. — Votre terrain est classé au cadastre comme friche, que
ce soit « montagne, dune ou lande ». *Article applicable*, 226 *du code
forestier. Déclaration après repeuplement fait.*

Complétez quelques travaux d'essai, et *dès lors* adressez une
demande en dégrèvement au Conseil de préfecture, en trois mois au
plus de la publication des rôles des contributions, lesquels il faut y
adjoindre avec les quittances des derniers impôts de l'année précédente. Si cette démarche réussit, répétez-la à mesure que vos travaux
s'accompliront. Si elle échoue, il faudra, selon les circonstances,

modifier votre action, ou bien appeler de la décision défavorable au Conseil d'État.

2ᵉ CAS. — Votre terrain est au contraire classé au cadastre comme terre labourable ou « en valeur ». *Article applicable*, 116 *de la loi du* 3 *frimaire an VII. Déclaration préalable.*

Avant de commencer les travaux, adressez à la mairie de la commune où se trouve votre terrain une déclaration de votre intention de le boiser et une demande en remise des trois quarts de l'impôt. Vous pourrez dès lors attendre de pied ferme, en commençant les travaux, la visite de la Commission municipale qui doit vérifier la nature de votre terrain.

3ᵉ CAS. — Vos bois ou plantations ont été complètement ou partiellement détruits, par suite de « grêles, gelées, inondations ou autres intempéries ». La gelée semble être le seul agent complètement destructeur. *Article applicable*, 37 *de la loi du* 15 *septembre* 1807. *Déclaration immédiate.*

Faites une réclamation à votre sous-préfet, en citant au besoin, comme précédent, la circulaire de M. le préfet de Loir-et-Cher aux maires de son département, datée du 12 juin 1880. Renouvelez cette demande tous les ans, au reçu des rôles des contributions, si l'interprétation large de la loi, appliquée par cette circulaire, est admise dans votre cas.

Inutile de rappeler que toute demande, pour être recevable, doit porter détail du numéro cadastral boisé ou à reboiser, de son étendue et de sa nature, et des essences dont il doit être repeuplé. Il sera sage aussi de toujours adjoindre la quittance des contributions de l'année précédente ; cette précaution, qui ne peut jamais nuire, est dans quelques cas, nous l'avons vu, indispensable.

CHAPITRE IV

15. — Conditions à assurer. — Avant de commencer les travaux de reboisement, nous devons autant que possible assurer aux repeuplements les conditions nécessaires à leur réussite.

En premier lieu, il est indispensable que le terrain soit dans un état convenable d'assainissement. En outre, il est au moins commode que les chemins et les allées nécessaires à la jouissance, à l'entretien et à l'exploitation des jeunes bois, soient ouverts d'avance. Ces travaux d'assainissement et de percement doivent, autant que possible, être menés de front. Les assainissements rendent les chemins praticables ; les chemins permettent de visiter et d'entretenir les assainissements.

16. — Aménagement des Chemins et des Assainissements. — Lorsque les bois existants et futurs tiennent ensemble, ce rapprochement permet de continuer, dans les nouveaux boisements, le système de chemins et d'allées qui existe déjà dans les anciens, ou, s'il n'en existe pas, d'en créer un ensemble. Ce système de chemins doit être conçu, autant que possible, au triple point de vue de l'effet, de l'agrément et de l'utilité ; il doit se trouver en vue de l'habitation du propriétaire ou en communication directe avec elle. On ne peut guère se considérer comme propriétaire de ses bois, si l'on ne peut pas y circuler librement. Et, outre l'utilité des chemins pour les exploitations, il importe beaucoup, dans l'intérêt de la surveillance générale, que l'on puisse se diriger directement, rapidement et à pied sec, en tout temps, sur chaque point du domaine qu'on administre.

17. — Les grands Bois ne doivent pas être trop rapprochés des Habitations. — Une étoile de longues allées forestières convergeant sur un château est d'un très bel effet. Nous devons cependant rappeler aux jeunes sylviculteurs qu'il est très difficile de juger, lorsque le petit plant vient d'être mis en terre, quel sera son effet lorsqu'il sera devenu grand. Il faut donc éviter avec soin de placer un massif là où il pourra boucher la vue, cacher des traits pittoresques, altérer le caractère naturel d'un paysage. En règle générale, d'ailleurs, il est bon d'éviter à l'habitation le voisinage trop rapproché d'un grand massif de bois, qui, outre le risque signalé, peut procurer aux basses-cours et aux jardins nombre de visiteurs désagréables. Nous-même, entouré de mauvaises terres qu'il a fallu boiser, nous avons subi et subissons encore une invasion de lapins qui rendent impossible de cultiver une seule plate-bande auprès de l'habitation, de planter une corbeille de fleurs ou un seul arbuste, qui ne soit défendu par des grillages.

Il n'est donc nullement à désirer que les massifs forestiers touchent à la maison d'habitation même, mais bien que les chemins qui les traversent soient en communication directe avec elle, et, autant que possible, bien en vue.

18. — Tracé préalable des Allées. — Nous recommandons de tracer, avant la plantation ou le semis, les allées et chemins qui doivent desservir les futurs massifs, et de limiter l'étendue de chacun de ceux-ci à un hectare environ, en espaçant ces allées de 100 mètres en tous sens. La place de ces allées peut, si on le désire, dans les plantations de résineux qui ne repoussent pas étant coupés, être plantée ou semée comme le reste du terrain, et ouverte seulement avant de procéder à la première éclaircie, si la vente des petits bois que dès lors on en retirera est avantageuse. Dans ce cas, elle doit être marquée, soit par une bordure de plants qui tranchera avec le reste du massif, soit par un alignement spécial que chacun pourra disposer selon les circonstances.

19. — Économie de ce Tracé pour les Plantations. — Pour notre part, nous préférons beaucoup, dans l'intérêt de la surveillance, de la jouissance et de la chasse, tenir ces allées ouvertes, en évitant de les planter dès le commencement. Il y a là une économie notable. Deux allées se croisant tous les 100 mètres, ayant chacune la largeur de 4 mètres, notre minimum, occupent les 8/100es ou presque 1/12 de la superficie entière; l'économie sur l'ensemble du travail est évidemment dans la même proportion. Ce système nous permet de pénétrer par des chemins faciles, assainis au besoin, dans nos jeunes massifs, à tout âge dès leur formation. Il présente pourtant deux petits inconvénients : dans certains terrains, les allées se couvrent de bruyères, d'ajoncs ou de ronces, faute d'ombrage pour les étouffer ; et les branches des arbres de bordure, n'étant pas contenues par la pression des pieds voisins, empiètent sur la largeur des allées et ont souvent besoin d'un élagage pour livrer passage aux voitures.

19 bis. — Allées en Coteau et en Montagne. — Les indications que nous venons de donner sont surtout applicables au percement des plantations en plaine, où notre expérience personnelle a été acquise. Pour celles autrement situées, nous empruntons les recommandations suivantes à l'ouvrage remarquable de M. Broilliard : *Le Traitement des Bois* (Paris, Rothschild), p. 3.

« En coteau, les chemins suivront les sinuosités du terrain avec une bonne pente, ne dépassant jamais 8 et rarement 4 p. 100 ; dans les vallées, ils descendront le thalweg à 1 ou 2 mètres en contre-haut du fond humide, étroit ou inégal ; en montagne, ils seront horizontaux ou prendront les versants en écharpe, reliant les points nécessaires, cols, gradins, ponts et autres. Partout ils doivent être établis avec une stricte économie, bordés à peine d'un petit fossé ouvert à mi-côte, sans travaux de terrassement, empierrés sur 3 mètres au plus, passant sur des ponceaux rustiques. Il serait inutilement dispendieux d'empierrer lors du reboisement ; on fait ce travail, s'il est nécessaire, préalablement à la première coupe (1).

« ... En montagne, on substitue avantageusement aux chemins de voitures des sentiers à traîneaux, dits chemins de *schlitte*. Il convient de leur donner une pente de 12 p. 100 quand les traverses sur lesquelles glissent les traîneaux sont en sapin, une pente de 11 seulement quand ces traverses sont en bois de hêtre, qui est plus glissant. »

20. — **Largeur des Allées.** — Les allées doivent avoir, à notre avis, au moins 4 mètres de large, les principales 5 ou 6 mètres. Cette dernière largeur, outre qu'elle est plus agréable et plus commode, permet d'établir au besoin un fossé le long de chaque allée. D'ailleurs, les branches des arbres de bordure ne tardent pas à pousser : un mètre de largeur sur chaque côté de l'allée en est bien vite occupé. On est souvent étonné, au bout de peu d'années, de trouver presque bouchée une percée qui, dans le commencement, paraissait avoir une ample largeur.

21. — **Bordures.** — Les allées étant jalonnées (qu'elles doivent être plantées ou non), nous pouvons marquer leur place à chacune par une ligne de plants d'une essence différente de celle qu'on emploie au reboisement. Celle-ci pourra avantageusement être feuillue si la pièce doit être plantée en résineux, et *vice versa*. Sur les chemins principaux on peut planter les espèces d'aspect le plus agréable, et qui conviennent le mieux aux terrains. Sous ce rapport, parmi les conifères, le sapin, l'épicéa ordinaire, celui de Menzies, le sapin de Douglas, les laricios de Corse et de Calabre, et surtout, dans les terrains propices, le mélèze au port élancé, au feuillage tranchant sur celui de tout autre arbre, se marieraient admirablement aux tons d'un massif feuillu. Avec des conifères, le bouleau aussi élégant et léger que les pins sont trapus et sombres, les chênes et les érables américains, aux feuilles d'un rouge brillant en

1. — A moins de pouvoir cylindrer fortement et dans les règles, opération difficile, il est bon de poser les pierres deux ou trois ans d'avance, car, fraîchement posées, elles rendraient le roulage très dur.   D. C.

automne, le hêtre cuivré, le liquidambar se plairaient (dans les pays convenant à chaque espèce bien entendu) sur les terres franches et saines et le long des fossés, et formeraient des bordures d'un bel effet. Ces plantations auraient besoin dans certains sites d'être abritées de la dent du gibier, comme nous l'indiquons plus loin au chapitre sur les plantations d'agrément, et défendues des empiètements des essences rustiques qui composent les massifs.

22. — **Assainissement.**—L'assainissement nécessaire varie naturellement selon le site et la nature du sol et du sous-sol. Les terrains francs, sableux, et ceux en pente, peuvent quelquefois s'en passer complètement; les fonds ont souvent besoin de subir certains travaux qui en favorisent l'égouttage, et dont l'importance varie selon les circonstances.

23. — **Profondeur.** — Dans la plupart des terrains, il n'est pas besoin de drainages profonds, dont les frais très lourds ne seraient que faiblement ou trop tard compensés par l'excédent de produits auquel ils pourraient donner lieu. Il suffit ordinairement de bien assainir le sol superficiel, où les plants doivent prendre leur assiette; et plus tard, devenus vigoureux, ils assainiront eux-mêmes le sol par la puissance absorbante de leur racines, qui pompent les eaux dans la terre, et de leurs feuilles qui emmagasinent l'humidité de l'atmosphère, modérant et régularisant ainsi d'un côté la nappe d'eau à la surface de la terre, de l'autre l'évaporation directe. Dans les terres très mouillées ou marécageuses, il vaut mieux se servir des essences qui ont cette puissance d'absorption à un très haut degré, comme le pin sylvestre et l'épicéa, que de planter, à grands renforts de travaux d'assainissement, des espèces moins propres à résister à l'humidité et à la neutraliser.

Il vaut mieux faire la même dépense pour établir un nombre de petits fossés rapprochés, que pour un nombre inférieur de grands, trop éloignés pour égoutter régulièrement le sol.

24. — **Fossés longeant les Allées.** — Dans les pays plats, aux endroits humides, il suffit donc d'établir, le long de chaque allée qui se dirige dans le sens de la pente minime que suivent les eaux, un

fossé de 1 mètre d'ouverture sur 50 centimètres de profondeur,
il recevra les eaux des fossés transversaux ou des rigoles que
pourra exiger l'assainissement de l'intérieur du massif. Dans les
plaines du Centre un tel fossé ne doit coûter à creuser que 7 ou
8 centimes le mètre; les rigoles secondaires, de 30 à 40 centimètres
de profondeur et de la largeur de l'outil, 1 centime et demi; de
sorte que cette dépense est insignifiante, relativement à l'avantage
qu'on en retire et au but qu'on se propose. La terre extraite de ce
fossé servira à rehausser l'allée et à en faire un véritable
chemin d'exploitation.

25. — **Position du Fossé.**—Lorsqu'il existe une pente transversale
à la direction de l'allée, le fossé doit la longer sur le côté d'amont,
de manière à intercepter l'eau, qui autrement traverserait le chemin
avant de trouver son écoulement et y maintiendrait une humidité
qui finirait par le dégrader.

26. — **Passage des Voitures.**— Lorsque les fossés traversent les
allées, il s'agit de pourvoir au besoin du passage sans boucher les
assainissements. Dans les premières années, nous les laissons,
pour notre part, à ciel ouvert, tant qu'il n'y a pas encore lieu de
laisser le passage libre aux voitures. Si celui-ci est nécessaire, le
procédé le meilleur est de poser une conduite en tuyaux; dans le
cas où ce procédé est jugé trop coûteux, on peut tout simplement
remplir le fossé, aux passages, avec des bourrées de pins, de saule
ou d'aune, le moins feuillues possible. Les bourrées ne doivent
pas être couvertes de terre, car celle-ci finit par tomber dans les
interstices du menu bois et par s'opposer au passage des eaux, et
devient fort difficile à enlever. Ces espèces se conservent longtemps
dans l'humidité.

27. — **Rigoles secondaires.** — Sur les flancs des montagnes et
des coteaux où il existe des places marécageuses, il suffit de chercher les sources et de les couper au moyen de rigoles transversales qui en amèneront les eaux aux ruisseaux qui abondent
dans ces situations. Les fossés et rigoles les plus efficaces, dans tout
terrain mouillé, sont ceux qui en coupent transversalement la

pente, car ils interceptent et emmènent les eaux qui descendent par
infiltration dans le sol.

Dans les landes ou les marécages, on peut remplacer les fossés
par des rigoles étroites, coupées tout droit jusqu'à la profondeur
de 50 centimètres. Les fortes racines des végétaux, maintenant les
terres, en préviennent l'éboulement. Les rigoles coûtent moins
cher et déplacent moins de terre que les fossés, et l'ombrage des
bruyères empêche la végétation herbacée qui, en se développant au
fond, contribue à combler les assainissements.

28. — **Garde des Bois; Interdiction aux Bestiaux.**—La mise en
défends contre le bétail est évidemment indispensable pendant les
premières années; celles-ci passées, les avis sont quelquefois parta-
gés quant à la durée que cette interdiction doit avoir. Nous croyons
que le parcours de tous les bestiaux est nuisible à tous les arbres
au-dessous d'un certain âge, même lorsque les animaux ne peuvent
plus les atteindre pour les brouter. Les moutons, frottant leur
laine graisseuse contre l'écorce, en bouchent les pores, la rendent
plus ou moins imperméable à l'air et détruisent son élasticité. Les
bêtes à cornes, qui ont le même inconvénient à un moindre degré,
peuvent en outre, s'affolant pendant les chaleurs, briser les jeunes
arbres en se portant contre eux de tout le poids de leurs corps.
L'entrée des bestiaux, du reste, détruit le repeuplement naturel des
clairières, et leur passage comble les assainissements.

Ils peuvent rendre service, dans une certaine mesure, en broutant
et foulant les herbes et les bruyères, mais il nous semble que, d'un
côté, les résineux rustiques peuvent bien se passer de ces auxiliaires
dangereux, et que, d'un autre côté, ceux-ci occasionneraient plus de
perte que de profit aux essences feuillues.

Les bêtes à cornes broutent les espèces feuillues seulement; les
moutons s'attaquent également aux jeunes arbres résineux.

29. — **Cas où les Bestiaux peuvent être admis.**—On ne pourrait,
à notre avis, laisser sans grand inconvénient entrer les bêtes que
dans les futaies régulières, sans clairières, où l'herbe peut pousser,
mais où il y a encore trop d'ombrage pour permettre le développe-

ment d'un repeuplement naturel. Ces arbres auront l'écorce trop rude pour souffrir des atteintes des animaux.

Le porc doit être sous ce rapport distingué des autres bestiaux. Il a la réputation de faire une grande consommation de larves d'insectes, et, s'il peut, en fouillant, déraciner quelques semences, on prétend qu'il en plante davantage.

Hormis ces cas, qui ne sont pas nombreux, nous croyons le pacage toujours nuisible. Chaque propriétaire peut juger, selon ses circonstances locales, si l'intérêt d'argent ou d'utilité qui le conseillerait à l'admettre peut compenser le tort qu'il fait aux bois ; pour nous, au point de vue purement sylvicole où nous devons l'envisager, cette tolérance est simplement mauvaise.

30. — **Enlèvement des Feuilles.** — Nous devons complètement condamner aussi l'enlèvement des feuilles mortes par les cultivateurs pour servir de litières. La terre la plus fertile est vouée à l'épuisement si tous ses produits sont exportés, si rien ne vient remplacer ses éléments de fertilité perdus. Et ce sont en général les terrains les plus pauvres, les plus faciles à épuiser, qui sont affectés au reboisement.

« *Toute agriculture* (nous pouvons dire toute culture) *qui ne reconstitue pas le sol est désastreuse et se suicide.* » J.-B. Dumas.

31. — **Proportion de constituants Minéraux dans l'Organisation des Arbres.** — Il résulte d'une série d'expériences minutieuses faites par M. le docteur Weber à l'école forestière d'Aschaffenburg, en Bavière, que, dans la production forestière, la plus forte proportion des éléments minéraux puisés dans le sol se trouve dans les feuilles ; que dans les autres organes cette proportion diminue graduellement : elle est déjà moindre dans l'écorce et dans le cambium, moindre encore dans le bois des branches ; elle est enfin réduite au minimnm dans celui du tronc.

32. — **Effet physique de la Couverture du Sol.** — Au point de vue de la composition chimique du sol, il est évidemment essentiel, d'après ce que nous venons de citer, de lui laisser sa couverture de

feuilles. Et au point de vue physique celle-ci joue un rôle au moins aussi important. Semblable aux paillis avec lesquels les jardiniers couvrent leurs planches, elle retient en même temps la fraîcheur et la chaleur (les deux grandes conditions de la végétation) en mettant le sol à l'abri, d'un côté de l'évaporation directe, de l'autre des froids.

Un savant distingué des États-Unis, M. Franklin Hough, en rendant compte au commissaire d'agriculture de sa nation de ses expériences sur cette question, aussi bien que sur celle du couvert des arbres, constate ainsi l'effet d'un massif forestier sur l'évaporation.

Celle-ci, sur une surface donnée, en terre nue, étant en moyenne dans la proportion de 1000

Sous bois, sans litières, elle était de 389

Et sous bois, avec litières, elle se réduisait à 155

ou à moins d'un sixième de celle qui s'accusait en terre nue : le couvert du bois, — dans les grandes forêts probablement, — ayant diminué cette évaporation de 62 p. 100, et la couverture de feuilles diminuant encore celle ainsi réduite de 61 p. 100. Il ne faut pas supposer d'après ces faits que la forêt tend à maintenir une humidité nuisible dans le sol. Elle ne diminue que l'évaporation *directe*, dont elle modère les excès en retenant par ses feuilles et en rendant graduellement à l'atmosphère l'eau que ses racines ont pompée, aussi graduellement, dans le sol.

Il est donc inutile d'insister sur l'importance de laisser aux bois leur couche de feuilles, et sur la folie que l'on commet en privant le terrain de son influence bienfaisante.

33. — **Économie à l'égard des Clôtures.** — Nous ne croyons pas utile de traiter la question des clôtures, qui varient à l'infini selon les ressources et les habitudes de chaque région. Nous nous bornerons à rappeler que celles en fil de fer, soit simple, soit hérissé de pointes en guise d'épines, deviennent tous les ans plus

répandues et plus économiques ; et aussi que plus le terrain
à boiser est de forme simple et serrée, se rapprochant de celle du
carré ou du cercle, et plus il est éloigné des cultures et des
pâturages, moins il exigera de clôture, et plus cette opération sera
économique.

CHAPITRE V

ESSENCES FORESTIÈRES. — LES CONIFÈRES

34. — La terre étant bien préparée et toutes dispositions préalables étant prises, il s'agit de choisir les essences qui lui conviennent. Nous allons passer en revue les principales essences forestières, avec quelques observations pratiques sur le sol, le climat et la culture qui leur conviennent. Ce modeste traité ne peut pas avoir la prétention d'en donner une description complète et scientifique, ce qui, déjà, a été fait maintes fois par des autorités compétentes ; nous nous bornons donc aux considérations pratiques dont nous croyons utile de tenir compte.

35. — Nous commençons par la famille des conifères, qui, soit pour les nouveaux boisements, soit pour ceux destinés à régénérer des forêts épuisées, nous paraît plus généralement utile, surtout dans les mauvais terrains, que celles des arbres feuillus. Nous ajouterons que la plupart des conifères se plaisent mieux dans les sols légers, pourvu qu'ils y trouvent un peu de fraîcheur, que dans les terres fortes.

En tête, nous placerons le régénérateur par excellence des terrains pauvres :

LE PIN SYLVESTRE

36. — **Description.** — Cet arbre (*pinus sylvestris*, Linné), aussi appelé pin sauvage, sans doute à cause de sa présence spontanée

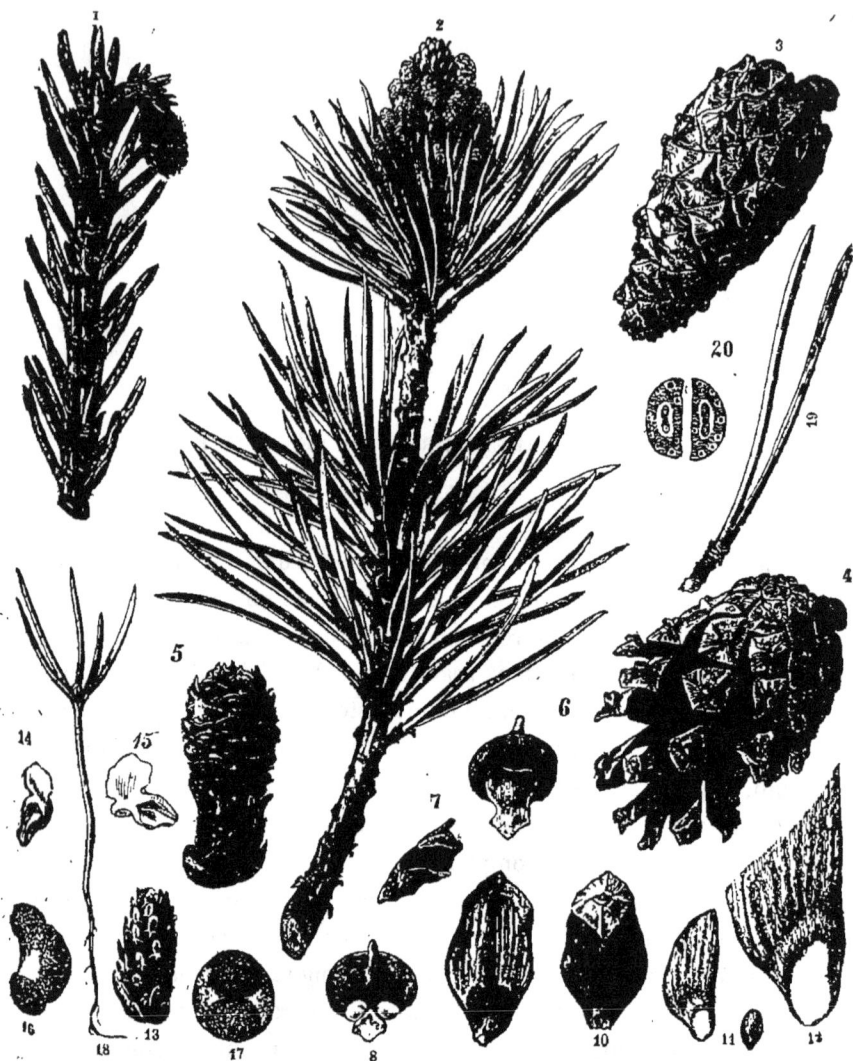

Fig. 1 à 21. — PIN SYLVESTRE. — Organes reproducteurs.

Explication de la Gravure : 1, Jeune Pousse terminée par un chaton de fleurs femelles ; — 2, Rameau couronné par un chaton de fleurs mâles ; — 3, Cône (fruit agrégé) mûr ; — 4, Cône s'ouvrant ; — 5, Chaton de fleurs femelles, grossi deux fois ; — 6, 7, 8, Écaille détachée du cône, vue par en haut et latéralement ; — 9, Écaille, vue par la face interne ; — 10, Écaille, vue par la face externe ; — 11, Aile membraneuse de la graine ; — 12, Même Aile grossie ; — 13, Chaton de fleurs mâles ; — 14, 15, Anthère vidée ; — 16, 17, Graine de Pollen ; — 18, Germe développé (radicule, tigelle, cotylédons) ; — 19, Fascicule bifolié ; — 20, Section transversale de la base d'un fascicule de deux feuilles.

dans les bois de l'Europe centrale et méridionale, atteint et dépasse la hauteur de 25 mètres. Ses rameaux nombreux, étalés, verticillés, portent des feuilles longues de 7 centimètres en moyenne, d'un vert clair un peu glauque, parfois grisâtre ou argenté. Ce coloris, avec la teinte rouge de son écorce, lui donne un aspect plus gai que celui de la plupart des autres pins. Ses cônes, solitaires ou groupés en petit nombre, ont une longueur moyenne de 5 centimètres (quelques-uns que nous avons récoltés en ont jusqu'à 8) ; ils sont élargis à la base, aigus au sommet, légèrement courbés, à écaille terminée en pointe, quelquefois crochue, les graines, très petites, d'un gris cendré ou roussâtre, sont munies d'une aile mince, presque transparente et qui se détache très facilement. Elles sont donc capables de se disséminer assez loin.

37. — **Nomenclature.** —Selon la classification actuelle, les noms : Pin d'Écosse, de Riga, de Russie, de Haguenau, pin rouge, etc., ne représentent que des variétés de ce même arbre ; quelques savants botanistes trouvent pourtant quelques-uns de ces types tellement distincts et tellement constants, qu'ils les croient dignes d'être élevés au rang d'espèces. Quoique ces variétés, que nous étudierons plus loin, soient d'une valeur forestière très différente entre elles, cependant, leur tempérament et leurs exigences étant à peu près les mêmes, nous pouvons les considérer, dans la pratique, comme des formes diverses d'une seule essence forestière, que celle-ci soit véritablement pour le botaniste, espèce ou genre.

Les plus hautes altitudes auxquelles parvient le pin sylvestre en France, sont de :

900 mètres dans les Vosges.
1,100   —   dans l'Auvergne et les Cévennes.
1,600   —   dans les Alpes du Dauphiné.
2,000   —   dans les Alpes maritimes.
2,000   —   dans les Pyrénées.

Mathieu, *Flore forestière.*

38. — **Distribution.**—Il est peu d'arbres qui couvrent, en Europe,

d'aussi vastes surfaces que le pin sylvestre ; c'est un signe infaillible de sa rusticité. On le trouve dans toute la région du Nord et de l'Est de l'Europe, et il végète même assez vigoureusement dans le Midi jusqu'aux îles d'Hyères ; mais dans ces latitudes, il n'a plus la même croissance élancée, la même qualité de bois que dans le Nord. On peut donc dire qu'il n'est véritablement une ressource que pour les sylviculteurs du Nord et du Centre, mais pour ceux-là il est une ressource des plus précieuses.

39. — **Terrain et Exposition.** — Presque tous les sols lui conviennent, quoiqu'il préfère ceux doués d'un peu de fraîcheur. Nous l'avons planté nous-même dans les terrains les plus arides, les moins profonds, les plus acides, et il y végète vaillamment, tout en ne pouvant fournir la même croissance que dans des terres moins deshéritées. Il faut qu'un terrain soit exceptionnellement ingrat, impropre à toute végétation, pour que le pin sylvestre ne puisse s'y établir. Il se plaît même et déploie une belle végétation en terre assez humide, et parvient, au bout de quelques années, à l'assainir. Dans les mauvais calcaires, pourvu que la proportion de craie ne soit pas excessive, il reprend bien de plantation, quoiqu'il lève difficilement de semis.

Toutes les expositions lui conviennent aussi, mais celle du Nord ou de l'Est lui sera plus favorable que celle du Midi ; car ce sont, en général, les vents du Sud-Ouest, soufflant sur des terres trempées par de fortes pluies, qui déracinent ou qui ploient les pins à la suite des éclaircies. En outre, la fraîcheur de l'exposition au Nord sera favorable au tempérament de cet arbre, originaire des pays septentrionaux. Mais, nous le répétons, il s'accommode de tout terrain et de toute exposition, excepté, toutefois, celle des bords de la mer.

Ses jeunes plants, rustiques, en général, dès leur naissance, supportent bien les froids et les chaleurs, et n'ont pas besoin d'abri.

40. — **Faculté spéciale de nettoyer le Sol.** — Grâce à son épais couvert et à ses puissantes racines latérales, il a le don de triompher de la concurrence des plantes arbustives les mieux enracinées,

qui seraient fatales à toute autre essence ; bientôt il les domine, il
les étouffe complètement, convertissant leur détritus en terreau, qui
vient s'ajouter à celui qu'il produit lui-même en abondance par ses
propres feuilles ; car il est établi que, parmi les arbres qui enrichis-
sent le sol d'une épaisse couche d'humus, les trois premiers sont : le
hêtre, le charme et le pin sylvestre. Il est donc, sans aucune comparaison possible, l'arbre le plus propre à utiliser et transformer les terrains pauvres, et aussi à reboiser les sols forestiers que d'imprudentes
exploitations ont prématurément découverts et livrés à l'envahissement des bruyères et des autres plantes arbustives. Cette qualité se
manifeste surtout dans son jeune âge ; plus tard, dès l'âge de trente
ans environ, son couvert s'éclaircit ; mais, dès lors, le sol est déjà
reconstitué, et cet éclaircissement même est utile à favoriser le développement d'un sous-bois feuillu.

41. — Est-il propre aux mélanges ? En raison de cette qualité
même, nous croyons le pin sylvestre peu propre à être planté en
mélange avec d'autres essences.

Son aptitude extraordinaire à accaparer le sol, à le purger de
toute autre végétation, fait évidemment de lui une très mauvaise
garniture. Quand même on vient à bout de ralentir sa végétation,
de modérer son couvert en le tourmentant par l'élagage, ses puissantes racines n'occupent pas moins le sol et y rendent la vie fort
difficile à tout autre végétal, dont la croissance, on peut s'y attendre, sera médiocre.

Nous indiquons plus loin, au chapitre de la propagation des essences, la manière dont, à notre avis, le pin sylvestre peut être
mêlé à son congénère le maritime, de façon à atténuer jusqu'à un
certain point les inconvénients de cette adjonction. Toutes les autres
essences résineuses poussent plus lentement que lui pendant les
premières années, et, livrées à la libre concurrence avec lui, seraient
bientôt écrasées.

42. — **Porte-graines voisins.** — Lorsqu'on se sert du pin sylvestre
pour renouveler des bois d'essences feuillues épuisées, nous
croyons qu'il faut le planter sans mélange, en ménageant des porte-

graines de ces essences qui se dissémineront naturellement lorsque, les ans y aidant, le couvert du pin sera allégé.

En montagne ou en coteau, où le sol et le climat sont frais, on attend qu'il ait une vingtaine d'années et que son couvert soit un peu éclairci ; dès lors, on peut planter, sous son ombrage direct, le sapin et le hêtre, et, dans les clairières à demi-ombragées, l'épicéa ; ces essences occuperont le terrain lorsque le pin aura été exploité.

43. — Croissance. — La croissance du pin sylvestre est très rapide à partir de la deuxième ou troisième année de plantation ou de semis. Il ne cède, sous ce rapport, qu'au pin maritime dans son jeune âge ; mais, dans le Centre, au bout de quinze ou vingt ans, il atteint et dépasse ce congénère. Dans les années privilégiées, on lui voit des pousses qui atteignent et dépassent même la longueur d'un mètre. On peut dire que, dans les climats et les sols qui permettent à ces deux essences de vivre ensemble ou côte à côte, le pin maritime fournira plus de bois de feu, le sylvestre plus de bois de travail, ayant le plus de valeur commerciale.

44. — Enracinement. — Les racines sont fortes et tendent à s'enfoncer. Dans des sols profonds, le pivot pénètre jusqu'à 1 mètre ou plus ; dans ceux qui sont humides ou à sous-sol impénétrable, l'arbre supplée, au moyen de puissantes racines traçantes, à l'impossibilité de développer son pivot.

45. — Usages du Bois. — La qualité du bois de pin sylvestre, arrivé à un âge avancé, est excellente dans le Nord. Au Centre, il ne donne qu'un bois plus mou, moins serré, mais qui est encore propre à bon nombre d'usages. Celui des jeunes arbres supprimés aux éclaircies sert à la boulangerie ou à la fabrication de la pâte à papier ; plus tard, le pin fournit des étais de mine, des poteaux de télégraphe, des traverses de chemin de fer, etc. Enfin ce bois peut être utilisé en grosse charpente, en voliges et en planches, à condition d'être employé à l'intérieur.

46. — Variétés du Pin sylvestre. — Quoique les nombreuses races ou variétés de cette essence aient à peu près le même tempérament, il est important, lorsqu'on en veut créer un bois d'avenir, d'employer celles qui prennent le meilleur développement et atteignent la plus grande valeur.

Nous avons, fort heureusement, pour nous guider à cet égard, les longues et savantes études de M. de Vilmorin, qui fit aux Barres (Loiret), domaine acquis depuis par l'État, une spécialité, parmi d'autres travaux des plus étendus, de la culture des pins sylvestres (1). Il en éleva trente variétés, de graines tirées du pays d'origine de chaque race, et il les classa d'après la conformation des arbres, la direction et le volume des branches et leurs proportions, plutôt que selon leurs caractères botaniques; car, dit-il, ceux-ci pourraient varier sans constituer de différences appréciables dans le caractère du produit des arbres; tandis que la différence entre un pin au tronc allongé, bien droit, à la tête régulière, et un autre au tronc tortu, noueux, avec les branches irrégulièrement écartées, est de la plus haute importance pratique. Au point de vue de leur valeur forestière, il divisa donc ces variétés en deux catégories et en cinq sections, savoir :

1re CATÉGORIE. — Avec branches pyramidales :

Section A. — En pyramide élancée, serrée. Exemple, pin de Riga, 1re variété.

Section B. — En pyramide, avec branches plus écartées, couronnes régulières. Exemple, pin de Riga, 2e variété.

Section C. — En pyramide, branches écartées, souvent gourmandes, couronne irrégulière. Exemple, pin de Haguenau.

2e CATÉGORIE. — Avec branches horizontales :

Section D. — Branches horizontales, légères mais irrégulières. Exemple, pin de Genève, élancé, étalé.

Section E. — Branches horizontales, trapues et régulières. Pin de Genève, pin des Hautes-Alpes ou de Briançon, trapu, ramassé.

Il semble qu'en général chaque variété a le port plus élancé selon que sa station est plus ou moins au nord, comme si le soleil de nos climats, en activant la végétation de l'arbre plus que

1.— Voir son livre : *Exposé historique et description de l'École forestière des Barres.* — Paris, 1864.

ne voulait la nature, amenait dans son économie une perturbation qui altère ses proportions.

Cependant, M. Mathieu (*Flore forestière*, p. 507) fait remarquer que la rectitude de la tige de l'arbre (aussi bien, nous permettrons-nous d'ajouter, que le développement proportionnel des branches) n'est pas, dans toutes les circonstances, inhérente à la race ; elle dépend, en grande partie, des circonstances locales et aussi de l'espacement plus ou moins régulier des arbres du massif. « Dans les climats tempérés, les pins qui croissent en plaine, sur les sols maigres, sont sans cesse ravagés par une foule d'insectes : pyrales, hylésines, etc., qui en détruisent les pousses terminales. Des pousses latérales se redressent, il est vrai, pour reconstituer la flèche de l'arbre, mais non sans faire un coude ou une courbe plus ou moins prononcée, que l'âge n'efface jamais complètement. Les vents violents peuvent aussi, dans ces sols meubles, produire un effet identique ; en ébranlant, sans les renverser, les tiges des pins, ils leur donnent à diverses reprises des directions obliques qui, combinées avec celles des pousses nouvelles toujours verticales, déterminent des courbes variées. »

« Les pins qui croissent en sol fertile, maintenu frais par un couvert subordonné d'essences protectrices, et ceux qui se trouvent dans les climats rudes, n'ont rien à redouter des insectes, que de semblables circonstances écartent toujours. Ils se distinguent dans ce cas à leurs tiges droites et élancées, surtout quand un sous-sol rocheux offre à leurs racines un point d'appui convenable pour résister à l'effort des vents. »

Nous ajouterons que, si le massif est convenablement serré, ces irrégularités auront peu d'importance ; les arbres, se soutenant les uns les autres, n'auront pas la place de s'écarter sérieusement de la ligne droite. Il n'y aura que les arbres des clairières et ceux des bordures qui puissent véritablement buissonner.

Ces réserves faites, écoutons les observations de M. de Vilmorin sur les particularités des variétés les plus méritantes qu'il a élevées.

47. — Pin de Riga. — « De tous les pins sylvestres, le pin de

Riga est celui qui mérite incontestablement la préférence, à cause
de sa beauté. Sa tige, parfaitement verticale, s'élève à une grande
hauteur, en conservant toujours une forme presque cylindrique ;
les branches latérales, peu nombreuses, ne prennent jamais un
grand développement. L'écorce, très rouge à partir de 1^m50 du sol,
est très fine et se divise en lamelles très minces, au-dessous des-
quelles, à moins de 1 millimètre de profondeur, on trouve l'enveloppe herbacée verte. »

La qualité du bois dépend plutôt du climat que de la race. Celle
de ce pin est excellente dans sa région natale, mais elle ne se développe que chez les arbres qui ont crû lentement dans les climats
froids. Cependant, en montagne, il est possible qu'elle se main-
tienne jusqu'à un certain point.

« Il serait à désirer, » observe le Catalogue des végétaux cultivés
sur le domaine des Barres, « que la graine de Riga se substituât
partout, pour les repeuplements, surtout en montagne, aux graines
d'Allemagne, qui proviennent d'arbres de toutes sortes, dont la
forme est plus ou moins défectueuse. On aurait l'avantage d'être
sûr d'obtenir de beaux massifs, ne donnant en quelque sorte que
du bois de tige, qui est de beaucoup le plus précieux.

« Les repeuplements en pin de Riga doivent se faire par des
plantations, à cause de la cherté de la graine ; d'ailleurs, cette
graine est toujours de bonne qualité, elle germe bien en pépinière
et donne des plants très vigoureux. Ce qui doit encore encourager
à planter le pin de Riga plutôt que de le semer, c'est que ce pin est
celui qui se repique avec le plus de facilité, et dont la transplantation en forêt présente le plus de chances de succès. Pour les pépinières des Barres, ce sont toujours les repiquages de Riga qui sont
les plus forts et les plus complets. »

Notre expérience de cette variété en pépinière a été la même, et au
repiquage nous avons trouvé ses plants d'une rusticité étonnante.
Ils se distinguent de ceux de la variété ordinaire par leurs aiguilles
plus courtes, et dont le ton vert, moins glauque, prend en hiver une
nuance jaunâtre, ce qui n'indique nullement un état maladif du plant.

Des semis faits aux Barres avec des graines prises sur les arbres plantés par de Vilmorin ont vérifié la constance de la variété. La deuxième génération est aussi belle que celle obtenue de graines russes.

Dans la section dont la première variété de Riga est le type, M. de Vilmorin comprend les pins de Smolensk, de Witepsk, de Tchernigoff et de Volhynie.

Dans celle représentée par la seconde variété de Riga (plus étalée que la première), l'auteur place certaines autres variétés russes, et plusieurs pins, notamment celui d'Écosse, sont classés comme intermédiaires entre cette section et la suivante.

Pin d'Écosse. — Depuis les expériences de M. de Vilmorin, les forestiers écossais prétendent avoir amélioré leur variété par une sélection judicieuse, et, dans la Grande-Bretagne, elle est préférée à toute autre. Sa croissance, droite et régulière, ressemble à celle du Riga; les plants que nous en élevons en pépinière sont d'une grande vigueur et, étant très enracinés, se transplantent avec beaucoup de sûreté. A l'encontre de ceux de Riga, ces plants conservent mieux que tous autres, en hiver, le ton vert vif de leurs feuilles; ils se distinguent en outre par le bourgeon, dont le fourreau est d'un rouge foncé, nullement jaunâtre comme chez les races ordinaires. Ce pin est moins sujet que les variétés ordinaires aux attaques des champignons, surtout de celui appelé *rouille* du pin.

Pin de Haguenau. — Suit le pin de Haguenau, type de sa section et celui le plus ordinairement employé dans les reboisements. Il est ainsi décrit par M. de Vilmorin :

« Le trait caractéristique et le défaut principal du pin de Haguenau consistent dans l'excès de sa vigueur et surtout d'une vigueur mal répartie qui se porte trop souvent dans les branches aux dépens de la tige. C'est par là qu'il diffère essentiellement des pins de Riga francs. Sa tige est en général moins verticale et moins régulière, souvent cambrée, déjetée ou dégrossissant brusquement par l'effet d'énormes branches gourmandes qui se projettent au loin et détruisent toute la régularité de l'arbre. Dans une variante qui se rencontre

3

fréquemment, l'arbre est plus ramassé, le port régulier ; mais les couronnes, beaucoup trop fortes, transforment la cime en une pyramide excessivement épaisse et touffue, au milieu de laquelle la tige se perd presque.

« La couleur rougeâtre de l'écorce est moins uniforme et moins prononcée que dans les bons lots de Riga ; elle commence généralement à deux mètres plus haut ; assez souvent même l'écorce, sur tout le corps de l'arbre, est grise plutôt que rougeâtre. Celle de la base est plus brune, plus épaisse et plus gercée.

« A la vérité, on trouve dans la masse des Haguenau quelques individus qui font exception, tout à fait réguliers de tiges et de couronne, à écorce franchement rouge et conservant en même temps la supériorité de vigueur propre à leur race. Ceux-ci peuvent être comparés aux meilleurs pins du Nord. Aussi, lorsqu'on viendra, si cela arrive, à créer, par le choix des individus, les meilleurs races possibles, certaines variantes de celles-ci offriront-elles, au besoin, de très bons points de départ pour ariver à ce résultat. »

Pin d'Auvergne. — Cette race, considérée probablement comme une variante de celle de Haguenau, et qui n'est pas spécialement mentionnée par M. de Vilmorin, est cependant soigneusement conservée, en raison de ses bonnes formes et de sa rusticité en montagne, par les agents forestiers du Puy-de-Dôme. Récoltés par les préposés et leurs familles, les cônes sont envoyés à la sécherie de Murat, et les graines qui en sortent sont exclusivement employées aux reboisements de la région.

Inutile de reproduire des descriptions spéciales des pins de Genève, de Briançon, de l'Ardèche, etc., types méridionaux à croissance étalée, irrégulière, et qu'il faut se garder de propager.

Les types, races ou variétés du pin sylvestre sont si nombreux, que dans la Savoie seule, vers la limite extrême de sa station naturelle, M. le baron de Morogues, botaniste distingué, en cite dix-huit, dont quelques-uns ont des caractères si nettement tranchés et si constants, qu'il n'hésite pas à les classer comme espèces !

Nous en trouvons plusieurs, notamment une forme pyramidale, dans nos propres plantations.

Cette grande variabilité, et la station très étendue de cette essence si multiple et si utile, doivent nous servir d'excuse pour avoir si longuement entretenu nos lecteurs sur cette question.

Mais entre ces types il faut choisir. Nous n'hésitons pas à recommander aux reboiseurs d'employer :

Dans les terrains un peu frais et sur les montagnes peu couvertes de bruyères, le pin de Riga, en raison de sa valeur incontestablement supérieure, et aussi le pin d'Écosse, qui réunit, dans un degré considérable, les qualités de la variété de Riga et de la suivante ;

Dans les terrains arides, acides, dans ceux couverts de fortes bruyères, bref dans les sol les plus ingrats, le pin de Haguenau. Celui-ci se recommande par son incroyable rusticité et la vigueur remarquable de sa croissance, qui arrive, au bout de peu d'années, à dominer et à étouffer toute concurrence arbustive et à enrichir les terrains pauvres d'un détritus précieux.

47 bis. — **Propagation.** — Voir, au chapitre vii, § 240 à 267.

LE PIN MARITIME (*P. maritima vel pinaster*).

48. — **Description.** — Le pin maritime *(Pinus pinaster*, Soland, *Pinus maritima*, Lamarck) devient, sous le climat et dans les terrains qui lui conviennent, un bel arbre trapu de vingt-cinq mètres de hauteur. La zone de son développement vigoureux comprend les rives de la Méditerranée et le golfe de Gascogne, et chacun sait que dans les Landes, et même sur toute la côte ouest depuis Bayonne jusqu'aux Sables d'Olonne en Vendée, il a rendu de précieux services en fixant les sables mouvants qui stérilisaient le littoral, et par ses produits tant en bois qu'en matières résineuses. Ces résultats, avec le bon marché de ses graines et la grande facilité de les semer, l'ont fait introduire dans le Centre et jusqu'au Nord, à tort dans bien des cas, à notre avis. C'est un arbre du Midi, abusivement propagé en dehors de son aire, dit l'*Atlas de statistique forestière*, publié en 1878 par

l'Administration. On a bien reconnu la vérité de cette observation un an plus tard, lorsque tous les bois du pin maritime dans le Centre ont été détruits par les grandes gelées. Cet arbre ne convient donc guère, en dehors de sa station méridionale, qu'aux climats maritimes de l'Ouest ; il supporte assez bien ceux-ci jusqu'en Écosse, car il n'y est jamais exposé aux grandes gelées, et il prospère particulièrement sur les côtes de la Bretagne. Son développement diminue cependant, et son bois perd sa valeur, au fur et à mesure qu'il s'éloigne des rivages méridionaux. Dans l'intérieur, au Centre et au Nord, nous ne pouvons donc recommander son emploi qu'en guise de garniture temporaire, destinée à abriter des essences plus durables qui occuperont en permanence le sol, et condamnée à disparaître au moment où celles-ci auront pris assez de développement pour se passer de ses services.

Fig. 22. — PIN MARITIME.
(1/6 dimension naturelle.)

49. — Terrain et Exposition. — Le sol qui lui convient est un sable pur et profond, ou se rapprochant autant que possible de ces deux conditions. Il y pousse avec une extrême rapidité, mais sa croissance se ralentit immédiatement si ses racines rencontrent un sous-sol impénétrable.

Ce pin, sous un climat favorable, s'accommode de toutes les expositions.

Ses feuilles, quoique très longues, de 20 centimètres en moyenne, ne forment pas un couvert épais, comme celui du jeune pin sylvestre, car elles sont assez éparses sur les rameaux. Par consé-

Fig. 23. — Gemmage du Pin maritime.

quent, le maritime possède moins que son congénère la qualité d'étouffer sous lui la végétation nuisible aux bois.

50. — **Aptitude aux Mélanges.** — D'un autre côté, cette légèreté de son couvert, avec le prix modéré de sa graine, la facilité de

sa levée et la rapidité de sa croissance, le rendent très propre à former une garniture efficace et économique pour les essences à
feuilles caduques, comme nous l'expliquerons plus loin à l'article
de la propagation de celles-ci.

51. — **Racines.** — Le pin maritime est essentiellement pivotant.
Ses racines latérales mêmes émettent bien peu de fibres, et tendent
toujours à développer, là où elles en ont la faculté, des pivots
secondaires qui s'enfoncent verticalement comme le principal. Cette
tendance le rend très propre à fixer les sables mouvants. Toutefois, dans les sols peu profonds où le développement du pivot est
arrêté, l'arbre, s'il est vigoureux et s'il est largement espacé, peut
encore se soutenir par le développement de ses racines latérales.
En Gascogne, on voit des pins maritimes atteindre sans dépérissement l'âge de cent cinquante à cent soixante-dix ans, mais, plus
cette espèce s'éloigne de sa station naturelle, plus elle perd de sa
longévité comme de toutes ses qualités.

52 — **Qualités et Usages.** — Dans le Midi, son bois, quoique
reconnu inférieur à celui du pin sylvestre, sert à tous les usages
auxquels on emploie celui-ci, même pour les constructions. Sur le
littoral de l'Ouest, d'où le transport par mer est très économique,
il fournit des poteaux de mine, expédiés en quantités considérables
aux houillères de l'Angleterre et du pays de Galles.

C'est en outre le bois le plus estimé pour la boulangerie, à cause
de sa richesse en résine.

Mais ce qui a toujours constitué la véritable valeur de cet arbre
dans sa station naturelle, ce sont ses produits résineux, térébenthine,
brai, goudron, noir de fumée, etc. On trouve dans bien des livres,
mais spécialement dans le remarquable ouvrage de M. G. Bagnéris
(*Manuel ou Éléments de Sylviculture*), qui devrait se trouver dans la
bibliothèque de tous ceux qui aiment les bois, une description pratique des méthodes de gemmage, aussi bien que de celles de fixation des dunes au moyen de semis de pin maritime.

Malheureusement il a eu lieu (en 1885) une crise sur les produits
du pin maritime, qui n'atteignent plus, au dire des propriétaires du

Midi, des prix rémunérateurs. En ce qui regarde la résine, nous devons craindre que cette baisse ne soit permanente, le marché étant toujours encombré de cet article et de ses composés, qui nous arrivent des États-Unis du Sud dans des conditions d'un bon marché extrême.

Propagation. (Voir l'article spécial au pin maritime. chap. VII § 268 à 274).

LE PIN LARICIO (*Pinus laricio Corsica*).

53. — Description. — Le laricio est le plus gigantesque des conifères d'Europe, atteignant ordinairement dans les forêts de Corse de 30 à 40 mètres de hauteur, et même dans certains cas jusqu'à 45 mètres. Les très gros pieds y sont rares maintenant, mais nous en avons mesuré un qui, avec une hauteur de 43 mètres environ, a 5m70 de circonférence ; son fût est presque cylindrique jusqu'à la cime.

Selon Baudrillart (voir § 370), de tels arbres peuvent fournir 45 à 50 mètres cubes de bois. Quelques sapins, dans le Jura et les Vosges, sont plus élevés, mais n'ont pas, croyons-nous, la même grosseur moyenne.

L'altitude moyenne où il prospère, dans les montagnes de cette île, est de 700 à 1,000 mètres. Sa croissance est particulièrement droite, comme celle du sapin et de l'épicéa; même à l'état isolé, il forme une belle pyramide élancée, à laquelle les branches au feuillage léger, disposées en candélabre, donnent un aspect élégant et régulier. Ses cônes, longs d'environ 6 centimètres, sont ordinairement groupés en petit nombre, un peu courbés, et renferment des graines grisâtres et assez volumineuses.

54. — Racines. — Quoique, dans sa première jeunesse, le pin laricio ait un pivot prononcé, presque dépourvu de fibres chevelues, ses racines, lorsqu'il a atteint un certain développement, sont entièrement traçantes. Elles sont toujours peu étendues relativement aux dimensions de l'arbre.

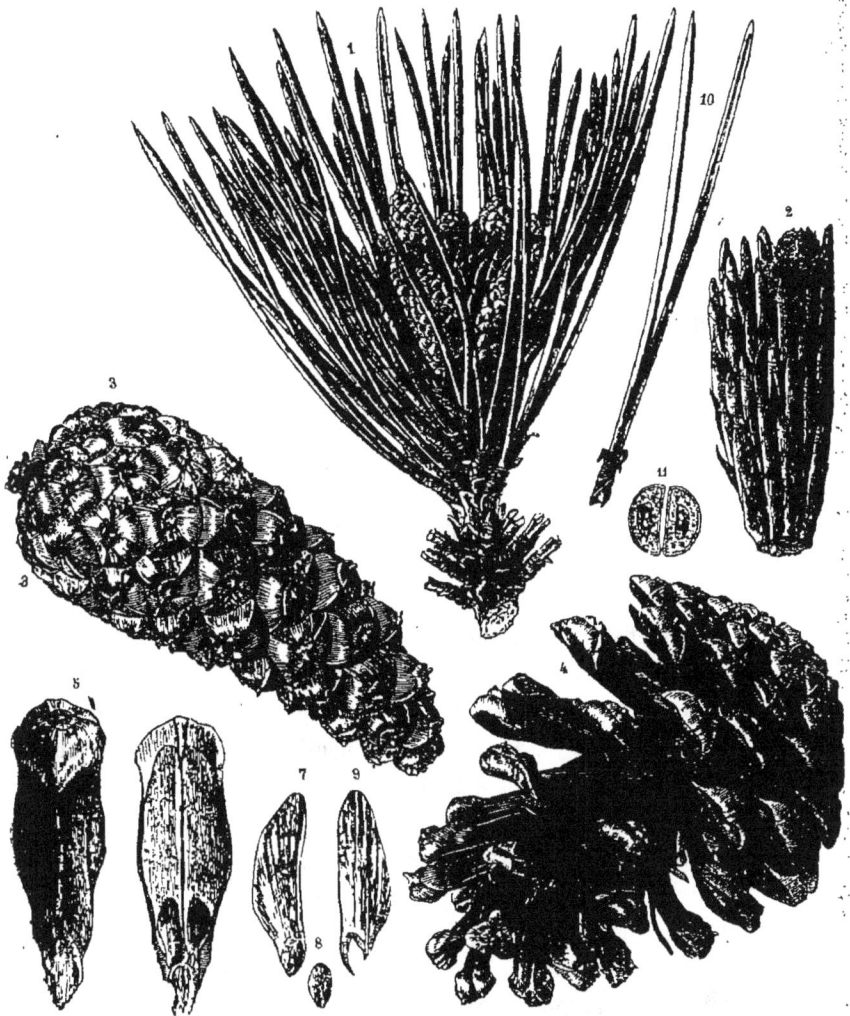

Fig. 24 à 34. — PIN LARICIO. — Organes reproducteurs foliacés.

Explication de la Gravure : 1, jeune pousse, avec des chatons de fleurs mâles au milieu d'une touffe de feuilles ; — 2, jeune chaton de fleurs femelles (cône naissant), que protègent des feuilles encore courtes, enveloppées deux à deux, à leur base, par de larges gaînes membraneuses, plus persistantes que dans le pin commun ; — 3, cône de l'année encore fermé ; — 4, cône plus vieux entr'ouvert ; — 5, écaille de cône, placée de manière à en montrer le dos (face postérieure externe), le sommet en tête de clou, marqué d'un ombilic couleur de café ; — 6, écaille, face antérieure ou interne portant à la base les empreintes des deux graines ; — 7 et 9, aile membraneuse qui surmonte chaque graine, aile striée de brun, plus longue et plus obtuse que dans le pin sylvestre ; — 8, graine plus grosse, d'une teinte plus marbrée que dans le pin sylvestre ; — 10, fascicule à deux aiguilles, convexes au dos et planes à la surface interne ; — 11, section transversale, grossie, du fascicule bifolié.

Ses feuilles sont peu épaisses, et leur couvert très léger ; de sorte que, parmi les pins, le laricio est le plus propre à la régénération naturelle en forêt.

55. — **Croissance**. — La croissance du laricio, dans les terrains qui lui conviennent, passé les premières années qui suivent la plantation, est très rapide, quelquefois égale à celle du pin maritime. Il soutient cette croissance plus longtemps, vu sa grande taille et sa longévité, qui est quelquefois de plusieurs siècles.

56. — **Propagation**. (Voir l'article spécial au laricio pour ce travail, chapitre VII.)

57. — **Qualités particulières ; Résistance au Lapin**. — Malgré une certaine délicatesse à la reprise, qui peut être vaincue par une plantation faite dans de bonnes conditions, le laricio a des qualités sérieuses qui recommandent son emploi. Sa croissance rapide, sa forme élancée et son couvert léger le rendent très propre au mélange avec les essences feuillues, dont il soutient le développement sans l'écraser. Il a en outre cette qualité rare, que le gibier ne touche presque jamais à ses jeunes plants ; on peut donc l'employer là où l'on n'ose pas planter le pin sylvestre, auprès des repaires du lapin, et l'utiliser pour le repeuplement des vides et des clairières, où les hôtes des fourrés environnants seraient une menace permanente pour d'autres essences. Comme son congénère le pin d'Autriche, il réussit assez bien sur les terrains calcaires, pourvu qu'ils aient une certaine profondeur. Enfin le développement extraordinaire qu'il peut atteindre, sa grande longévité et la bonne qualité de son bois le rendent digne de l'ambition du sylviculteur.

58. — **Terrain**. — Comme tous les conifères, nous croyons qu'il réussira le mieux dans un sol léger, profond, ce qui veut dire frais aussi, et contenant une certaine quantité d'humus. Sa terre natale est granitique ; il se plaît encore dans les terrains sablo-argileux, et même, nous l'avons vu, dans les calcaires secs. On doit éviter pour lui les terrains trop acides qui se couvrent de fortes bruyères ; celles-ci, liant et desséchant le sol, s'opposent à la libre circulation de ses racines latérales, qui ne sont pas très robustes.

59. — Usage du Bois. — Son bois parfait est estimé à l'égal de celui du pin sylvestre, et même dans le Centre et dans le Midi, où le laricio se rapproche le plus de son aire naturelle, il doit être préférable à celui de son congénère, qui, lui, s'éloigne de sa véritable station. Malheureusement, il ne mûrit que très tard ; en Corse, le bois parfait, comme nous l'apprend M. Maberet, conservateur des forêts, n'atteint sa croissance complète que vers 200 ans ! A la vérité, là où le développement et la longévité de l'arbre sont moindres, il mûrirait sans doute son bois plus tôt. On a tiré des forêts de la Corse un grand nombre de mâts des plus fortes dimensions ; la marine française a pourtant abandonné cet emploi du bois du laricio, qui a moins d'élasticité et plus d'aubier que les pins de Riga et de Norwège. Un rapport fait par un ingénieur des constructions navales porte que « le pin laricio a le grain fin et serré, des couches annuelles étroites, un tronc parfaitement droit et très élevé sous branches ; que la résine y est abondante ; et enfin que son aubier a, dans certaines localités, de 20 à 30 centimètres, et dans d'autres seulement de 8 à 10 centimètres d'épaisseur sur le diamètre ». Il est certain que l'aubier en est très abondant ; d'un autre côté, la quantité de bois de tige relativement à celui de la cime est très forte. A 80-100 ans, les cinq sixièmes de la hauteur de l'arbre sont propres à fournir du bois de travail. Les ports italiens emploient le laricio comme mâture.

Le laricio se débite aussi en planches et en madriers ; il est employé à la menuiserie et par divers autres métiers.

Son jeune bois, un peu mou, servirait probablement à la fabrication des pâtes à papier.

60. — Variété de Calabre (*P. laricio Calabrica*). — Il existe une seconde variété de laricio, ainsi décrite dans le catalogue du domaine des Barres :

61. — Description. — « Le pin laricio de Calabre a été introduit en France par M. de Vilmorin en 1819, 1820 et 1821. Il est devenu assez commun dans les cultures, mais il n'a pas encore pris dans les forêts la place qu'il méritait d'avoir. Il réunit, en effet, toutes les qualités d'une essence résineuse de premier ordre ; c'est un arbre de première grandeur, d'une végétation très active, formé d'un fût droit, élancé, presque cylindrique et sans branches latérales.

« Son bois, assez chargé de résine, est d'aussi bonne qualité que peut l'être celui d'un pin venu en plaine, sous un climat tempéré; en tous cas, il est au moins égal, sinon supérieur, à celui de n'importe quelle variété de sylvestre cultivée dans les mêmes conditions. »

Nous avons pu remarquer, en effet, lorsque nous avons visité le domaine des Barres, que les pins laricio de Calabre y étaient, de tous les conifères, ceux qui avaient, à âge égal, la plus belle croissance, et qui présentaient le plus grand volume de bois.

La feuille du pin de Calabre est plus forte, plus foncée, moins contournée que celui de Corse ; ses branches sont un peu plus fortes, toutefois sans tendance à se développer au détriment du tronc; son couvert est donc plus épais. Par le port et le tempérament, cette variété semble donc tenir une place intermédiaire entre le pin de Corse et celui d'Autriche, qui est, lui aussi, généralement classé comme une variété de laricio. Elle promet d'être précieuse, unissant à la croissance rapide et la forme régulière du premier la vigueur et la rusticité du second.

62. — Malheureusement, cette belle variété est difficile à obtenir. Sa graine, très rare et très chère, manque souvent complètement, de sorte que les plants aussi en sont rares ; par contre, nous les avons trouvés plus rustiques au repiquage que ceux du laricio de Corse.

62bis. — **Propagation.** — Voir, sur la propagation du laricio, chap. vii, § 275 à 281.

PIN D'AUTRICHE OU PIN NOIR (*Pinus Austriaca*).

63. — **Description.** — Cet arbre, de la tribu du pin laricio, en diffère par sa taille moins élevée, ses rameaux plus forts, nombreux et très rapprochés, ses feuilles longues de 10 centimètres ou plus,

d'un vert sombre, comme noirâtre, raides et droites au lieu d'être contournées; enfin, par les écailles de ses bourgeons d'un gris noirâtre.

Comme essence forestière, la différence pratique entre ces congénères est très notable. Le pin d'Autriche est rustique à tous les froids; ses plants sont plus faciles à conserver et à repiquer que ceux du laricio de Corse; enfin son couvert est bien plus épais que celui de ce dernier.

Cependant, les plus éminents botanistes forestiers le regardent comme une variété du laricio, et à nos écoles forestières il est ainsi classé.

64. — **Terrain et Exposition.** — Cet arbre, inférieur à ses congénères que nous venons de décrire dans la plupart des terrains qui leur conviennent, a sa place nettement marquée dans les sols très calcaires, où nul autre arbre ne pourrait prendre pied. Il y réussit d'une façon étonnante.

« Le pin noir d'Autriche, observe M. J. Frérot, sylviculteur distingué des Ardennes, peut supporter les climats les plus froids de la France. Il se plaît aussi bien dans les plaines que sur les plateaux, et toutes les expositions lui sont bonnes. Il réussit mal dans les terrains humides, quelque fertiles qu'ils soient, mais il déploie le plus grand luxe de végétation dans le calcaire alpin répandu dans le *Steinfeld* entre Vienne et Neustadt, où le pin sylvestre ne végète que misérablement. Il donne même de beaux produits sur les sols où aucune végétation ne s'est jamais montrée, où aucune espèce d'arbre n'a jamais pu croître. C'est ainsi qu'on le trouve atteignant une hauteur de 15 à 18 mètres et une circonférence de 1^m50, dans des pierres calcaires à peine recouvertes ou entremêlées de terre maigre et improductive. Nous ne devons donc pas être étonnés de le voir réussir aussi admirablement dans notre terrain crayeux de Champagne, qui a la plus grande analogie avec le calcaire alpin des environs de Vienne. »

65. — **Utilité aux Bords de la Mer.** — Le pin d'Autriche est également très utile à planter sur le littoral de la mer, là où le climat

et le sol ne sont pas favorables au pin maritime. Nous l'avons vu très bien réussir dans ces conditions.

Planté comme brise-vents, soit aux bords de la mer, soit en montagne à une altitude modérée, il a l'avantage de fournir un abri utile, en raison de son puissant enracinement et de sa ramure large et touffue.

66. — Rusticité. — Cependant il ne faut pas croire, comme on s'est quelquefois trop hâté de le faire d'après ces qualités spéciales, que le pin d'Autriche est d'une utilité universelle, rustique dans tous les sols, même les plus maigres et les plus stériles. Sur la foi de cette réputation surfaite, nous l'avons planté, il y a une dizaine d'années, assez abondamment, dans nos terres arides et acides de Sologne. L'expérience a mal réussi.

Sa croissance et sa vigueur sont médiocres, même misérables, aux endroits où il doit lutter avec les fortes bruyères, qui sont cependant bientôt surmontées et étouffées par le pin sylvestre. En Sologne, nous ne le voyons vraiment réussir que dans les sables frais et profonds. D'un autre côté, en Auvergne, où le pin d'Autriche avait été employé, de même que le sylvestre, au reboisement des montagnes, M. Bertrand, le zélé inspecteur des forêts de Clermont, constate que, ayant poussé d'abord avec vigueur, cette essence ne paraît plus tenir ce qu'elle promettait ; que sur plusieurs points elle dépérit, et que sur d'autres sa croissance s'est arrêtée. Elle est mieux appropriée que tout autre pin, dit M. Mathieu, aux sols calcaire et dolomitique en raison de son couvert épais et de ses détritus abondants. Son emploi sur les terrains sablonneux a rarement réussi comme celui du pin sylvestre.

M. Seurrat de la Boulaye, dans une étude soigneuse présentée en 1881 au Comité agricole de la Sologne, constate que cet arbre a une grande affinité pour l'acide phosphorique, élément qui manque dans ce pays. Ce serait peut-être intéressant dans ces circonstances, de semer à titre d'essai en plantant le pin d'Autriche, une petite quantité de phosphate de chaux. La dépense serait insignifiante, car la dose de 100 à 200 kilos par hectare devrait suffire, les arbres étant peu exigeants à l'égard de la richesse minérale du sol ; et cet engrais est peu coûteux, valant seulement de 5 à 7 fr. les 100 kil.

Nous ne pouvons en conseiller l'emploi que dans les sols secs, car dans les terrains frais il aurait pour suite une forte croissance d'herbes qui pourrait étouffer les plants.

Toujours est-il que le pin d'Autriche, excellent dans les sols calcaires et sur les bords de la mer, bon à employer partout où il réussit, semble inférieur au pin sylvestre à l'égard de la rusticité générale et de la faculté de s'adapter à tous terrains. C'est à ce dernier arbre que les forestiers ont ordinairement recours quand il s'agit, soit de boiser les friches envahies par la végétation arbustive, soit de restaurer des bois de feuillus épuisés, comme cela a lieu aujourd'hui dans bien des forêts de l'État, notamment dans celles de Fontainebleau et d'Orléans.

67. — Croissance. — La croissance du pin noir est assez rapide. toutefois sans égaler celle du maritime ou du laricio ; elle se soutient jusqu'à un âge très avancé. Dans les conditions qui lui conviennent, ce pin peut vivre deux ou trois siècles et atteindre la hauteur de 30 mètres, avec une circonférence de 3 mètres à la base,

68. — Qualité du Bois. — Son bois, selon le même auteur, est d'un blanc jaunâtre vers la circonférence, d'un jaune de rouille vers le cœur ; il est le plus riche en résine de tous les bois de l'Europe ; un auteur autrichien cite comme exemple un massif, exposé moitié au nord, moitié au sud, dont la production moyenne en résine par arbre et par an fut de 4 kilos 629 grammes. Des arbres isolés en auraient rendu davantage.

A Cheverny, près Blois, dans la belle forêt formée par les soins de M. le marquis de Vibraye, il existe des massifs de cette essence poussant vigoureusement sur des sols légers un peu calcaires, et on assure que les fagots qui en proviennent peuvent être brûlés tout verts, en raison de cette abondance de résine.

En Autriche, son bois est très estimé ; employé aux constructions, sa durée serait égale à celle du mélèze. Il donne un bon chauffage, et son charbon équivaut à peu près à celui du hêtre. Sa richesse en résine doit le rendre spécialement utile à la boulangerie. Gemmé, son produit est pourtant inférieur à celui du pin maritime.

69. — Propagation. — V. article de cet arbre, chap. VII, § 282 à 284.

LE PIN D'ALEP (*Pinus Halepensis*).

70. — Description. — Cette essence secondaire est employée avec succès, dans le Midi, aux opérations de reboisement. Hors de cette station, où elle croît naturellement, son utilité cesse, car elle est incapable de supporter de fortes gelées.

Le pin d'Alep a la particularité de présenter des feuilles réunies tantôt deux à deux, tantôt au nombre de trois; on lui a même vue dans sa jeunesse des feuilles quaternées et quinées; plus tard, cette particularité disparaît, et elles ne se montrent guère que géminées.

Nous empruntons à l'ouvrage déjà cité de M. de Kirwan la description suivante:

« Le pin d'Alep ou de Jérusalem est un arbre buissonneux à tige presque toujours fluxueuse et contournée dans divers sens. Branchu dès la base dans sa jeunesse, il offre alors une touffe assez compacte, de forme pyramidale et d'une croissance rapide. A partir de vingt ou vingt-cinq ans, cet accroissement se ralentit, la base se dénude des branches inférieures, la cime s'arrondit et prend une forme écrasée et aplatie. L'arbre, dans son plus grand développement, ne dépasse pas 15 ou 16 mètres de hauteur. »

71. — Terrain. Rusticité. — « Mais sa prédilection pour les terres calcaires, chaudes et sèches, où il croît vigoureusement, quelque maigres et médiocres qu'elles soient, pourvu qu'elles n'aient pas trop de compacité; sa facilité à braver l'insolation du ciel méridional, à quelque exposition qu'il se trouve situé: ce sont là des qualités utiles d'un mérite inappréciable. » Nous pouvons ajouter: sa croissance rapide, qualité indispensable au point de vue du propriétaire particulier. Il demande une chaleur élevée et ne peut pas supporter les climats du Centre et du Nord.

Ses feuilles sont longues et fines et ne persistent que deux ans ; leur couvert est donc fort léger.

Fig. 35. — Pin d'Alep.

72. — Enracinement. — Ses racines, fortement pivotantes ou largement traçantes suivant la nature du sol (nous citons encore M. de Kirwan), savent s'insinuer dans les moindres crevasses des rochers les plus dénudés pour s'y cramponner vigoureusement.

Fig. 36 à 50. — EPICÉA. — Organes reproducteurs et foliacés.

Explication de la Gravure. — 1, rameau avec chaton de fleurs mâles ; la tubérosité ou galle, qui se voit à la base du ramuscule supérieur, est l'effet d'un insecte ; — 2, jeune cône femelle ; — 3, cône mûr ; — 4 et 5, faces externes et interne de l'écaille avec ses graines ; — 6, face interne, graines enlevées ; — 7, graine avec aile et graine sans aile ; — 8, anthère vidée, vue des deux côtés ; — 10, graine germée, coiffant encore la plantule ; — 11, feuilles séminales.

4

73. — **Propagation.** — Voyez chap. VII, § 287, 288.

74. — **Usages.** — Son bois sert principalement à la confection des caisses et des tonneaux destinés à l'expédition des marchandises solides ; on l'emploie aussi dans la menue charpente, comme traverses de chemin de fer, et dans la menuiserie commune.

L'ÉPICÉA COMMUN (*Picea excelsa, Abies picea, Abies excelsa*).

75. — L'épicéa, ou sapin de Norvège, est l'arbre par excellence des montagnes dans les climats froids. On le rencontre, en France, jusqu'à 1,800 mètres d'altitude, et même jusqu'à 2,000 mètres sur les Alpes.

C'est un arbre de très grande dimension, à tige droite, élancée, pouvant atteindre quarante mètres et plus d'élévation, mais dont le diamètre reste généralement inférieur à celui du sapin argenté. Ses cônes sont pendants, particularité qui, avec ses rameaux flexibles qui deviennent pleurants à mesure qu'ils s'allongent et s'alourdissent, distingue sa tribu de celle des sapins. Sa croissance annuelle est formée de plusieurs verticilles, se produisant irrégulièrement sur la flèche, au lieu d'un seul comme chez les pins. Cette faculté de développer facilement des bourgeons axillaires rend l'épicéa très propre à la taille et permet d'en faire des haies très serrées.

Ses feuilles présentent une teinte verte uniforme un peu sombre.

76. — **Terrain.** — C'est un arbre extrêmement rustique ; malgré son adaptation spéciale pour la montagne, il réussit très bien en plaine ; nous le voyons même présenter une assez belle croissance dans les terrains les plus maigres de la Sologne, pourvu qu'ils ne soient pas dépourvus de fraîcheur. Il se plaît même mieux, comme presque tous les conifères, dans des sables un peu frais que dans les terres fortes, où sa végétation est médiocre. Il réussit très bien dans les tourbières assainies, de sorte qu'il peut y être employé avantageusement dans les pays où son produit dépasse celui du pin sylvestre, également propre à cet usage.

77. — Couvert. Aptitudes aux Mélanges. — Les feuilles de l'épicéa, courtes et serrées sur les rameaux, persistent de trois à cinq et même, dit-on, jusqu'à sept ans. Aussi, le couvert fourni par cet arbre est-il très épais. Il est propre à servir de garniture aux espèces feuillues ; car, en raison de sa croissance droite, élancée, pyramidale, ce couvert n'agit que là où il est utile, sur le sol immédiatement au-dessous de lui, lequel il tient net de toute plante nuisible, tandis que ses branches n'empiètent nullement sur celles des essences qui lui sont mélangées.

La dissémination naturelle de l'épicéa est moins abondante dans les massifs que celle du sapin, car ses jeunes plants ne peuvent guère, comme ceux de cette espèce, supporter le couvert direct ; mais en revanche il se ressème bien davantage au soleil, sur les flancs des montagnes, lesquels, dans la Suisse occidentale, sans les chèvres, il pourrait accaparer complètement. On s'en sert avec avantage pour repeupler les vides des clairières dominées.

78. — Enracinement et Croissance. — Ses racines sont presque entièrement traçantes, ce qui rend assez remarquable sa croissance plus élevée et plus élancée que celle de la plupart des espèces pivotantes. Cette croissance est extrêmement rapide (la fatigue de la plantation une fois passée, car les plants *boudent* pendant un an ou deux). L'arbre atteint, dans les terrains frais, un développement de premier ordre.

79. — Propagation. — V. au chap. vii, § 294 à 302.

80. — Usages. — L'épicéa fournit un bois très recherché pour le travail, surtout pour la menuiserie. Il sert en outre aux luthiers pour les tables de plusieurs instruments de musique. Les pièces qui réunissent les qualités nécessaires à cet usage sont extrêmement rares et se vendent à des prix très élevés ; elles ne se trouvent qu'en montagne.

Une résine particulière qui circule dans le liber et l'aubier de l'épicéa, fournit au commerce la poix dite de *Bourgogne*. Son chauffage et son charbon sont d'assez bonne qualité.

Dans sa station naturelle montagneuse, l'épicéa donne un bois de construction et de travail de premier ordre ; la rectitude et la longueur du fût permettent d'en obtenir de belles mâtures. Se fendant facilement et nettement, il fournit d'excellente boissellerie. En plaine, comme le pin sylvestre, il devient mou et spongieux.

LE SAPIN COMMUN, ARGENTÉ, DE NORMANDIE, DES VOSGES
(*Abies pectinata*).

81. — **Description.** — Le sapin se distingue de l'épicéa par la teinte glauque de la face inférieure de ses feuilles, qui lui a valu l'épithète spécifique d'argenté, et par la raideur avec laquelle ses branches et ses rameaux se maintiennent horizontalement; on peut donc le trouver plus joli que l'épicéa par les tons, et moins gracieux par la disposition de son feuillage. Ses cônes se dressent perpendiculairement sur les rameaux, et leurs écailles sont caduques à la maturité, tombant avec les graines et laissant l'axe sur l'arbre. C'est l'arbre des climats tempérés, des vallées et des pentes les moins élevées des montagnes. Dans les Pyrénées, les Cévennes, les Alpes, le Jura et les Vosges, il atteint une taille superbe, quelquefois de 40 à 50 mètres, avec le diamètre de 1 m. 50 à 2 mètres, le plus grand atteint par nos résineux du continent; il prospère également sur les collines de Normandie et de Bretagne, où nous en connaissons de beaux spécimens de 35 m. de hauteur; sa zône de végétation est bien définie, supérieure à celle de la vigne et du chêne, inférieure à celle de l'épicéa.

82. — **Terrain et Exposition.** — Le sapin est peu exigeant à l'égard du sol, mais il préfère les sables profonds et frais, et non dépourvus d'humus ; il résiste mal à l'humidité et languit dans les terres marécageuses, comme dans les sols très secs. « Souvent, disent Lorentz et Parade, on le trouve en bon état de croissance dans des terrains entièrement couverts de roches. Ses racines, dans ce cas, s'introduisent dans les fissures et les intervalles que pré-

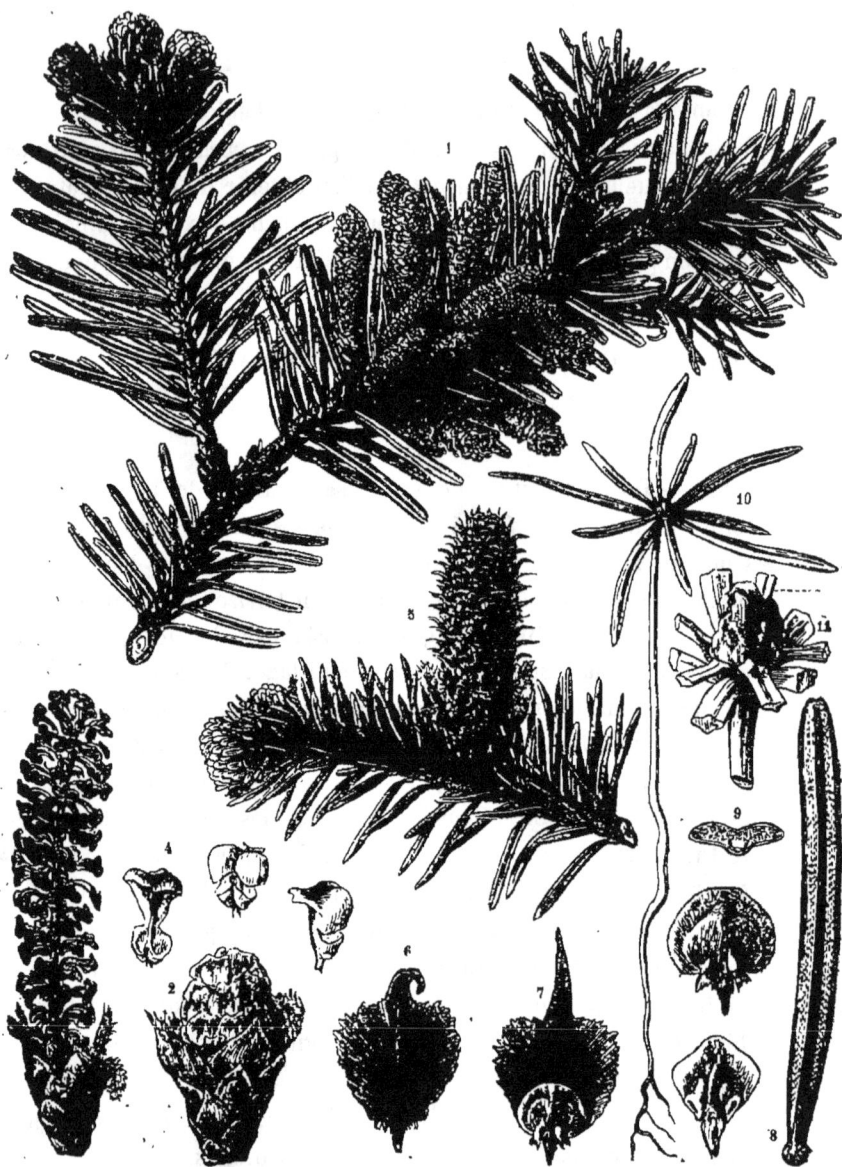

Fig. 51 à 65. — SAPIN. — Fleurs, fruits, feuilles.

Explication de la Gravure. — 1, rameau avec chatons de fleurs mâles ; — 2, chaton mâle à l'état de bourgeon ; — 3, *id.*, développé (grossi) ; — 4, anthères (poches polliniques) ; — 5, chaton de fleurs femelles ; — 6, 7, écaille femelle, faces interne et externe ; — 8, feuille (grossie) ; — 9, *id.* (coupe transversale) ; — 10, germe développé (radicule, tigelle et feuilles séminales) ; — 11, *id.*, section de la tigelle des feuilles (grossie).

sentent ces roches, et profitent de la fraîcheur et du terreau qui s'y amasse abondamment. » Il se plait aussi bien dans le calcaire que dans les sols siliceux et granitiques (1).

Les pousses du printemps, chez les jeunes pieds de sapin, sont très susceptibles à la gelée; il arrive souvent, lorsque le plant croît sans abri, qu'elles sont pincées tous les ans, jusqu'à ce que la croissance les mette à l'abri de cet accident. Dans les régions où les gelées du printemps sont à redouter et là où le couvert naturel n'existe pas, il sera donc sage, quand on plantera en pleine lumière, soit de ménager au sapin une garniture d'essences feuillues, qui, comme le bouleau et le charme, poussant leurs feuilles de bonne heure, tamiseront les rayons du soleil levant; ou bien de ne planter le sapin qu'à l'exposition du nord, où sa végétation, plus tardive, courra moins de risques et où d'ailleurs cet arbre trouvera mieux la fraîcheur qui lui est favorable.

83. — **Couvert. Aptitude aux Mélanges.** — Ses feuilles sont courtes et étroites, mais très serrées sur les rameaux, de sorte que, bien qu'elles ne persistent que trois ans, elles fournissent un couvert assez complet. Comme garniture, ayant les mêmes qualités que l'épicéa, le sapin peut, en plaine ou en coteau, être avantageusement mêlé au chêne pédonculé qui se plaît dans les mêmes terrains; il supplée par son couvert à celui trop léger du chêne, en entretenant la fraîcheur de la terre et la couche de terreau qui garnit la surface.

84. — **Propagation.** — (V. l'article sur cet arbre au chap. vii, §§ 303 à 307.)

85. — **Croissance.** — Sa croissance, lente pendant les premières années, s'élance bientôt et se maintient très rapide; son fût conserve jusqu'à une grande hauteur la forme cylindrique, fournissant ainsi

---

(1) C'est sur la roche calcaire du Jura, dans la forêt de la Joux, que nous avons vu les plus beaux spécimens de cet arbre. L'un d'eux, surnommé le Président, s'élève à la hauteur de 50 mètres, avec un diamètre de 1 m. 70. Ces géants sont ancrés dans le roc par une multitude de petites racines qui s'aplatissent en chevelu entre ses feuillets.

un grand volume de bois de travail, en même temps qu'il présente aux yeux un objet des plus imposants.

86. — Il supporte bien le Couvert. — Essence d'ombre par excellence, le sapin a cette particularité, précieuse en forêt, qu'il peut passer de longues années languissant sous un couvert assez épais, et s'élancer, sans que son tempérament en souffre, lorsque cet ombrage est peu à peu enlevé.

87. — En raison de la même particularité, cette essence est celle qui se reproduit le plus abondamment dans les massifs, car les jeunes plants lèvent bien sous le couvert des futaies.

88. — Usages. — Son bois est très apprécié comme charpente, et, au dire des experts, placé en travers, il résiste mieux et se tourmente moins que celui du chêne.

Il est utilisé pour la mâture par la marine marchande.

Comme l'épicéa, il se fend facilement et fournit de bonne boissellerie. Peu résineux, son chauffage est inférieur à celui de l'épicéa.

LE MÉLÈZE (*Larix Europœa*).

89. — Description. — Cette gracieuse abiétinée est, avec le taxodier ou cyprès chauve, le seul conifère forestier qui se dépouille de ses feuilles en hiver. Par conséquent, son feuillage, toujours frais, est plus souple de port et plus tendre de nuance que celui des autres membres de la famille, qui sont toujours verts.

Comme l'observe très bien M. de Kirwan, le mélèze pourrait presque se classer comme un cèdre à feuilles caduques. Le genre de croissance de l'arbre, l'insertion des feuilles, éparses sur les jeunes rameaux, en rosette sur ceux plus âgés, la forme et les dimensions de ces feuilles, l'inclinaison gracieuse des rameaux, ajoutons encore l'enracinement essentiellement pivotant, tout tend à rapprocher les deux genres. On ne peut guère signaler comme différence générique que la nature des cônes, dont les écailles persistent chez le mélèze, comme chez l'épicéa, tandis qu'elles tombent, en laissant un axe persistant et dénudé, chez le cèdre comme chez le sapin proprement dit. La tige du mélèze est très droite, grêle, élancée.

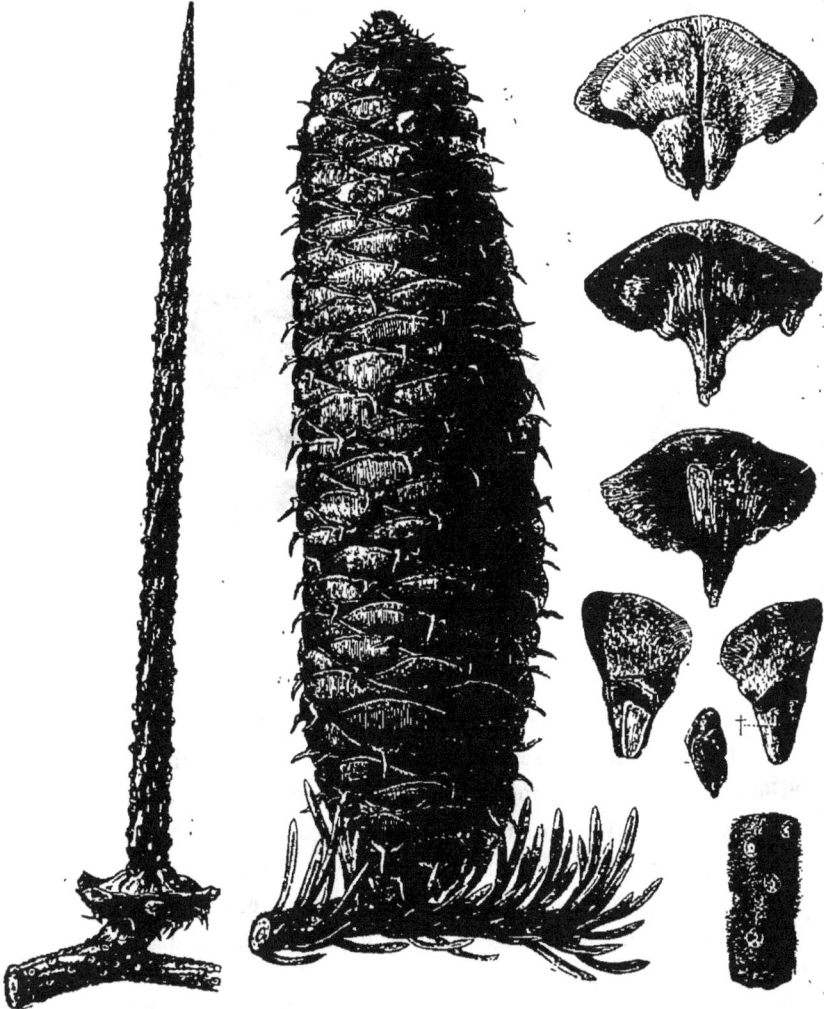

Fig. 66. — Axe du cône persistant après la chute des écailles.

Fig. 67 à 74. — Cône et Écailles du sapin.

90. — Croissance. — Le mélèze est, croyons-nous, le seul conifère forestier, sauf le pin maritime, qui ait deux sèves par an ; aussi rivalise-t-il avec ce dernier — quoique avec des aptitudes toutes différentes — en rapidité de croissance.

Dans les sites et sous les climats qui lui conviennent, le mélèze peut atteindre une hauteur gigantesque et vivre plusieurs siècles. Il n'est pas rare de trouver des sujets de 30 à 35 mètres de haut, avec le diamètre relativement étroit de 0ᵐ,70 ; on dit en avoir signalé ayant jusqu'à 50 mètres, avec une circonférence de 3ᵐ,30.

Fig. 75. — Rameau et cône de Mélèze (grandeur naturelle).

91. — Terrains et Exposition. — Ce n'est qu'en montagne que le mélèze atteint de telles proportions. Sa meilleure station se trouve sur les Alpes suisses, françaises et italiennes, à une altitude variant de 1,000 à 2,000 mètres. Dans les contrées plus au nord, il ne prospérerait évidemment qu'à des altitudes moins élevées, mais il est toujours essentiellement l'arbre de la montagne et des climats froids ou tempérés. Il s'y contente de tous les sols, calcaires, dolomitiques, schisteux, siliceux, pourvu qu'ils soient suffisamment frais, meubles et profonds.

Il vient cependant en plaine, et même, dans les sols qui lui conviennent, avec une très grande rapidité, mais il y est exposé, sous le climat de la France centrale, à terminer sa croissance au bout de cinquante ou soixante ans et à se couvrir de mousse, ce qui nuit beaucoup, en hiver, à ses qualités décoratives. Cependant, même dans ces conditions, il a l'avantage, pour le forestier particulier, de fournir beaucoup de bois en peu de temps, de sorte que, si ses produits trouvent leur écoulement, sa culture n'est pas à déconseiller, surtout s'il sert de garniture à un bois d'essences feuillues qui prendra sa place lorsqu'il sera définitivement exploité. En mélange avec l'épicéa ou le sapin, d'ailleurs, il paraît qu'il conserve mieux sa vigueur.

92. — Ses racines, dont plusieurs s'enfoncent profondément, bien que le pivot véritable s'oblitère dès les premières années, demandent un terrain léger et un peu frais ; dans les climats froids il peut même se contenter de terres maigres et arides. L'acidité dans le sol ne lui est pas contraire, et on le voit prospérer dans les bruyères, pourvu que celles-ci n'aient pas un développement excessif, qu'elles ne suffisent pas complètement à dessécher et durcir le sol. Mais les terrains peu profonds, argileux ou marécageux lui sont tout à fait impropres ; ou bien sa croissance y est pauvre et chétive, ou, s'il paraît d'abord mieux s'y comporter, il est bientôt atteint de la pourriture au cœur, ou d'une décomposition de la sève. Cette dernière affection sévit quelquefois en Grande-Bretagne, où le mélèze a été trop généralement propagé sans égard à la convenance du sol. Elle y est nommée *blister disease* ou maladie des ampoules.

93. — **Exposition.** — L'exposition qui convient le mieux au mélèze est celle du nord et de l'est, c'est-à-dire la plus fraîche possible. S'il arrive à bien se développer sur un versant sud ou ouest, son bois y perd ses qualités naturelles et devient mou et spongieux.

94. — **Aptitude aux Mélanges.** — Son couvert, en raison de ses feuilles fines et de sa forme élancée, est assez léger ; il soutient pourtant la concurrence des plantes arbustives. Le mélèze peut donc être avantageusement associé comme garniture aux essences feuillues. On a observé que son couvert, dans les terres calcaires, est favorable à la croissance d'un herbage fin.

95. — **Usages.** — La qualité du bois du mélèze, pourvu qu'il ait crû dans sa station naturelle et à l'exposition qui lui convient, est

admirable. « Une grande richesse en résine, des accroissements minces et réguliers lui assurent une durée très prolongée aussi bien dans l'air que sous l'eau, une résistance et une souplesse remarquables. Il ne gerçure pas, n'est point attaqué par les insectes et convient aux constructions civiles, hydrauliques et navales. On en fabrique des bardeaux, du merrain pour tonneaux, des échalas d'une durée presque indéfinie, des tuyaux pour la conduite des eaux, etc. Comme bois de chauffage, le mélèze a l'inconvénient de pétiller et de lancer beaucoup d'éclats ; à cela près, il a une puissance calorifique assez élevée, qui est à celle du hêtre comme 4 est à 5. Le charbon en est de bonne qualité, préférable à celui du sapin et de l'épicéa.

« La térébenthine du mélèze est connue sous le nom de térébenthine de Venise ; on en extrait l'essence et divers autres produits. Elle est réputée plus pure et de meilleure qualité que celle qu'on retire des pins. »   (Mathieu, *Flore forestière*.)

Mais cette belle qualité de bois de travail ne peut se réaliser dans les plaines du centre et du midi de la France. Il faut pourtant observer que d'après les expériences de Hartig, des piquets provenant de perches de mélèze, employés comme tuteurs, se sont maintenus intacts aussi longtemps que ceux de robinier, de cembro, de thuya et de genévrier. Ces bois étaient des environs de Berlin, région nullement montagneuse ; peut-être cependant le climat, plus froid que celui de France, y est-il plus favorable à la formation de tissus durs et élastiques.

95 bis. — **Propagation.** (V. Chap. vii, § 308 à 311.)

96. — *Nous ne traitons ici (comme à l'égard des feuillus, d'ailleurs) que des espèces les plus utiles aux reboisements importants chez les particuliers ; celles secondaires sont décrites au chap. vii, des Essences d'agrément.*

Nous ajoutons quelques notes sur le Pitch-pin d'Amérique et le Pin de lord Weymouth, au chap. vii, § 289 et suiv., car, quoique nous les ayons classés comme essences secondaires au chap. ix, ces pins sont quelquefois employés aux reboisements.

CHAPITRE VI

LE CHÊNE *(Quercus robur)*.

97. — Nous ne nous étendrons pas sur la description du roi des forêts, que chacun a si souvent contemplé et admiré; nous nous bornerons à en particulariser les espèces utiles au forestier.

« Quand on parle du chêne, sans autre désignation, il est toujours question du chêne rouvre ou du chêne pédonculé. Ce sont deux arbres des climats doux et tempérés, le pédonculé s'avançant plus vers le Nord, le rouvre davantage vers le Midi, mais leur station est surtout déterminée par le degré d'humidité du sol. Ainsi le chêne pédonculé se plaît dans les terrains très frais et même humides assez fortement argileux; le rouvre préfère les sols divisés et simplement frais. Le premier se rencontre principalement en plaine; le second se trouve également en plaine, mais surtout dans les pays de coteaux ou de montagnes peu élevées. » (Bagneris, *Manuel de sylviculture*, p. 54.)

98. — **Variété pédonculée.** — Le chêne pédonculé prend son nom de la particularité de ses glands, qui sont suspendus, au nombre de 1 à 5, à un pédoncule ou axe commun assez long, tandis qu'au con-

Fig. 76 à 84. — CHÊNE PÉDONCULÉ.

1, Fleurs mâles ; — 2, anthères ; — 3, filets portant une anthère ; — 4, section d'une
anthère ; — 5, fleurs femelles ; — 6, fleur femelle pourvue d'un involucre.

traire ses feuilles sont sessiles, c'est-à-dire attachées immédiatement, ou par un pétiole très court, sur le rameau.

99. — **Variété sessiliflore.** — Le chêne rouvre sessiliflore, à l'inverse de son congénère, a les glands groupés par bouquets de 3, 4, 5 et 6, généralement sessiles, et les feuilles munies d'un pétiole.

100. — **Convenances des deux Essences.** — Nous avons vu que le chêne pédonculé réussit le mieux dans les terres fortes, le sessiliflore dans les sols frais et légers. Nous voyons pourtant dans le centre le pédonculé bien réussir dans ces derniers, et il a certainement l'avantage, très précieux pour le particulier, de pousser plus rapidement que son congénère.

Il serait très important que chaque sylviculteur pût choisir celle des deux espèces qui convient le mieux à son sol et à l'usage qu'il se propose d'en faire, car, si le chêne pédonculé, poussant plus rapidement, vaut mieux pour constituer le fond du bois, le sessiliflore est peut-être plus propre à former des sujets d'élite, car sa croissance est un peu plus régulière et son couvert un peu plus épais. Malheureusement il est difficile, si nous en jugeons par notre expérience personnelle, de trouver, dans le commerce, des glands de chaque espèce bien distincte. Même, dans les premières maisons de graines, il y a toujours mélange où domine généralement le pédonculé. A moins donc que le sylviculteur ne puisse faire son choix en récoltant lui-même ses glands, ou qu'il se trouve à la proximité d'une forêt où il puisse obtenir que ce triage se fasse pour lui, il sera réduit à employer ce mélange de glands ou de plants, quitte et à conserver dans les éclaircies l'essence qui lui conviendra le mieux.

101. — **Racines.** — Les deux espèces sont, comme chacun sait, essentiellement pivotantes (le pédonculé peut-être même plus que le sessiliflore) tout en n'étant pas dépourvues de racines fibreuses. La reprise des jeunes plants est assez facile, malgré le développement excessif du pivot, lequel, d'ailleurs, dans les sols peu profonds, disparaît peu à peu au fur et à mesure de la croissance de l'arbre.

102. — Couvert. — Le feuillage du chêne, même celui du sessiliflore, ne donne qu'un couvert très léger. Nous voyons donc continuellement de vieux bois purs, de cette essence, épuisés par suite
de l'envahissement des bruyères et d'autres plantes parasites, que
leur couvert est impuissant à étouffer. En règle générale, il convient
de ne jamais semer ou planter le chêne pur, mais de lui adjoindre
une garniture qui soutiendra sa croissance dans le commencement
par l'abri qu'elle lui fournira, et qui ensuite donnera au sol le couvert nécessaire pour le maintenir frais et le débarrasser des plantes
nuisibles. Les essences les plus utiles comme garniture permanente
sont, en montagne, selon le climat et le rendement que chacun
peut en retirer, le sapin, l'épicéa et le hêtre ; en plaine, l'épicéa ou
le charme. Les pins maritime et laricio sont excellents comme garniture temporaire ; le mélèze aussi, en montagne, peut être très
utile ; mais comme ils ne peuvent pas donner au sol le couvert per-
manent dont un bois de chêne a besoin, il sera utile, lorsqu'on
s'en sert à cet usage, de mélanger le chêne avec du hêtre ou du
charme, selon le site et le climat où l'on opère.

103. — Si dans des circonstances particulières on tenait à constituer des bois de chêne pur, il conviendrait d'employer la variété
sessiliflore (rouvre), son couvert étant un peu plus régulier et moins
léger que celui de la pédonculée, et ses détritus plus abondants.

En taillis, le chêne ne drageonne pas, mais il rejette jusqu'à un
âge avancé.

M. Mathieu explique ainsi cette aptitude remarquable ; le chêne
exigeant une insolation directe pour s'accroître, ses bourgeons les
plus élevés et les mieux éclairés se développent seuls ; tous les
autres restent stationnaires ou proventifs, ils sont nombreux
et ils conservent leur vitalité jusqu'à un âge fort avancé, parfois
au delà de cent ans.

104. — Rusticité et Longévité. — Le tempérament du chêne,
jusque dans l'extrême vieillesse, est des plus robustes, des plus
tenaces à la vie. Aucun autre végétal, si ce n'est le saule peut-être,
ne peut, sous ce rapport, lui être comparé. Nous voyons continuel-

Fig. 85 à 88. — Chêne à glands sessiles (Chêne rouvre)

lement de vénérables têtards qui, pourris, creusés depuis bientôt un siècle, réduits à de simples lamelles de bois sec recouvertes d'un peu d'écorce rugueuse, tout le reste du tronc ayant graduellement disparu, refusent obstinément de mourir, et continuent à émettre des branches assez fortes couvertes de feuilles florissantes.

105. — Qualités et Usages. — Inutile d'insister davantage sur la longévité du chêne et les qualités supérieures de son bois, si bien connues de tous. Nous rappellerons seulement à nos lecteurs que les chênes « de buissons » ou de futaie sur taillis, ceux dont le tronc a été le plus exposé au soleil, fournissent, pourvu qu'ils soient droits, les meilleurs bois de construction, tandis que ceux qui ont crû longs et élancés en futaie continue, d'un tissu plus mou, plus facile à travailler, sont plus recherchés par la menuiserie et l'industrie en général. On dit aussi que le bois du pédonculé est le plus approprié au premier des usages, celui du sessiliflore au second.

Selon MM. Lorentz et Parade (*Cours de culture des bois*, p. 45), la texture du bois de chêne est en général d'autant meilleure que les couches ou cercles annuels sont plus développés (de 5 à 15 millimètres et au-dessus). La partie ultérieure de chacune de ces couches, qui comprend ce qu'on appelle le bois d'automne, est formée d'un tissu serré, plein, compact, d'apparence cornée, tandis que la partie intérieure ou bois de printemps n'est que peu développée et ne présente qu'une zone étroite de vaisseaux qui affectent, sur la tranche, la forme de petits trous très rapprochés.

Le bois d'automne, essentiellement fibreux, constitue réellement la masse solide du bois ; et on sait que la zone de bois de printemps conserve à peu près la même épaisseur, quelle que soit celle de la couche annuelle entière. Donc, plus la croissance de l'arbre sera rapide, c'est-à-dire plus le sol et le climat seront propices, le traitement bien entendu et bien suivi, plus le grain du bois aura de qualité pour les emplois de la marine et les grandes constructions en général.

C'est l'inverse de ce qui a lieu à l'égard de certains conifères, comme le pin sylvestre et le mélèze, qui ne mûrissent bien que s'ils ont crû lentement sous un climat froid.

Seul, le bois de cœur possède les qualités que nous venons de constater; l'aubier, qui contient des principes féculents ou sucrés, est sujet aux attaques des vers ou à la pourriture ; il n'est propre à aucun emploi durable.

105 bis. — **Propagation.** (V. chap. vii, §§ 312 à 323).

LE CHÊNE TAUZIN (*Quercus toza* ou *tozza*).

106. — **Description.** — Nous donnons une place honorable à cette espèce, quoique sa taille soit secondaire, et la qualité de son bois inférieure à celle de ses congénères précédents, dont elle diffère principalement par ses feuilles à lobes très nombreuses et qui persistent longtemps à l'état vert en hiver. Elle présente, pour la constitution des taillis, des qualités sérieuses qui la recommandent aux sylviculteurs.

Très répandu dans les terrains sablonneux de l'ouest de la France, se plaisant dans les climats doux et chauds, le tauzin supporte encore les hivers des régions tempérées, quoique en quelques localités il ait gelé, comme bien d'autres végétaux rustiques, sous les froids exceptionnels de 1879-1880.

Poussant plus tard au printemps que les espèces déjà décrites, il est moins exposé qu'elles aux dégâts des gelées de cette saison, et la rapidité de la croissance compense bientôt l'émission tardive de ses bourgeons.

107. — **Terrain.** — Son terrain de prédilection est le sable frais; mais on le voit réussir dans d'autres terrains d'une nature assez aride.

108. — **Peu ravagé par les Animaux.** — Il a la particularité de se multiplier par des drageons aussi bien que par semis naturels, et il jouit en outre d'une certaine immunité à l'égard des attaques du gibier et des bestiaux. Il est donc précieux dans le cas où l'on

veut élever, pour les besoins de la chasse aussi bien que de la sylviculture, un fourré de chêne sur une terre sablonneuse et un peu sèche, et aussi lorsqu'on tient à laisser pénétrer les bestiaux dans les bois. Car, quoique cette pratique soit toujours condamnable au point de vue de la sylviculture pure, il se peut que, s'il s'agit d'un revenu agricole sérieux ou d'une grande commodité, un propriétaire se décide à l'admettre. Lorsque cela a lieu, il est évidemment à désirer que les bestiaux puissent faire le moins de dégâts possible. Or nous avons vu de superbes taillis de cette essence, âgés de deux ans seulement, et où le mouton, le plus destructif de toutes les bêtes, semblait pacager régulièrement. On nous assure aussi que le lapin attaque très rarement le plant de tauzin. Et Dieu sait ce qu'il n'attaque pas, dans les plaines sablonneuses où il se multiplie le plus !

Les feuilles, profondément découpées, ne donnent qu'un couvert extrêmement léger. Pourtant, comme elles persistent l'hiver, le taillis de tauzin, en raison de cette qualité et des autres déjà citées, fournit un abri utile au gibier, et par conséquent une ressource agréable au chasseur.

109. — **Qualité et Usages.** — Le tauzin est peu estimé comme bois de construction ou de fente ; mais, jeune, il fournit des cercles de futaille très recherchés, car il a la fibre coriace et beaucoup de liant. Comme bois de feu, il est préférable aux chênes ordinaires ; son charbon est très estimé. L'écorce sert au tannage ; elle y est même supérieure à celle des espèces précédentes, et les glands sont particulièrement appréciés des porcs.

110. — **Jeunes Plants.** — Le plant du tauzin est aussi rustique que celui du chêne ordinaire. Son développement est un peu moindre la première année, son gland étant généralement plus petit. Sa racine se développe presque entièrement en pivot, les latérales étant presque absentes ; le plant se repique pourtant et reprend non moins facilement.

Pour la propagation du tauzin, voir l'article général sur celle du chêne, au chap. VII, § 312 à 323.

CHÊNE YEUSE OU CHÊNE VERT (*Quercus ilex*).

111. — Ce chêne, qui ne se rencontre, en France, que dans les départements méridionaux, forme de nombreuses et vastes forêts en Provence, en Languedoc et en Corse. Sa feuille est épaisse, coriace, dentée pendant sa première jeunesse, ensuite entière.

112. — **Terrain et Exposition.** — C'est dans les terrains calcaires qu'on le rencontre le plus souvent, quoiqu'il ne soit pas difficile à l'égard du sol. Il a surtout besoin d'une température élevée, ne pouvant pas résister aux fortes gelées.

Contrairement à la règle générale chez les chênes, cette espèce est munie de fortes racines traçantes qui lui permettent de s'ancrer dans les crevasses des rochers et de vivre ainsi sur des versants arides où le sol végétal n'a pas de profondeur. Elle drageonne abondamment, ce qui la rend spécialement propre à couvrir ces sols ingrats.

113. — **Croissance.** — Sa croissance, assez rapide en Algérie, sous un ciel subtropical et dans des terres vierges, est extrêmement lente en France, et sa taille petite, dépassant rarement 10 mètres.

114. — **Qualité.** — Son bois est renommé pour sa finesse et sa densité, qui le rendent excellent pour tout ouvrage où les pièces sont exposées à un frottement continu.

Son chauffage et son écorce sont estimés dans le Midi comme supérieurs à ceux des autres chênes.

115. — **Propagation** (v. § 312 à 323).

LE CHÊNE-LIÈGE (*Quercus suber*).

116. — Cet arbre aussi est spécial aux pays à température élevée. Il est très commun en Espagne et assez répandu dans la région des Pyrénées, où il a presque les mêmes exigences que le chêne yeuse, sauf qu'il paraît moins bien réussir dans les sols calcaires. C'est

sur les pentes méridionales, rocheuses, très exposées au soleil, que son écorce acquiert la plus belle qualité.

117. — Terrain. — Le chêne-liège a un pivot plus puissant que celui de l'yeuse, mais, comme lui, il est bien pourvu de racines latérales, qui lui permettent de végéter dans les terrains et de se fixer dans les fentes des rochers peu profonds ; comme lui encore, il drageonne facilement. Les sols feldspathiques et schisteux lui sont favorables, mais il se plaît moins dans le calcaire. Quoique sa station soit limitée, en France, à quelques contrées du Midi, en Algérie le chêne liège est l'essence dominante des futaies.

117bis. — Propagation (v. § 303 et suite).

LE HÊTRE (*Fagus sylvatica.*)

118. — Il n'existe en France que cette espèce de hêtre à titre d'essence forestière, mais elle est de la plus grande importance pour le sylviculteur. Elle est répandue dans tout le centre et le nord de l'Europe.

119. — Terrain et Exposition. — Le hêtre est un arbre des climats frais, et, quoiqu'on le trouve en plaine dans le nord et le centre de la France, il préfère les régions montagneuses, où il s'associe volontiers au sapin et à l'épicéa. Comme eux, il préfère aussi les expositions fraîches à celles du Midi et de l'Ouest.

Dans ces conditions, le hêtre se contente de presque tout terrain frais et divisé, mais il a cette particularité d'avoir une prédilection remarquable pour les sols calcaires, même assez argileux. Les terrains très siliceux et acides paraissent lui être contraires.

C'est une essence forestière de premier ordre, rivalisant de beauté et de grandeur avec le chêne ; dans les sols qui lui sont favorables, le hêtre dépasse même souvent la taille de ce dernier. En montagne, il occupe la station intermédiaire comme altitude entre celle du chêne et celle du mélèze.

Ce feuillage, cet épais couvert, ne laissent pousser aucune herbe

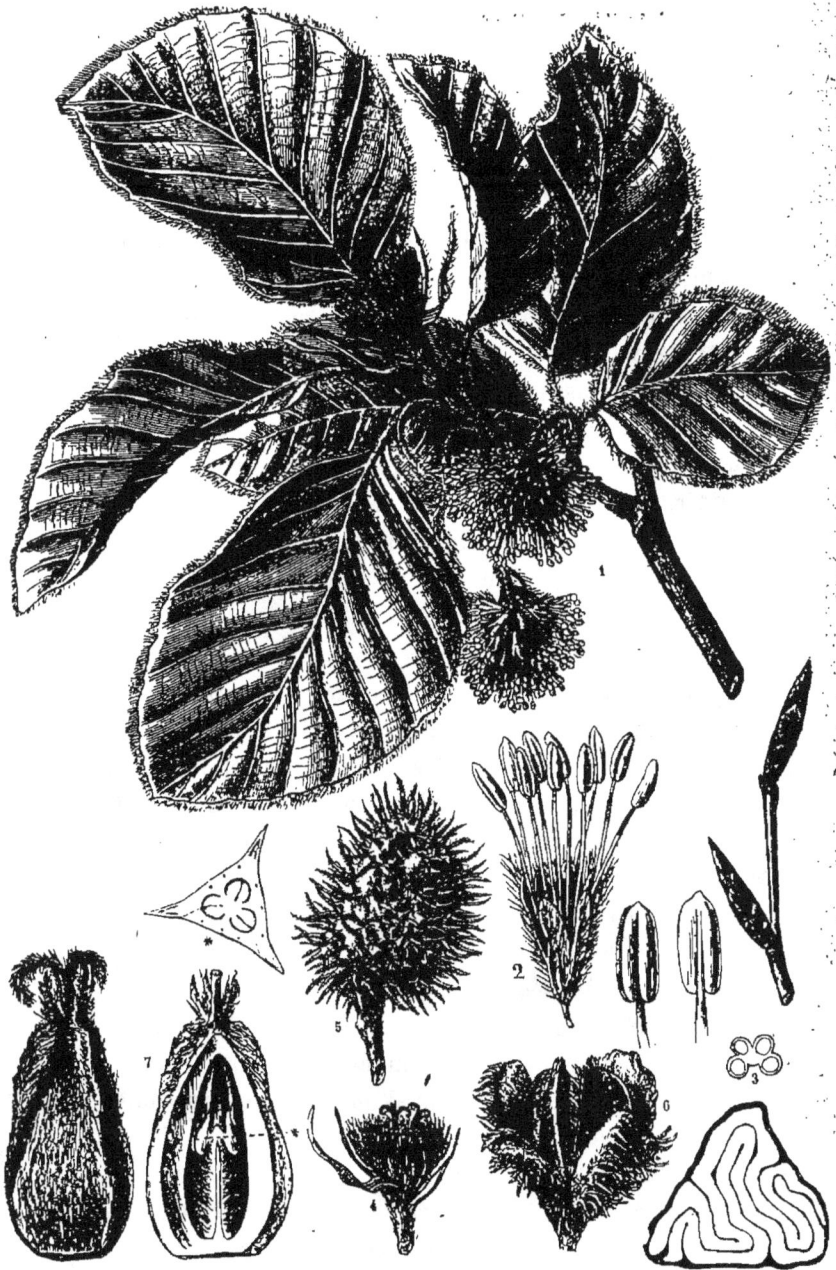

Fig. 89 à 101. — HÊTRE.

1, rameau avec chatons mâles ; — 2, fleurs mâles ; — 3, coupe de l'anthère ; — 4, fleur
femelle ; — 5, fruit ; — 6, fruit ouvert ; — 7, faîne.

sous lui, et cette particularité, si elle est un défaut chez un arbre d'agrément, est une qualité précieuse en forêt.

Le hêtre, dont les bourgeons proventifs sont rares et d'une faible vitalité, repousse difficilement de souche et convient peu, surtout à l'état pur, au régime du taillis. En Morvan il est traité par le furétage, exploitation qui consiste à n'abattre de chaque cépée que les plus grosses perches et à réserver soigneusement les autres jusqu'à une nouvelle révolution.

120. — Souvent associé au Chêne. — Dans les futaies continues, le hêtre est très ordinairement employé en mélange avec le chêne, pour donner au sol le couvert que cette essence précieuse ne peut pas fournir, et ainsi pour prévenir l'envahissement du terrain par les plantes parasites et son dessèchement, si souvent funeste au chêne. Il a été constaté dans bien des massifs forestiers que là où le hêtre, auparavant mélangé ainsi, avait disparu, le chêne, épuisé, ne tardait pas à dépérir.

121. — Croissance. — La croissance du hêtre, lente pendant les premières années, s'active vers l'âge de dix ans, et dès lors il s'élance rapidement. Comme son congénère le charme, et comme les sapins, il peut supporter l'ombrage, rester longtemps en sous-étage, et ensuite pousser vigoureusement lorsqu'il reçoit graduellement la lumière. C'est un arbre *de couvert* à un degré moindre, pourtant, que le sapin.

122. — Usages. — Le bois du hêtre est usité dans la menuiserie, l'ébénisterie, le charronnage, etc.; il est peu propre à la charpente, excepté s'il s'agit de pièces devant rester complètement sous l'eau. Là il a une durée considérable. Il est, par exemple, excellent pour les roues des moulins à eau. Il fournit de bonnes traverses injectées aux chemins de fer. Mais, en général, probablement par suite de la concurrence d'autres essences étrangères qui servent aux mêmes emplois, le bois de travail du hêtre est aujourd'hui moins demandé et subit une dépréciation considérable. Son chauffage en revanche est excellent; son charbon est très estimé, et ses faînes, dont les récoltes d'ailleurs sont fort irrégulières, fournissent au commerce une huile grasse, comestible au besoin.

En général, malgré toutes les qualités de cet arbre, il convient dans les grands massifs de le cultiver plutôt pour servir d'abri à l'essence maitresse, ou, dans sa station naturelle, avec le chêne, le sapin et l'épicéa, qu'en raison de ses mérites propres.

123. — **Propagation.** — (V. § 332 à 336.)

LE CHARME (*Carpinus betulus*).

124. — **Description.** — Très analogue au hêtre, dont il ne se distingue guère, dans son jeune âge, que par sa feuille plissée et dentée et son fruit menu, renfermé dans une cupule foliacée, le charme, jouant un rôle plus modeste que son grand congénère, est pourtant une des essences les plus utiles des forêts.

Comme le hêtre, c'est un arbre de couvert, à feuillage épais; il est utilisé en plaine, comme le hêtre dans les régions accidentées, en mélange avec le chêne, pour donner au sol le couvert nécessaire et pour abriter l'essence principale. Cette association est l'une des plus approuvées par les forestiers.

125. — **Terrain et Exposition.** — Moins exigeant que le hêtre sous le rapport du climat et de l'exposition, le charme peut végéter presque partout, pourvu qu'il trouve un sol frais; toutefois, sur une pente méridionale, brûlante, son développement sera peu vigoureux. Il préfère les terrains substantiels, divisés avec du sable ou du gravier, et les plus beaux pieds de charme que nous ayons vus se trouvent dans un parc dont le sol léger est arrosé par une rivière qui la traverse. Mais il se contente de sols sablonneux, pourvu qu'ils soient profonds et frais et qu'ils renferment un peu d'humus. Dans les mêmes conditions, il s'accommode aussi du calcaire.

126. — **Enracinement.** — Quoique le charme n'ait pas de pivot bien prononcé, ses racines ont toutes une tendance à s'enfoncer dans le sol, où elles pénètrent souvent jusqu'à un mètre et plus de

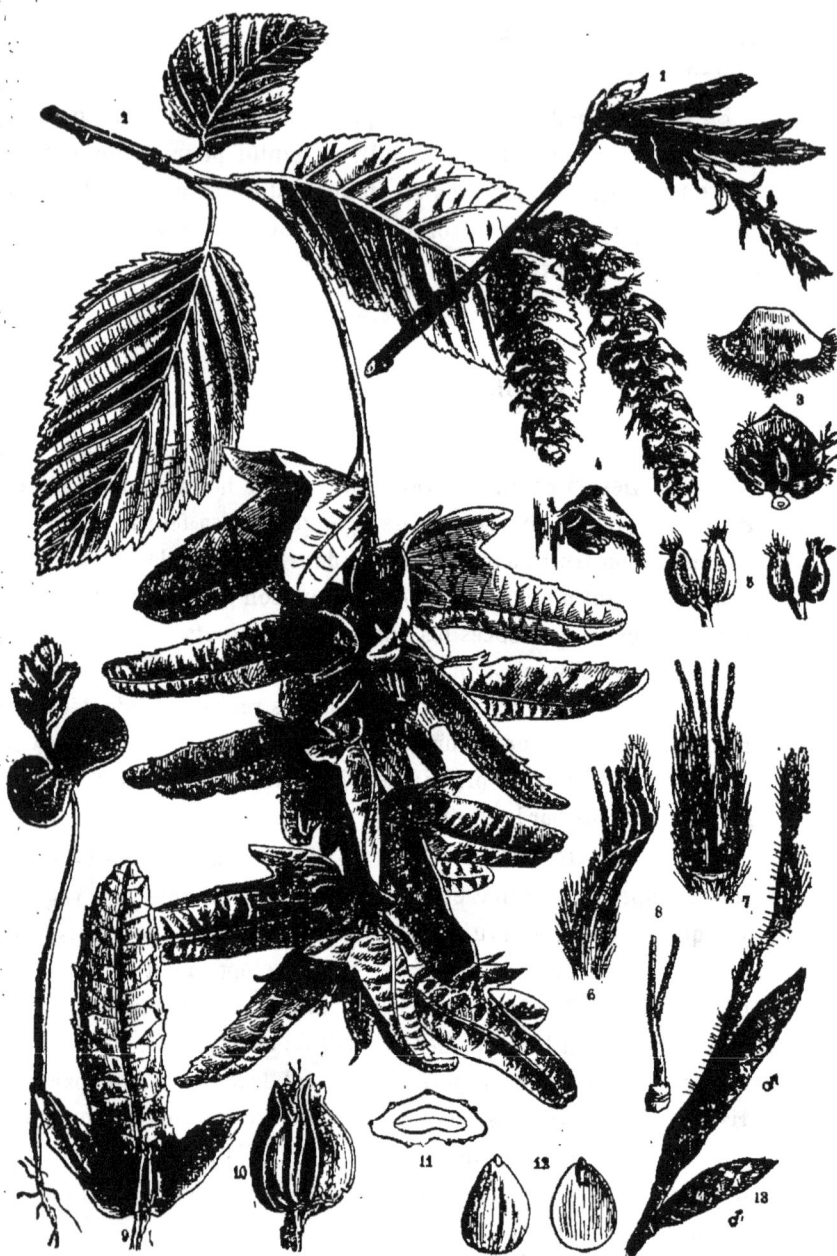

Fig. 102 à 118. — CHARME (Organes de la reproduction).

Explication de la Gravure : 1, Ramuscule avec un chaton femelle et deux mâles ; — 2, chaton de fruits ; — 3 et 4, fleurs mâles, sous différentes faces ; — 5, anthères, isolées ; — 6 et 7, fleurs femelles, avec involucres ; — 8, fleur femelle nue ; — 9, fruit mûr, avec involucre ; — 10 et 11, fruit mûr, sans involucre, et coupe ; — 12, graine nue ; — 13, rameau à bourgeons de fleurs mâles.

profondeur. Cette faculté explique la vigueur et la rusticité de l'arbre dans les sols frais et profonds.

127. — **Rusticité.** — En effet, quoique sa longévité soit moindre que celle du chêne, le charme est doué, comme lui, d'une remarquable vitalité. Nous ne l'avons jamais vu malade; nous en possédons même de jeunes pieds qui, ayant été brisés, écorcés par le choc des charrettes, referment leurs plaies béantes et émettent des pousses presque aussi vigoureuses que s'ils n'avaient jamais souffert.

128. — **Qualités et Usages.** — Le charme, au contraire du hêtre, forme d'excellents taillis, parce qu'il rejette de souche jusqu'à un âge assez avancé. C'est, avec le bouleau, une des essences qui verdissent le plus tôt au printemps, et avec impunité, car il ne gèle jamais.

Son chauffage est, croyons-nous, le meilleur connu. Il y a donc là un ensemble de qualités qui, malgré la croissance un peu lente de cette essence, la rend très propre à être cultivée en taillis, soit en forêt, soit dans les parcs et les bois d'agrément, car, pouvons-nous ajouter, son feuillage épais, qui tombe peu en hiver, forme un excellent abri pour le gibier.

Comme bois d'œuvre, le charme peut rarement fournir de belles pièces; car, à moins d'avoir crû dans des conditions très favorables, son tronc n'est presque jamais régulièrement rond; il est creusé, souvent profondément, par des cannelures nombreuses qui empêchent un bon équarrissage. Mais il est précieux pour le charronnage, auquel, en raison de sa dureté et de sa fibre coriace, il fournit toutes sortes de pièces exposées à un frottement continu ou à une forte pression.

Ses cendres, dit-on, fournissent beaucoup de potasse, et son feuillage, vert ou sec, sert à la nourriture des bestiaux.

129. — **Propagation.** (V. § 337 à 340.)

LE CHATAIGNIER COMMUN (*Castanea vesca*).

130. — Il n'existe du châtaignier, comme de chacun des deux genres précédents, qu'une seule espèce utile au sylviculteur français. Les variétés ne se distinguent que par la grosseur et la qualité

Fig. 119 à 120. — CHATAIGNIER.

du fruit; leur étude entre donc dans le domaine de l'horticulture.

Le châtaignier commun est un grand arbre qui peut atteindre 30 mètres de hauteur, avec, lorsqu'il croît isolément, une circonférence énorme.

131. — **Rusticité.** — Le châtaignier est un arbre des climats chauds et tempérés ; il résiste mal aux grands froids, et, dans le Centre, la plupart des pieds de cette essence ont succombé en 1879-1880. Ceux qui ne sont pas détruits sont pour la plupart profondément atteints et se décomposent lentement.

Le seul remède à cet état maladif paraît être le recépage. Toutes les souches que nous avons vu receper, et même quelques troncs assez forts, ont émis des pousses vigoureuses.

La maladie dite de l'encre qui attaque souvent les châtaigniers est attribuée, par les autorités scientifiques les plus compétentes, notamment par M. Cornu, l'éminent savant chargé de l'étude des maladies parasitaires, à cette décomposition amenée par les grands froids. En Sologne, au moins, nous savons qu'elle est due à cette cause et que la teinte noire ne doit en être que le résultat, car nous la remarquons souvent dans le bois exploité, même le plus sain. On n'a qu'à mettre, pendant quelques jours, un brin de châtaignier dans de l'eau pour noircir celle-ci complètement.

131 bis. — Couvert. — Le couvert du châtaignier est plus épais que celui du chêne, en raison de la grande dimension de ses feuilles et de leur direction horizontale; il exige moins de lumière et forme des massifs plus serrés.

132. — Terrain et Exposition. — Le châtaignier craint, d'un côté, les terres compactes et humides, d'un autre, les calcaires. Il se plaît dans les terres siliceuses, légères et profondes, et sur les coteaux plutôt qu'en plaine. Les plus beaux pieds de cette essence que nous ayons jamais vus se trouvent en sol granitique, sur le coteau de Royat, en face de Clermont-Ferrand, ornant la route qui mène vers le Puy-de-Dôme. Nous avons constaté avec plaisir que ceux-ci ont résisté à l'action des grandes gelées. Le fameux colosse du mont Etna démontre également la prédilection de cette espèce pour les terrains volcaniques.

Les taillis de châtaignier sont très sensibles aux gelées printanières qui rabattent continuellement leurs pousses des premières années. Pour atténuer ces dommages, il est bon de ne les créer qu'à l'exposition nord ou nord-ouest, de sorte qu'ils soient abrités des rayons du soleil levant.

133. — Mélanger avec le Bouleau. — Dans les climats et les sols favorables au développement du bouleau, on peut, avec profit, mélanger cette essence en taillis avec le châtaignier. Elle croît avec la même rapidité et prospère dans les mêmes sols; elle pousse plus tôt dans la saison et fournit ainsi, au moment où le châtaignier ouvre ses bourgeons, un abri de son feuillage, qui n'est jamais, lui, affecté par les gelées, et qui garantit l'essence susceptible du *dégel* au soleil, phénomène qui est, ne l'oublions pas, la véritable cause du mal qui suit les gelées.

134. — **Croissance.** — La croissance du châtaignier, dans les terres qui lui conviennent est des plus rapides, et son taillis peut s'exploiter à de très courts intervalles.

135. — **Effet sur l'Atmosphère.** — Le châtaignier ressemble aux résineux par l'effet que son feuillage paraît exercer sur l'atmosphère. Quand, un soir d'été, au moment où tombe la fraîcheur, après le coucher du soleil, on passe sous un châtaignier, on sent immédiatement une bouffée d'air sec et chaud. Il est donc probable que cette essence joue un rôle utile dans l'assainissement de l'air et du sol, dans les pays, comme la Bretagne, la Sologne et les Landes, où l'excès d'humidité peut enfanter les fièvres.

136. — **Qualités et Usages.** — Son taillis, dans le voisinage des vignobles, est extrèmement productif, en raison de la vigueur et de la rapidité de sa croissance. On le coupe à six ou sept ans pour faire des cercles et des échalas, et ses souches infatigables résistent presque indéfiniment à cette exploitation à si court intervalle.

Comme arbre, il peut fournir d'excellente charpente et de bon bois de fente, car il présente cette particularité de n'avoir point d'aubier, et ainsi d'être complètement homogène, à condition d'être sain ; mais, sur les sols qui manquent de profondeur, son bois souffre de la *roulure*, s'ébranle et se détache en feuillets. Dès lors, il ne peut être employé qu'aux tanneries, faisant un mauvais chauffage. Il ne manque pas de puissance calorifique, mais il est très difficile à allumer, tend toujours à s'éteindre, et, en outre, brûlé dans une cheminée ouverte, il pétille et lance au loin des éclats d'une façon très dangereuse, à moins, dit-on, qu'il n'ait été conservé deux ans (nous avons remarqué aussi que le bois gelé pétillait moins). Il ne peut guère être brûlé que dans des poêles fermés à fort courant d'air.

137. — **Propagation.** (V. § 324 à 331).

L'ORME (*Ulmus campestris*).

138. — L'orme champêtre (orme à petites feuilles, orme rouge) est un arbre de première grandeur, qui peut atteindre la hauteur de

Fig. 121 à 129. — ORME. (Organes reproducteurs).

1, fleurs ; — 2, fleurs grossies ; — 3, ovaire surmonté de deux styles : — 4, fruit capsulaire ; — 5, graines ; — Branche avec fruits capsulaires.

40 mètres, avec un très fort diamètre. Disséminé dans nos forêts, il n'y constitue jamais de futaies pures. Il s'exploite bien en taillis, car il pousse des rejets vigoureux et drageonne facilement.

Son couvert est épais, en raison de l'abondance de ses feuilles ;

elles sont rudes au toucher, plus longues, à la base, d'un côté de la nervure médiane que de l'autre ; en raison de la fermeté de leur tissu, elles se maintiennent horizontalement.

139. — Terrain. — Le pivot de l'orme est faible et disparaît de bonne heure; ses racines latérales sont nombreuses. En raison de cet enracinement superficiel, il exige, de même que le frêne, un sol profond, frais et divisé et une exposition fraîche, pour présenter une végétation vigoureuse ; cette condition donnée, sa croissance est rapide et son tempérament rustique. Il ne souffre jamais de la gelée.

140 — Usages. — Son bois, très dur et très élastique, est fort estimé : il fournit des perches de mine d'une grande durée. Il est recherché pour une foule d'usages, particulièrement dans le charronnage pour jantes de roues; dans la construction des machines et, dans l'artillerie, pour les affûts des canons, etc.

La variété nommée orme tortillard (*tortuosa*) fournit de bons moyeux de roues.

141. — L'orme de montagne (*U. montana*) est moins exigeant sous le rapport du sol et de l'exposition que son congénère *campestris*; sa croissance est également rapide, mais la qualité de son bois est moins bonne ; sa tige est moins élevée et moins droite.

142. — Propagation (V. § 477.)

BOULEAU BLANC OU COMMUN (1) (*Betula alba*)

143. — Cet arbre modeste a bien des qualités est aussi bien des défauts; les premières le rendent très acceptable pour les particuliers, les derniers le font souvent rejeter par les forestiers de l'État.

---

1. — Les types verruqueux et pubescents ne sont regardés que comme variétés du bouleau blanc, et la distinction entre eux a peu d'importance forestière. Le pubescent s'étend plus au nord que son congénère le type commun; il s'en distingue par ses feuilles moins lisses, ayant un duvet blanc en dessous. Le verruqueux prend son nom des rugosités de l'écorce sur les petits rameaux ; sa feuille est longue, lisse, acuminée.

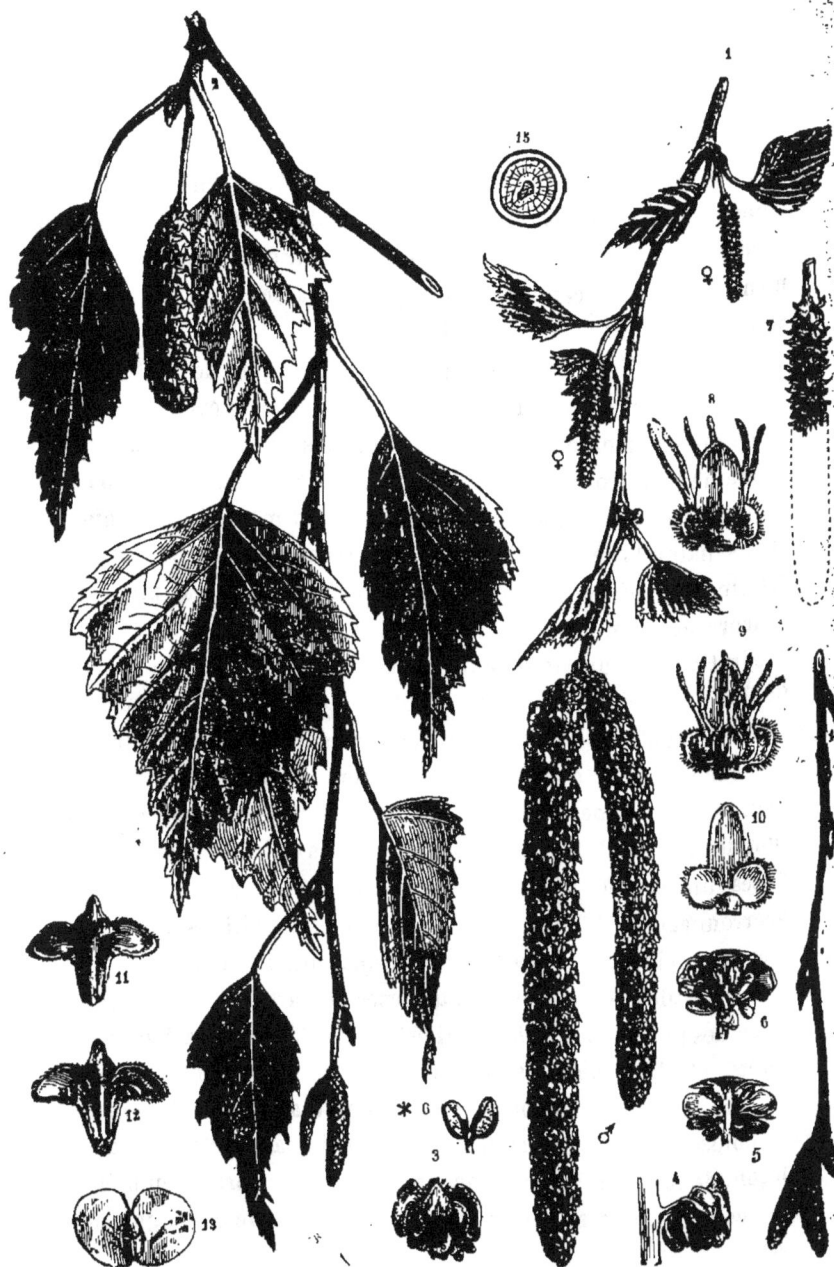

Fig. 130 à 145. — BOULEAU (type verruqueux).

Explication de la Gravure : 1, rameau printanier avec chatons mâles (♂) et
femelles (♀); — 2, rameau automnal; — 3, 4, 5, 6, bractés portant des étamines;
— 6, anthères; — 7, chaton femelle; — 8 et 9, fleurs femelles, par trois, à la base
d'une écaille trilobée; — 10, écaille trilobée; — 11 et 12, écaille du chaton fructifiée; —
13, fruit ailé; — 14, jeune pousse; — 15, coupe d'un rameau de trois ans.

C'est un arbre de taille secondaire et de longévité limitée. Natif des climats froids et tempérés, il craint les chaleurs et l'aridité. Souvent pendant un été sec on voit ses feuilles jaunir et tomber prématurément. C'est, à l'exception d'une espèce de saule, le dernier arbre qui subsiste dans les latitudes arctiques.

144. — **Qualités particulières.** — Au moyen de ses graines, tellement menues que l'œil peut à peine les apercevoir, et munies d'une grande membrane ailée, le bouleau se dissémine, partout où sa graine peut trouver un peu de guéret et d'abri, en grande quantité et jusqu'à une distance considérable du pied mère, de sorte que les semis naturels de cet arbre sont très répandus. Enraciné dans un terrain frais, où les plantes arbustives ne lui font pas une grande concurrence, il vient avec une rapidité extrême et donne un certain produit plus tôt que toute autre essence, car, dès l'âge de neuf ans, où il convient de recéper une plantation destinée à être aménagée en taillis, tout son bois est marchand. Son charbon, inférieur à celui du chêne, se vend encore à des prix rémunérateurs, quoique bien diminués récemment, et ses branchages s'utilisent pour la confection des balais. Plus tard, il fournit un bois estimé à la boulangerie, et ses futaies et les réserves de ses taillis servent au sabotage et au charronnage. Le bouleau est donc, dans les conditions qui lui conviennent et jusqu'à l'âge de trente ou quarante ans, l'une des essences les plus utiles et les plus avantageuses au particulier, tout en étant l'une des plus faciles à élever. Il est l'arbre le plus gracieux de nos forêts, et s'il n'était pas si commun il serait avidement recherché comme essence d'ornement ; ajoutons qu'il a la propriété précieuse de pousser très tôt au printemps et de ne jamais souffrir, en aucune façon, de la gelée. Il peut donc être utilisé pour abriter, en mélange, des essences plus sensibles aux froids, comme le châtaignier ou le sapin.

145. — **Ses Inconvénients.** — Par contre, le bouleau n'est qu'un arbre de deuxième classe, qui n'atteint jamais une grande valeur. Son couvert, très léger, est impuissant à réprimer la pousse de la végétation arbustive quand elle se développe sous lui, et dans ce

cas ses racines, qui toutes courent à la surface du sol, trouvent difficilement leur nourriture dans la terre accaparée et desséchée par ces
plantes. Dans ces conditions les souches s'épuisent, le repeuplement naturel ne s'opère plus, car les graines ne retrouvent plus de
gueret ni de fraîcheur, conditions indispensables à leur levée, et le
bois disparaît après un petit nombre de révolutions. Il ne persiste
guère que dans les terrains frais, où il ne pousse naturellement que
de grandes herbes; mais comme ces mêmes terrains (en plaine) sont
favorables à la croissance du chêne pédonculé, il est assez naturel que
les forestiers, chargés des intérêts de l'État, préfèrent les réserver pour cette dernière essence, infiniment plus précieuse.

146. — Usages — Quant aux particuliers, nous croyons que, pour
les raisons que nous avons déjà énumérées, le bouleau, tant qu'il
se maintiendra sur le sol, leur sera dans certaines régions plus
avantageux que le chêne, surtout dans les propriétés trop éloignées
des villes et des villages pour assurer une bonne vente aux menus
bois de feu. Ce n'est donc nullement une essence à dédaigner, et
le propriétaire peut s'en servir, selon la nature de ses terrains, soit
à abriter une autre espèce destinée à le remplacer plus tard, soit à
occuper en permanence les fonds frais et même tourbeux, car dans
ces derniers sols il se plaît mieux que toute autre essence forestière,
excepté l'aune.

Nous venons, au § 144, d'énumérer les emplois ordinaires de son
bois. Il sert à la papeterie, et comme chauffage, il brûle avec une
flamme vive et gaie, mais qui passe rapidement.

Le bouleau a encore une qualité que nous ne devons pas passer
sous silence. Proche parent de l'aune, espèce qui, dans notre
connaissance, n'est jamais attaquée par le gibier, le bouleau aussi
jouit d'une certaine immunité de ses ravages, non pas absolue,
mais relative. Nous voyons, sur des terres où le lapin pullule, des
taillis de bouleau s'élever sans grande souffrance, tandis que ceux
de chêne sont complètement ravagés.

146 bis. — Propagation (V. chap. vii, § 342 à 345.)

L'AUNE COMMUN (*Alnus glutinosa*).

147. — L'aune glutineux, dit M. Mathieu (*Flore forestière*) est plutôt arbre de taillis que de futaie ; aussi est-il rare de le rencontrer de pied franc et d'un âge avancé ; dans des conditions très favorables il peut cependant atteindre 30-33 mètres de hauteur sur 0^m50-1 mètre de diamètre ; mais ces dimensions sont exceptionnelles. La ramification, très variable, rappelle parfois assez bien celle du chêne rouvre. En taillis, il forme des cépées vigoureuses, dont les brins, droits, effilés, divergents et fort élevés, forment un cercle qui s'agrandit à chaque exploitation, tandis qu'il s'évide au centre par la pourriture et la transformation en terreau des souches des révolutions précédentes. On cite des cépées de ce genre qui mesurent plus de 7 mètres de circonférence à la base, portant jusqu'à onze rejets hauts de 24 mètres, sur 1^m15 à 1^m50 de tour. La longévité dépasse rarement 100 ans.

148. — **Terrain.** — L'aune est de la même famille que le bouleau, et il a presque les mêmes qualités et les mêmes exigences que son proche parent. Seulement, arbre des plaines basses et des vallées, il se complaît encore mieux que lui dans les sols marécageux et demande, pour se développer en perfection, le voisinage de l'eau. Aussi n'est-il guère employé que pour utiliser les berges exposées à être inondées, et où par conséquent il serait imprudent de planter d'autres essences.

Sa croissance dans les terres fraîches et meubles est extrêmement rapide.

149. — **Propagation.** — (V. § 342 à 345).

150. — **Usages.** — Le perchis d'aune est utilisé par les tourneurs dans la confection des chaises communes ; il sert aussi, en quantité limitée, à la boulangerie. Comme bois d'œuvre, il n'est employé que pour les travaux destinés à rester sous l'eau ; submergé, il demeure inaltérable et dure autant que le chêne, tandis que son tissu mou et lâche pourrit bientôt s'il est exposé à l'air.

Fig. 146 à 165. — AUNE (Organes de la reproduction).

Explication de la Gravure : 1, ramuscule automnale avec chatons mâles et femelles ; — 2, chaton mâle au printemps ; — 3, 4, 5 et 6, écaille triflore détachée du chaton ; — 7 et 8, fleur isolée à quatre étamines insérées sur un involucre quadrilobée ; — 9, chaton femelle ; — 10, écaille biflore détachée du chaton ; — 11, les deux fleurs isolées, ovaire à deux stigmates ; — 12, 13 et 14, écaille fructifère ; — 15, fruit isolé, une seule graine ; — 16, fruit isolé, coupe transversale ; — 17, ramuscule à cônes fructifères murs ; — 18, cône vidé ; — 19 et 20, jeune pousse, coupe transversale.

L'AUNE BLANC (*Alnus incana*).

151. — Cette espèce se distingue de l'aune commun par ses feuilles, qui portent un duvet gris-blanchâtre en dessous et qui sont acuminées au sommet, tandis que celles de l'aune glutineux sont lisses, obtuses au bout. C'est un arbre de taille très secondaire.

L'aune blanc s'étend bien plus au nord que son congénère; il se plaît dans les montagnes, surtout dans la région des Alpes, où il végète bien jusqu'à l'altitude de 1,800 mètres.

152. — **Terrain.** — L'aune blanc, tout en préférant, comme l'espèce commune, les sols humides ou frais et les

Fig. 166. — A U N E B L A N C. — Feuilles.

bords des cours d'eau, s'accommode, mieux qu'elle, des terres relativement sèches des versants. Il est généralement considéré comme essence calcicole, car il se trouve rarement à l'état indigène sur les sols qui manquent de calcaire, et, d'un autre côté, il est maintenant planté avec succès dans la Champagne crayeuse.

153. — **Propagation.** V. à l'article de l'aune, chap. VII.

ACACIA COMMUN (PROPREMENT ROBINIER FAUX-ACACIA)
(*Robinia pseudo-acacia*).

154. — Cet arbre, de la grande famille des légumineuses, introduit en France en 1601, par Robin, directeur du premier Jardin botanique

à Paris, est un exemple notable de la confusion d'idées trop souvent amenée par une confusion de noms.

155. — Ses Exigences. — Parce qu'il est d'usage de l'appeler : acacia, on a également coutume de lui attribuer les qualités particulières de cette espèce, qui, comme chacun sait, habite les déserts sablonneux de l'Asie, où elle supporte l'extrême chaleur comme l'extrême sécheresse. On a donc souvent supposé que le robinier, baptisé acacia, est propre à planter dans les terrains les plus secs et les plus maigres.

C'est au contraire un arbre originaire de terrains profonds et frais, sa station naturelle se trouvant dans les environs des grands lacs américains qui séparent les États-Unis du Canada.

Donc, toutes les fois qu'on plantera l'acacia commun ou robinier sur un sol sec, maigre, tufeux ou compact, exposé aux rayons brûlants du midi, on se condamnera à une déception complète. Il demande impérieusement un terrain sain, qui peut être léger, maigre, mais qui doit être fin, meuble et sans acidité. Un tel sol n'est jamais dépourvu de fraîcheur.

Fig. 167 et 168. — ROBINIER FAUX-ACACIA.

156. — Croissance. — Dans ces conditions, il s'élance avec une très grande rapidité, et dans le voisinage des vignobles, auxquels il fournit d'excellents échalas, c'est l'une des essences les plus avantageuses qu'un propriétaire puisse cultiver.

Il constitue d'excellentes bordures, planté sur les talus des fossés, soit des routes, soit des chemins de fer, soit des plantations, où il trouve la nature de terre en même temps meuble et fraîche qui, l'avons-nous vu, est nécessaire à son développement vigoureux.

Il peut atteindre une hauteur de 20 à 27 mètres sur un mètre de diamètre, mais seulement à l'état isolé ou en petit groupe. Le régime de la futaie pleine lui est défavorable, il s'y étiole et dépérit.

157. — **Sa Nature envahissante.** — Il faut éviter de planter l'acacia, s'il est destiné à être exploité en taillis, en bordure le long des champs cultivés, car, une fois coupé, il émet de ses racines des drageons d'autant plus nombreux et vigoureux qu'ils poussent dans une terre meuble. Cet inconvénient est moindre si l'acacia n'est destiné qu'à former des lignes d'arbres, car dans ce cas le développement des drageons n'est pas stimulé par la coupe des tiges.

Les racines de l'acacia sont pivotantes comme celles de toutes les légumineuses, mais il émet aussi de fortes racines latérales qui courent très loin. Le couvert de ses feuilles est très léger:

158. — Le bois parfait de l'acacia est, dès les premières années, dur, nerveux, élastique, d'une durée égale à celle du chêne, ce qui le place au premier rang des bois de charronnage pour la fabrication des rais. Il est préférable à tous autres pour échalas, cercles, gournables ou chevilles employées dans les constructions maritimes ; il se polit bien, peut être utilisé en menuiserie pour parquets, meubles, convient aux ouvrages de tour, etc. Ses tiges sont rarement assez régulières pour fournir des pièces de grandes dimensions

159. — En résumé, l'acacia peut rendre de grands services là où son bois trouve des débouchés favorables, et il est très utile pour consolider les terres meubles des talus des fossés, des endiguements, etc.

Mais il convient de ne pas étendre sa propagation au delà des limites dans lesquelles ses produits trouvent une vente assurée et avantageuse. Ses épines rendent sa culture et son exploitation difficile ; en outre, elles s'opposent complètement à la jouissance de la chasse dans les taillis, question qui peut avoir une certaine importance pour le propriétaire.

160. — **Propagation** (V. § 346 à 351).

FRÊNE COMMUN (*Fraxinus excelsior*).

161. — Le frêne est un grand arbre qui, dans des circonstances très favorables, peut atteindre 33 mètres de hauteur sur 3 mètres de circonférence, mais sa taille moyenne reste bien en dessous de ces dimensions.

Il se trouve généralement disséminé dans les forêts et dans les buissons; en Angleterre, cependant, les massifs de taillis de cette essence sont assez communs.

Son feuillage est clair, et son couvert par conséquent léger. Son système de racines latérales est abondant et puissant, et sa croissance, dans les terrains qui lui conviennent, est rapide.

162. — **Terrain.** — Le frêne préfère les vallées bien arrosées, saines et fertiles, les mêmes où se plaisent l'orme, l'aulne glutineux et le chêne pédonculé. On le trouve également dans les montagnes et sur des sols assez secs, pourvu qu'ils soient meubles. Il semble s'accommoder de tous les sols frais et sains, excepté ceux maigres et siliceux, où l'on ne le trouve jamais à l'état indigène. Il supporte bien le voisinage de la mer.

163. — **Usages.** — Le bois du frêne est essentiellement élastique et tenace; il est hautement estimé pour le charronnage et aussi pour la fabrication des rames, avirons, cercles de tonneaux, etc. Il se tourmente peu, n'est guère exposé à la vermoulure, reçoit un beau poli, sert aux menuisiers et aussi aux armuriers pour fabriquer des crosses de fusils. Employé dans les constructions, il a une durée supérieure à celle du bois de hêtre, à condition d'être employé à couvert.

Son chauffage est assez bon, quoique inférieur à celui du hêtre, et il fournit un bon charbon.

Fig. 169 à 180. — Frêne (Organes de la reproduction).

Explication de la Gravure : 1, rameau avec fleurs hermaphrodites ; — 2, fragment de rameau avec fleurs femelles ; — 3, fleur hermaphrodite isolée ; — 4 et 5, fleur hermaphrodite, vue sous différentes faces ; — 6, fleur mâle composée de deux étamines à filets courts ; — 7, fleur femelle (pistil) ; — 8, ovaire, section de la paroi antérieure ; — 9, ovaire, coupe transversale ; — 10, fruits (samares) réunis en panicules pendants ; — 11, fruit ouvert, graine ; — 12, cotylédons ; — 13, plantule.

CHAPITRE VII

164. — Ce travail, qui est presque tout le reboisement, doit être étudié en détail, avec une attention particulière.

Il y a trois modes de propagation :

1. — Par la plantation immédiate ;

2. — Par le semis à demeure ;

3. — Par le semis en pépinière, en vue de planter les sujets obtenus.

165. — **Choix entre le Semis et la Plantation.** — La question de savoir quel est le mode le plus avantageux, de la plantation ou du semis sur place, a été et est encore très agitée entre sylviculteurs. Autrefois le sytème du semis l'emportait, comme étant plus simple et plus économique. Mais cela tenait à ce que les plants employés, étant toujours trop grands, donnaient lieu à des frais, à des travaux et à des embarras sans fin. Aujourd'hui il est pleinement reconnu que les plants petits et trapus, élevés (soit dans les pépinières particulières, soit dans celles du commerce) en grand nombre et par conséquent à des prix très modiques, sont, en général, infiniment préférables. Le cas n'est donc plus le même, et les autorités les plus compétentes s'accordent à reconnaître que les plantations ainsi exécutées reviennent à la longue moins chères que les semis dans la plupart des cas. Si les frais de premier établissement sont plus grands, en revanche ceux des éclaircies hâtives et improductives,

souvent nécessaires dans les semis pour empêcher les jeunes plants de s'étouffer mutuellement, sont évités.

166. — Avantages de la Plantation. — A notre avis aussi, les bois formés par la méthode de la plantation sont meilleurs que ceux dus au semis. Nous croyons qu'au bout de quelques années les plantations, pourvu que l'espacement des pieds soit convenable, fourniront toujours de meilleurs arbres, contenant une plus grande quantité d'un bois de plus de valeur ; parce que chaque pied, régulièrement espacé dès le début, aura eu l'énorme avantage de jouir de toute sa part de terrain et de lumière, de pousser des racines solides qui le soutiendront contre les coups de vent et sous le poids des neiges. Il aura pu développer aussi, dans des proportions normales, le système de branches et de feuilles qui joue un rôle si important dans la nutrition de l'arbre et dans son aptitude à assainir et à enrichir la terre, comme à purifier l'atmosphère. La plantation a encore l'avantage de couvrir régulièrement et également le terrain, tandis que le semis peut toujours donner un résultat excessif sur certains points, insuffisant sur d'autres.

167. — Cas où la Plantation s'impose. — Certaines espèces ne peuvent être propagées que par la plantation, soit à cause de la cherté de leurs graines, soit que les jeunes plants, en raison de leur délicatesse pendant les premières années, exigent des soins qui ne peuvent être donnés qu'en pépinière.

168. — Avantages du Semis. — D'un autre côté, le semis à demeure s'impose lorsqu'il s'agit d'employer des essences qui, comme le pin maritime et le pin pignon, se transplantent fort difficilement et dont, par conséquent, la plantation sur une grande échelle nécessiterait des frais complètement disproportionnés avec le résultat à obtenir. En outre, dans les terrains arides et rocailleux où l'établissement d'une plantation serait difficile, les graines d'essences très rustiques, s'introduisant dans les fentes des rochers, présentent plus de chances de réussite. Si ces terrains sont infestés par les lapins, c'est une raison de plus pour préférer le semis à la plantation, car les jeunes plants, à mesure qu'ils lèvent, sont mas-

qués par les herbes et attirent moins l'attention de ces rongeurs ;
et le repeuplement étant presque toujours excessif, une certaine
proportion peut souvent en être détruite sans inconvénient, sinon
avec avantage.

En pays de plaine, le semis peut être préféré par les propriétaires
qui possèdent des équipages aratoires et qui, d'un autre côté,
manquent de bras pour les travaux de la plantation. Il faut, en un
mot, que chacun procède selon ses préférences et selon les facilités
qu'il trouve à sa portée. En sylviculture, tout procédé est bon,
pourvu qu'il réussisse, et nous entendons par réussite un résultat
solide et régulier, combinant la permanence du repeuplement avec
le maximum des produits. Mais nous maintenons notre opinion
sur la supériorité de la plantation, partout où un intérêt important
ne commande pas l'emploi de l'autre méthode.

169. — Semis en Pépinière. — La question des pépinières forestières est trop considérable pour entrer dans le cadre de ce manuel.
Elle a été traitée avec un grand soin dans le remarquable ouvrage
de M. Noël (*Essai sur les repeuplements artificiels*, Paris, 1882), et
par M. Ed. Parisel (*Considérations sur la production des plants forestiers*, Bruxelles, 1884).

Nous ne pouvons conseiller aux propriétaires d'élever eux-
mêmes leurs plants de semis que dans le cas où les repeuplements à
exécuter sont très importants. Nous avons certainement vu quelques
pépinières particulières réussir chez des sylviculteurs exceptionnellement expérimentés et zélés, mais nous croyons néanmoins devoir
nous en tenir aux recommandations suivantes :

Si le nombre de plants nécessaire est peu considérable, le propriétaire trouvera plus d'avantage à se les procurer chez un bon pépiniériste qu'à entreprendre lui-même de les élever, tout en ne possé-
dant ni l'expérience, ni l'organisation, ni le personnel spécial des
commerçants. Il peut à la vérité réussir, mais il risque de faire des
écoles coûteuses et de n'obtenir que des produits insuffisants et de
qualité inférieure, qu'il vaudrait certainement mieux jeter que de
compromettre, en les employant, le succès de ses reboisements.

Cependant, il y a un moyen terme que nous pouvons recommander ; c'est celui d'acheter des plants d'un an que l'on fait repiquer en terre de jardin et planter au bout d'un an ou deux. Voir § 188-189, où nous décrivons le procédé.

Sur les **Pépinières de Chêne** (V. § 313).

Quand, au contraire, les repeuplements à effectuer sont grands, il est très important de former des pépinières sur place ; on obtient ainsi une grande économie, avec la certitude d'avoir des plants en quantité suffisante, toujours frais et adaptés à la nature du terrain où ils ont levé. Dans ce cas, nous conseillons au propriétaire d'engager un chef de culture ayant fait ses preuves dans ce travail spécial, et dont les conseils et la pratique lui apprendront en peu de temps bien plus sur cette matière que tous les traités du monde, dût-il passer sa vie à les étudier.

170. — **Observations sur les Semis.** — Il va sans dire que, pour faire un bon semis, la première condition est d'employer de bonnes semences. On ne peut donc apporter trop de soin aux choix de celles qu'on emploie.

171. — **Conditions nécessaires de la Semence.** — Elles doivent réunir les trois qualités suivantes :

1. — Les graines doivent être pleines et autant que possible exemptes de déchet ;

2. — Elles doivent être fraîches ;

3. — Elles doivent provenir d'arbres bien conformés et vigoureux.

Il est facile d'obtenir les deux premières conditions, en se procurant de bonne heure des échantillons des graines à employer et en les soumettant à des essais, avant d'en faire l'acquisition définitive. Celui qui n'a pas à proximité un fournisseur habituel dans lequel il a confiance peut en général se faire bien servir en s'adressant à des maisons de premier ordre, comme celles de MM. Vilmorin à Paris, de M. H. Keller fils, à Darmstadt, et de M. A. Gambs, à Haguenau. Pour s'assurer de la qualité des semences et pour en préciser la germination, on peut employer plusieurs sortes d'épreuves ; la suivante, qui est peut-être la plus commode, est celle généralement pratiquée au domaine des Barres, où toutes les graines résineuses fournies à l'administration des forêts de France sont préalablement essayées.

172. — Essais. — « On prend une bande de flanelle neuve et blanche, on l'humecte légèrement; dans une de ses extrémités sont enveloppées et disposées convenablement les graines en nombre préalablement déterminé; le tout est déposé sur une assiette flottant dans un vase rempli d'eau, de telle sorte que l'extrémité libre de la flanelle, débordant l'assiette et plongeant dans l'eau, entretient une humidité constante. On maintient une chaleur tempérée. Après quatre ou cinq jours on visite soigneusement les graines; celles qui commencent à germer sont enlevées au fur ou à mesure et notées comme bonnes. Une germination tardive ou irrégulière démontre que l'on est en présence de vieilles semences. Après quinze ou vingt jours, l'épreuve peut être considérée comme terminée. »

Si le temps pressait, on pourrait pratiquer l'*épreuve du feu,* ainsi décrite par M. L. Digeon, dans le *Journal d'Agriculture pratique,* 9 mars 1882, p. 328 :

« Par cette épreuve, vous pouvez être fixé en quelques instants sur la valeur des graines que vous désirez acheter.

« Il suffit de prendre dans le même sac et au hasard un nombre pair de graines, soit dix par exemple ; vous prenez sur une pelle à feu quelques charbons ardents, sur lesquels vous déposez doucement, tour à tour, chacune de ces petites graines en les animant de votre souffle, puis vous suivez attentivement des yeux les phases de la combustion. Si cette combustion se fait lentement, ne laissant échapper qu'une simple fumée, vous en conclurez que cette graine n'avait qu'un germe avarié ; vous continuerez l'expérience de la même façon, graine par graine, isolément, jusqu'à la dixième, en ayant soin de bien observer tous les instants de la combustion.

« Si toutes les graines brûlent ainsi que la première, vous pouvez en conclure que le sac dans lequel vous avez pris votre échantillon est de nulle valeur.

« Si, au contraire, la totalité ou partie de ces dix graines essayées l'une après l'autre sautent ou se retournent sur le feu ardent, en produisant un bruit sec (tac) proportionné à la grosseur de la graine, vous en conclurez que chacune de ces graines possédait toutes les qualités germinatives désirables.

« Ce procédé s'applique à toutes les graines. »

Évidemment, on peut constater par ce moyen si le noyau de la graine est sain ; mais nous apprend-il s'il est vieux ou frais ? M. Digeon n'a pas éclairé cette question, et, quoique nous ayons nous-même pratiqué ce genre d'épreuve, nous n'en avons pas une expérience suffisante pour nous prononcer sur ce point.

Un examen sommaire se pratique ainsi. On range sur une feuille de papier blanc un nombre compté de graines, qu'on écrase l'une après l'autre avec l'ongle ou avec un outil, selon le degré de dureté de leur enveloppe. Celles dont l'amende contient assez d'huile essentielle pour tacher le papier d'une façon marquée, peuvent généralement être considérés comme bonnes.

173. — Soins à donner aux Semences; leurs Exigences. — Il ne suffit pas qu'une graine *ait été* de bonne qualité ; il faut qu'elle le soit encore, il faut qu'elle soit fraîche. Toute graine en se desséchant perd sa puissance germinative ; elle ne peut la regagner qu'en absorbant, pendant plus ou moins longtemps selon le degré de sa dessiccation, la fraîcheur d'un milieu ambiant. Les meilleurs semis seraient donc ceux de graines mises en terre immédiatement ou peu de temps après qu'elles ont été récoltées, et qui par conséquent n'ont pas eu le temps de sécher. Lorsque dans la pratique il a été impossible d'éviter ce dessèchement, on peut, avant le semis définitif, essayer de rendre aux graines la fraîcheur qu'elles ont perdue, soit en les trempant, plus ou moins longtemps selon leur état et leur nature, mais généralement pendant un ou deux jours, dans de l'eau tiédie, à laquelle on peut mêler du purin ou quelques gouttes d'acide chlorhydrique; soit en les stratifiant, c'est-à-dire en les mélangeant avec du sable en tas que l'on remue tous les jours et que l'on arrose avec de l'eau tiède. Lorsque la graine est si vieille que le germe en est complètement desséché, ces efforts sont inutiles, et la germination est impossible. Souvent, lorsque, sans avoir perdu complètement sa vitalité, elle est très desséchée, elle reste un an ou plus en terre avant d'absorber assez de fraîcheur pour pouvoir germer ; dans ce cas, naturellement, la puissance germinative s'en trouve très réduite.

174. — **Provenance des Graines.** — Nous venons de constater l'importance de la fraîcheur des graines. Il est très désirable aussi qu'elles soient de bonne provenance, récoltées sur des arbres d'un bon type de conformation, de variétés solides et utiles, et sur des sujets vigoureux. Des pieds mères trop jeunes fourniraient beaucoup de graines vaines, et, s'ils en produisaient de fécondes, celles-ci ne contiendraient pas les éléments de vigueur nécessaires ; d'un autre côté, les graines provenant d'arbres dépérissants transmettraient évidemment leur caducité aux nouveaux repeuplements. Comme l'observe avec raison M. de Chambray (*Traité pratique des Conifères*), il ne suffit point de se procurer de la graine féconde, il faut la tirer, autant qu'on peut, des plus beaux arbres ; car il est à craindre que les graines tirées des sujets rabougris ne donnent jamais naissance qu'à des arbres qui se ressentent de leur origine.

175. — **Difficulté de vérifier cette Provenance.** — Il faut avouer qu'à moins de pouvoir faire récolter soi-même ses graines, le propriétaire particulier a bien peu de certitude de trouver ces conditions, si essentielles pourtant, mais qui sont impossibles à vérifier. Aucune épreuve ne peut démontrer de quels sujets ni de quelles variétés proviennent les graines. Les variétés de certaines espèces, notamment du pin sylvestre, par exemple, diffèrent extrêmement entre elles, et selon la variété de la graine, circonstance dont s'occupe rarement ou le vendeur ou l'acheteur, on peut obtenir des repeuplements composés ou d'arbres au tronc allongé, bien droit, à la tête régulière, ou bien au tronc tortu, noueux, avec des branches irrégulièrement écartées, c'est-à-dire qu'on obtient des résultats différents du tout au tout. Mais, ne pouvant vérifier l'origine des graines, l'acheteur est à la merci de ses grainetiers, et tout ce qu'il peut faire,

c'est de choisir une maison consciencieuse, jouissant de ressources étendues, et de lui demander les meilleures graines des meilleures variétés, sans chercher à faire, sur les prix, des économies qui pourraient plus tard entraîner des pertes considérables.

176. — Couverture. — Pour assurer une bonne levée de la graine, il est nécessaire qu'elle soit enterrée au degré convenable. Si elle se trouve sur la surface de la terre ou insuffisamment couverte, elle risque d'être desséchée par le soleil avant de pouvoir germer, ou, si le terrain est en pente, elle peut être emportée par des fortes pluies. D'un autre côté, si la graine est trop enterrée, elle est soustraite à l'action de l'oxygène de l'air, et sa germination est empêchée ou retardée ; ou bien, si elle germe, sa tendre plumule n'arrive pas à soulever la masse de terre qui pèse sur elle et par conséquent ne peut pas sortir. Il faut donc que les semis soient couverts plus ou moins selon la finesse de la graine. Pour prendre des exemples communs, tandis que les graines extrêmement fines du bouleau et de l'aune supportent à peine d'être couvertes d'un millimètre de terre fine, le gland, la châtaigne peuvent être enterrés à la profondeur de quatre ou cinq centimètres ; ils doivent même être ainsi couverts, afin d'échapper autant que possible aux ravages des oiseaux et des mulots.

177. — Délicatesse des Semis fins. — Il va sans dire que les semis des graines extrêmement fines sont choses très délicates, car, si on laisse dessécher la surface de la terre où se trouvent ces graines, leurs germes, ou les petits plants minuscules qui en naissent sont aussitôt flétris. Ces semis ne sont donc possibles qu'en pépinière, avec des soins minutieux ; ils ne doivent pas être entrepris par le propriétaire particulier.

178. — Défense des Graines. — Les graines sont souvent exposées à être dévorées par les mulots, qui pullulent pendant certaines années dans beaucoup de régions ; les oiseaux peuvent aussi manger une partie de celles qui sont légèrement couvertes. Il est donc prudent, avant de les semer, de les enduire d'une mince couche de minium rouge de plomb, poison qui éloigne les animaux.

7

On étale un litre environ de graines dans une caisse plate (une boîte à bougies, par exemple, ou une autre de la même forme, mais plus forte). On l'asperge de quelques gouttes d'eau seulement, on saupoudre le dessus avec quelques pincées de minium, et on agite la caisse jusqu'à ce que celui-ci soit également répandu sur toutes les graines.

Ce procédé n'est pas coûteux, comme on pourrait le croire, car, en raison de la finesse de la poudre, on n'en emploie qu'une petite quantité. Depuis longtemps nous nous en servons pour tous nos semis, même pour ceux des glands, et nous nous en sommes, en définitive, très bien trouvé.

179. — Frais des Semis. — Le semis se pratique à très peu de frais lorsqu'il s'agit de boiser une pièce de terre en culture. Le propriétaire ou son fermier y sème, en même temps que les graines forestières, une dernière récolte de céréales, dont le rendement, tout médiocre qu'il puisse être, suffit en général à couvrir les frais de la main-d'œuvre. Au moment de la moisson, les petits plants sont en général peu développés, et ne risquent pas d'être coupés par la faux ; s'ils sont plus vigoureux qu'à l'ordinaire, on peut faire faucher un peu haut, de sorte qu'ils ne courent aucun danger. Dans ce cas, le semis ne coûte que le prix de la graine employée, plus, quelquefois, celui d'un hersage supplémentaire. Mais, s'il faut labourer, façonner la terre exprès pour le semis forestier, les frais augmentent dans une proportion que chacun peut calculer selon les circonstances dans lesquelles il se trouve. Nous croyons que, dans ces conditions, les semis coûteront en général plus cher que les plantations, et qu'il y aura avantage à choisir ce dernier mode d'opérer, à moins que, en raison des circonstances locales, il ne présente moins de sûreté que le semis.

179 *bis*. — Nous traiterons des modes divers d'effectuer les semis, au chapitre de la propagation de chaque essence forestière à laquelle ils s'appliquent ; mais nous pouvons dès maintenant indiquer une méthode habituellement suivie en Sologne, et qui s'applique aussi bien aux essences résineuses qu'à celles feuillues. Son utilité est assez générale pour qu'elle ait été introduite en Bretagne par M. le vicomte C. de Lorgeril, qui avait pu l'étudier dans les vastes reboisements faits par M. le marquis de Vibraye, à Cour-Cheverny (Loir-et-Cher), et qui la recommande à l'Association bretonne en ces termes :

« J'emploie cette méthode exclusivement aujourd'hui, partout où la disposition du sol permet au soc de la charrue de tracer un sillon. En voici tout le détail :

« Prenez un hectare de lande, défrichez-le au printemps ou à l'automne ; faites dans ce défrichement un premier ensemencement de céréales, froment, seigle ou blé noir, peu importe. Amendez cette première fois votre terrain ; la dépense de cet amendement ne sera point perdue, et vous serez dédommagé par une récolte satisfaisante.

« Une seconde récolte, venant à suivre la première, ameublira suffisamment le sol ; et, si l'année se présente comme fertile en semences forestières, dans le troisième ensemencement, *avoine sans engrais*, rien ne s'oppose à ce que vous mélangiez des glands, des châtaignes, des faînes ou des graines de bouleau, suivant les essences dont vous vous proposez de composer vos bois.

« Au printemps, lorsque l'avoine sera bien herbée, vous la roulerez ; un semeur suivra le rouleau et répandra de la graine de pin ; vous ferez herser très légèrement, même à la bourrée d'épines ; et, lorsque viendra le moment de récolter l'avoine, vous trouverez votre sol bien garni de bois.

« Sauf le cas d'un sol extrêmement riche (on boise rarement un sol dans cette catégorie-là), nous mélangeons toujours les résineux aux bois feuillus. La mission du résineux dans l'opération consiste à dominer rapidement les plantes parasites et à offrir dès les premières années aux bois feuillus un abri protecteur qui leur permet de filer.

« En fauchant l'avoine, il faut avoir grand soin de laisser assez de chaume pour dominer la jeune plantation. Vous lui ménagez ainsi un abri contre les ardeurs du soleil et les premières gelées ; puis c'est l'élément d'un engrais précieux pour constituer l'humus que chaque année les feuilles mortes viendront enrichir...

« Le parasitisme herbacé est l'ennemi le plus redoutable des semis; l'ajonc, la bruyère même n'ont rien de très redoutable ; mais l'herbe domine le jeune plant, le courbe et peut l'étouffer rapidement s'il ne l'étouffe lui-même.

« C'est cette observation qui nous détermine à enfouir les semences forestières dans l'énorme proportion que nous indiquions tout à l'heure.

« Pour la raison d'économie, on attend, au besoin, une année productive en graines forestières, en cultivant toujours la terre et en l'entretenant par quelques amendements peu coûteux. »

Ce système d'une culture préalable, de plusieurs années, s'applique, nous l'avons vu, à des landes défrichées; la culture y est nécessaire pour extirper, momentanément au moins, les bruyères et les ajoncs dont la concurrence serait funeste aux jeunes plants.

Dans les terres cultivées, il est évident que le semis peut s'opérer immédiatement; il est bon, dans ce cas, d'éviter l'usage des phosphates ou d'autres engrais qui puissent stimuler une croissance excessive d'herbes.

OBSERVATIONS GÉNÉRALES SUR LES PLANTATIONS

180. — **Conditions variables de la Terre.** — Le sol qu'on se propose de planter peut se trouver dans quatre conditions différentes :

1° En état de chaume, après une récolte ;

2° Gazonné, ou partiellement couvert de plantes arbustives ;

3° En friche, couvert de bruyères longuement enracinées ;

4° Couvert de bois épuisés, dépérissants ou morts.

181. — **Dangers du Voisinage du Lapin.** — Dans tous ces cas, le voisinage du lapin est nuisible au plus haut degré; il faut donc, avant d'affecter une pièce à la plantation, détruire aux alentours tout couvert qui abrite cet animal; si c'est un bois, on le coupe ou

on l'éclaircit; si ce sont des friches, on peut les brûler, en ayant le plus grand soin de contenir le feu, soit par des fossés, soit par des labours de bandes de terrains. Lorsque les lapins abondent et que ces précautions ne suffisent pas pour les éloigner, il vaut mieux semer que planter.

Nous supposons aussi que la terre se trouve dans l'état d'assainissement nécessaire, dont nous avons traité au chapitre II.

182. — **Choix des Plants.** — Toute précaution ayant été prise, on choisit ses plants, question des plus importantes et dont dépend en grande partie le succès de l'opération.

183. — **Supériorité des très jeunes Plants.** — Nous pouvons poser hardiment cette règle générale : plus le plant est jeune, plus facilement il reprendra, et plus rapidement il poussera, pourvu, bien entendu, qu'il soit de bonne qualité, fortement enraciné. C'est une grande erreur, malheureusement trop répandue, de croire que l'on gagne, à se servir de gros plants, un temps correspondant à leur âge; que, par exemple, en se servant de plants de quatre ans, on avance de quatre années la croissance, et par conséquent le rendement de la plantation. Ces gros plants, très coûteux à acquérir et aussi à planter, car leur mise en terre exige beaucoup de travail, reprennent avec peine, ne reprennent pas tous (beaucoup périssent), et enfin s'établissent difficilement dans la terre; il leur faut plusieurs années (pendant lesquelles ils *boudent*, selon l'expression familière du forestier) pour se remettre du choc de la transplantation, et ils ne poussent, à la longue, qu'avec une vigueur diminuée par cette période de souffrance. Les petits plants, au contraire, s'ils sont trapus et vigoureux, s'élancent dès la première année de la plantation, et dépassent bientôt les plants plus âgés.

La raison en est bien simple : c'est qu'on peut repiquer les petits plants avec toutes leurs racines ou à peu près, tandis que les gros plants subissent forcément des mutilations ou des lésions de ces organes, les plus importants pour la reprise du plant.

Nous croyons, d'après une expérience de vingt ans de plantations dans les sols les plus ingrats, que la plupart des essences

forestières peuvent se planter dans la plupart des terrains, à l'âge
d'un an ou de deux au plus, avec un résultat bien supérieur à celui

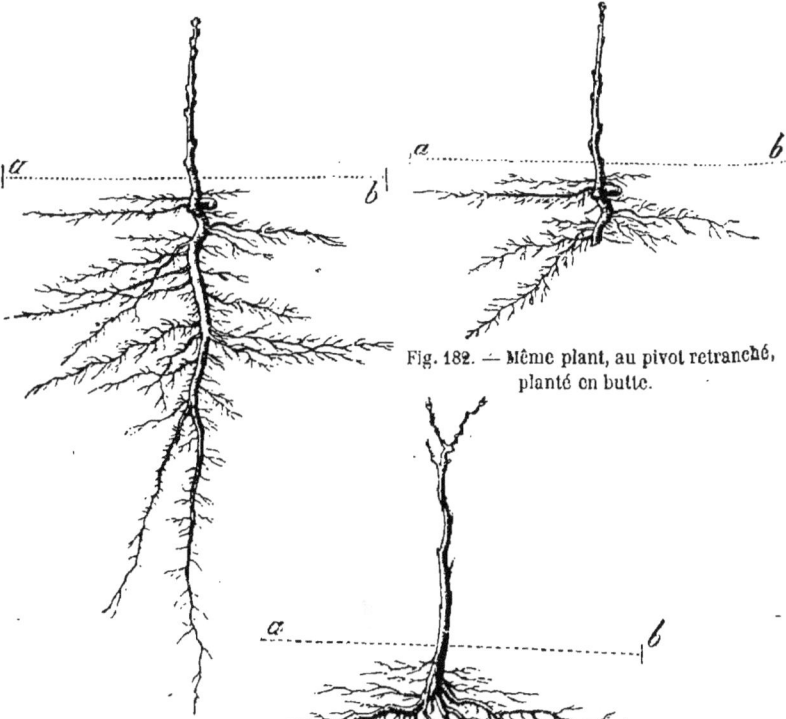

Fig. 182. — Même plant, au pivot retranché,
planté en butte.

Fig. 181. — Chêne de un an.
a.....b : hauteur
à laquelle il se
trouve placé en
terre.

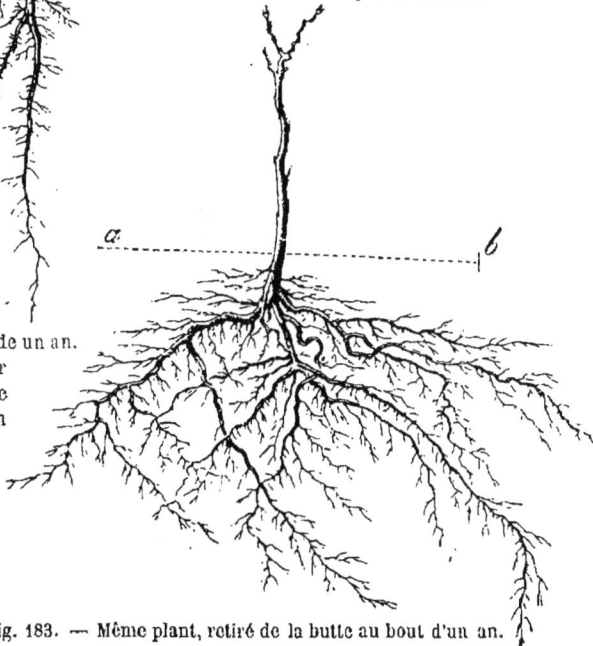

Fig. 183. — Même plant, retiré de la butte au bout d'un an.

obtenu avec des plants plus âgés. On réalise, en plantant à ces âges,
la plus grande économie possible, tant dans le prix des plants que
dans celui de la main-d'œuvre.

L'âge d'un an convient pour les plants d'essences feuillues à grosses graines (chêne et châtaignier), celui de deux ans, repiqué,

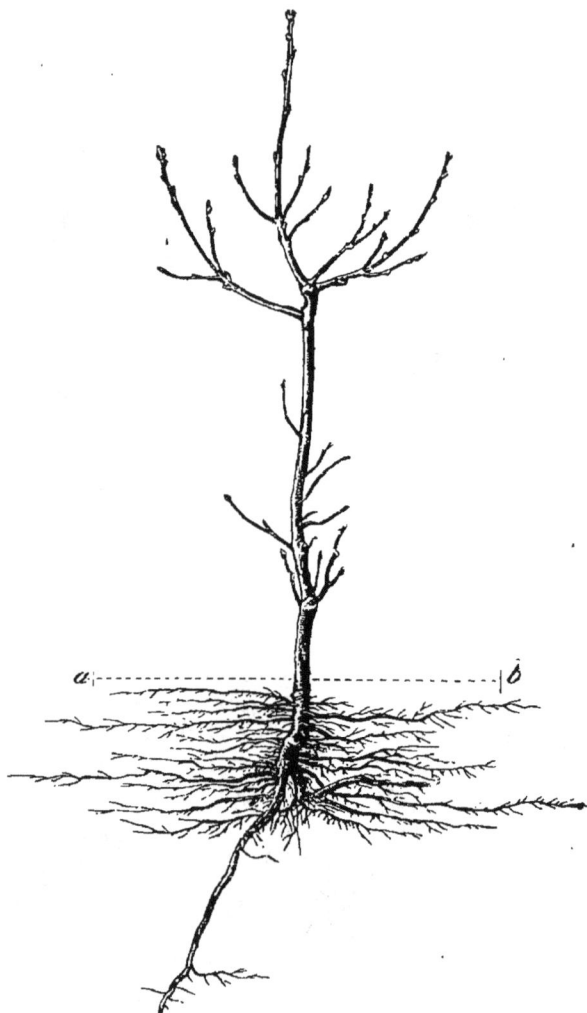

Fig. 184. — Plant à la troisième année.

pour ceux obtenus de graines fines, et pour la plupart des conifères.

Ces règles générales peuvent admettre des exceptions, notamment dans les terrains très frais où poussent de grandes herbes, et où, d'un autre côté, vu cette fraicheur, les plants, même gros, reprennent facilement. D'ailleurs, les plants de certaines espèces ne sont pas plus gros à quatre ans que ceux de quelques autres espèces à deux ans. (V. § 186.)

Lorsqu'un propriétaire est forcé d'employer de gros plants, nous lui conseillons néanmoins de les acheter petits et de les garder en pépinière chez lui (en les contre-plantant quand il le faut), jusqu'à ce qu'ils aient la taille nécessaire.

184. — **Qualités nécessaires.** — Il faut absolument que les plants d'un an soient de première qualité, qu'ils aient crû en semis clair dans les pépinières, car ce n'est qu'ainsi qu'ils peuvent devenir trapus, munis de fortes et nombreuses racines. Cette qualité n'est pas toujours facile à obtenir ; la concurrence, toujours croissante, dans le commerce des plants, la nécessité de les produire à très bon marché et en très grande quantité, avec le prix élevé de la terre des jardins et de la main-d'œuvre, poussent les pépiniéristes à serrer leurs semis en vue d'élever le plus de plants possible.

185. — **Plants plus âgés.** — Il est bien rare qu'on soit obligé de se servir de plant ayant plus de deux ans. Les meilleurs de cet âge sont ceux qui ont été repiqués un an en pépinière ; pour pouvoir se transplanter avec le plus de succès, ils doivent être forts, mais courts et trapus plutôt que hauts, et munis à leurs extrémités de forts bourgeons qui promettent une croissance vigoureuse pour la saison suivante. Ces plants auront également des racines courtes, bien fournies et fibreuses. Depuis vingt ans que nous plantons des résineux dans les terres les plus ingrates, souvent couvertes de grandes bruyères fortement enracinées, nous avons toujours réussi le mieux avec des plants de deux ans, dont un an de repiquage, qui, poussant rapidement, se font bientôt chemin à travers les bruyères. Il n'y aurait lieu d'employer de grands plants de trois ans que dans les sols couverts d'une herbe longue, fine et drue, qui pourrait, en s'affaissant sur les plants, les écraser de son poids. Les bruyères et ajoncs, qui se soutiennent, ne présentent pas ce danger.

186. — **Ceux d'Espèces délicates.** — Quelques espèces de plants, à la vérité, doivent toujours rester plus d'un an, quelquefois plus de deux ans en pépinière : ce sont, parmi les feuillus, ceux qui proviennent de graines très fines, tels que les aunes et les bouleaux ; parmi les résineux, ceux qui craignent le soleil ou qui ne font qu'une pousse très menue la première année, comme les sapins argentés, les épicéas et quelques cyprès. Sauf ces dernières exceptions, tous les feuillus et la plupart des résineux doivent être bons à planter au bout de deux ans.

187. — **Plants destinés aux Plantations d'Agrément.** — Les observations que nous venons de présenter ne sont applicables qu'au travail du reboisement pratiqué sur des espaces considérables. Il est évident que les plantations d'agrément, où il s'agit d'obtenir, avec un petit nombre de sujets, un résultat immédiat, peuvent s'exécuter avec des plants plus forts, qu'on peut choisir de belle qualité, et planter avec des frais et des soins qui seraient impossibles sur une grande échelle.

188. — **Mise en Pépinière de petits Plants.** — Le propriétaire qui ne désire pas élever ses plants de semis peut atteindre le même résultat en achetant de petits plants d'un an, d'essences rustiques comme les pins et tous les feuillus, et en les faisant repiquer chez lui en terre de jardin. Il obtient ainsi, en ayant soin de leur donner une place suffisante, de beaux plants rustiques, bien enracinés, et, de plus, habitués au sol où ils doivent être plantés à demeure, et il sera sûr de les avoir frais, car il n'en fera arracher chaque jour que la quantité qu'il pourra planter ce jour même. Il réalisera, d'ailleurs, une économie notable sur le prix des plants repiqués du commerce. Nous avons employé ce procédé avec succès, et nous le recommandons sans crainte aux propriétaires qui ne possèdent ni l'expérience ni l'organisation nécessaire pour la formation et la culture des pépinières de semis. Cette dernière culture fournira évidemment les plants à un prix de revient bien moindre, *si elle réussit*, mais, comme nous l'avons vu au paragraphe 169, il faut, pour qu'elle réussisse, une direction et un personnel expérimentés ; autrement,

on risque de n'obtenir que de mauvais plants, à un prix de revient plus élevé que celui du commerce.

189. — Repiquage. — Quant au repiquage de ces petits plants, voici comment nous l'avons opéré, après avoir fait finement bêcher le terrain : deux hommes tendent, dans le sens de sa longueur, un cordeau, le long duquel ils font, avec des petites bêches étroites, une rigole dont ils jettent la terre en réserve au delà du cordeau. Dans cette rigole, plusieurs femmes placent les petits plants à 5 ou 6 centimètres les uns des autres, dans le rang, aussi droit et aussi également que possible, les têtes contre le cordeau. Ensuite on transfère le cordeau à l'autre bord de la rigole, et l'on remplit celle-ci avec la terre que l'on extrait en pratiquant un nouveau sillon, où l'on couche les plants de la même manière.

On procède ainsi jusqu'à ce que tout le carré soit planté, et alors, pour boucher la dernière rigole, on apporte, à la brouette, la terre de la première qui avait été mise de côté en commençant. Il faut avoir soin, en remplissant les rigoles, que les racines des petits plants (au besoin on soutient ceux-ci) soient également couvertes, et que leurs têtes ne soient pas enterrées. Si la terre est motteuse, les femmes l'ameublissent avec la main et l'égalisent autour des plants. Enfin, on foule soigneusement d'une pression douce et égale et on arrose, pour affermir les plants en terre.

190. — Conservation des Plants. — Les plants élevés ainsi ou provenant des semis du propriétaire lui-même se trouvent dans les meilleures conditions, étant toujours frais lorsqu'on en a besoin. Mais, si l'on est obligé de tirer ses plants de pépinières lointaines, aussitôt qu'on en reçoit sa provision, il faut la mettre en jauge, à l'ombre, en attendant sa mise en terre définitive. On couche les plants, en ayant soin que toutes leurs racines se trouvent à niveau égal (sans cela les uns pourraient être tout à fait enterrés, les autres exposés hors de terre) dans les rigoles que l'on bouche successivement, chacune d'elles avec la terre extraite de la suivante. S'ils doivent rester plus de deux ou trois jours avant d'être plantés, il faut délier les paquets et allonger les plants en couche mince, de sorte que la terre, bien ameublie, puisse toucher aux racines de chaque plant. Si le sol n'est pas très frais, on l'arrose. Dans tous les cas, on foule soigneusement, d'une pression ferme, mais douce et égale, de manière à ne laisser aucun vide autour des racines.

Si les plants arrivent pendant une gelée, il faut rentrer les colis sans les déballer, dans une cave, une écurie ou toute autre pièce où il règne une température douce et égale ; on les y laisse quelques heures, un jour au besoin. Puis, vers midi, pourvu qu'il ne gèle plus à cette heure, on choisit un endroit abrité, où la terre est préservée de la gelée par une couverture soit d'herbes, soit de feuilles, et on y pratique la mise en jauge comme nous venons de la décrire. Quelques pépiniéristes, dans ce cas, recommandent de laisser les végétaux à la cave, en colis, jusqu'à la fin de la gelée. Pour les plants forestiers, nous ne sommes pas de cet avis. Les résineux risquent de souffrir autant de l'échauffement de leurs feuilles et du dessèchement de leurs racines, par suite d'un séjour prolongé dans les emballages, que de la gelée. Les feuillus résistent bien mieux aux fatigues du transport et de la transplantation, et nous croyons que, plus ils se trouveront dans les conditions qui leur sont naturelles, plus ils conserveront leur vigueur.

Si le terrain n'est pas ombragé, il est prudent de couvrir les plants résineux avec des brins de genêts ou d'autres végétaux légers.

191. — Saison de la Plantation. Avantages de celle d'Automne. — En principe, il est incontestable que la meilleure saison pour planter, c'est l'automne. Le plant mis en terre à cette époque a tout l'hiver devant lui pour asseoir solidement ses racines dans le sol, et même, dans les hivers doux, pour pousser quelques racines fibreuses, ce qui lui donne la force de résister à la sécheresse assez fréquente au printemps, et de se développer vigoureusement comme un plant venu de semis sur place.

Quand il y a un grand travail de reboisement à faire, la plantation en automne, qui peut se pratiquer dès le mois d'octobre, a l'avantage d'avancer les opérations, chose précieuse, car il faut toujours craindre de se voir mis en retard, soit par le mauvais temps, soit par l'irrégularité de la main-d'œuvre. Dans ce cas, il est souvent nécessaire de profiter de tout le temps où il est possible de planter, depuis l'automne jusqu'au printemps.

Lorsque les plants sont fournis par des pépiniéristes, on est sûr, en les recevant dès l'automne, qu'ils ne sont pas arrachés depuis longtemps. Nous ajouterons, à ce propos, qu'il est toujours avantageux de commander, et, s'il est possible, de choisir, dès l'automne, les plants dont on a besoin, dût-on ne les planter qu'au printemps, car les premiers venus sont les mieux servis, et ceux qui attendent la fin de la saison pour faire leur commandes risquent de trouver leurs espèces épuisées ou de n'obtenir que des plants de rebut.

Quelquefois il arrive que les pépiniéristes ne peuvent pas garder leurs plants jusqu'au printemps, ayant besoin de préparer le terrain qu'ils occupent pour de nouveaux repiquages. Le sylviculteur qui désire planter au printemps fera bien de se renseigner sur ce point chez son pépiniériste, et, s'il en est ainsi, de faire venir d'avance ses plants chez lui et de les y conserver. Mis en jauge, étalés en couche mince avec les précautions que nous venons d'indiquer, les plants d'essences rustiques se conserveront pendant plusieurs mois. Nous en avons vu qui avaient poussé du chevelu dans ces conditions : il est même quelquefois arrivé qu'un petit lot que nous avions oublié au moment de la plantation et laissé en jauge a pris et poussé tout l'été comme des sujets plantés.

192. — Dangers de cette Plantation. — En définitive, chaque fois que l'on peut planter en automne, il faut le faire. Nous devons pourtant constater qu'en certaines localités et sur certains sols, d'assez nombreux dangers sont à craindre.

Le lapin, affamé pendant l'hiver, vient de loin quêter sa nourriture et se jette avec acharnement sur ces plantations, seule verdure qui existe en cette saison. Dans tous les terrains exposés aux attaques de ce rongeur, il vaut mieux attendre que la saison dure soit passée.

Dans les terres fortes, souvent très humides en hiver, les racines des jeunes plants, qui ne sont pas encore bien établis en terre, courraient risque de pourrir.

Enfin, et c'est là la considération principale, la terre, si elle est très meuble, est exposée à se tasser à un point incroyable sous le poids des neiges ; dans ce cas, elle se dérobe sous les racines des plants et les laisse suspendues dans l'air ; ou bien, surtout si elle est forte, elle se fend, elle s'ouvre, sous l'action des gelées, rejetant le plant, dont les racines se trouvent également déchaussées.

193. — Plantation au Printemps. — Dans les terrains meubles et non couverts d'herbes, sortant d'une récolte, nous n'osons donc pas conseiller de planter à l'automne. Dans ces conditions, en plaine, la meilleure saison est ordinairement le mois de février, lorsque les fortes gelées et les lourdes neiges sont passées ; à cette époque, le plant a encore un peu de temps pour s'établir en terre avant l'arrivée des vents desséchants de mars.

Sur les flancs des montagnes, où la terre est meuble, il sera bon de ne planter qu'après la fonte des neiges, qui pourait déchausser les plants en emportant leur couverture de terre.

194. — Plantation pendant de légères Gelées. — Nous ajouterons que, dans des terres couvertes de gazon ou de plantes arbustives, nous avons toujours pu planter pendant de légères gelées, les terres s'en trouvant garanties par cette couverture. Si, dans ce cas, on veut se servir de plants élevés ou repiqués chez soi, il faut les arracher dès la veille pour l'usage de chaque jour, car le sol de la pépinière, étant nu, est gelé tous les matins. En dirigeant le travail des équipes sur de tels champs, on évite de chômer tant que les gelées sont faibles. Il faut s'abstenir de planter, bien entendu, pendant les heures où il gèle.

195. — Méthodes de Plantation. — En faisant usage de tout jeunes plants, comme nous l'avons expressément recommandé, on évite la nécessité de faire de grands trous, ce qui entraînerait des dépenses excessives dans la plantation sur une grande échelle. Nous ne traiterons donc que de la plantation rapide et sommaire, opérée, soit à la simple fente, soit au poquet fait par l'enlèvement d'une forte motte, au moyen d'outils différents selon la nature du terrain.

196. — Avec une simple Fente. — En terre meuble et fraîche, non pierreuse, on peut planter dans une simple fente, au moyen de la bêche «balancée», c'est-à-dire que l'ouvrier enfonce la bêche dans la terre et lui donne un mouvement de va-et-vient, répété deux ou trois fois, en la rapprochant et éloignant alternativement de lui-même. Nous croyons utile, si l'on adopte ce système, d'insérer la bêche de biais, de manière à soulever un peu la terre, qui tend, en retombant et en se tassant naturellement, à rechausser le plant. Celui-ci ne souffre en rien de la position inclinée, et se redresse complètement aussitôt qu'il pousse.

Ce travail peut se faire à la pioche dans les terrains trop pierreux pour admettre l'usage de la bêche. Les meilleurs outils pour cette opération sont ceux qui sont un peu usés, et qui se manient, par conséquent, plus facilement que les neufs, étant à la fois plus légers et mieux aiguisés.

197. — La plus grande attention est nécessaire pour s'assurer que la fente est fermée, dans toute sa profondeur, par un foulage consciencieux; car il arrive souvent que les ouvriers n'en bouchent que le haut par un coup de pied nonchalant, laissant plus bas les racines dans le vide. Par raison d'économie, on peut faire faire la plantation par une femme, marchant à la suite de l'homme qui porte la bêche ou la pioche et qui ouvre les fentes; mais il faut, en général, éviter l'emploi des enfants, dont le travail est rarement assez régulier pour donner un résultat satisfaisant, et dont les distractions peuvent compromettre le succès de la plantation. Quelques sylviculteurs, qui se servent de la pioche, font insérer les plants par le même homme qui porte l'outil; à l'aide de sa pioche, qu'il tire à lui, l'ouvrier tient le trou ouvert pendant qu'il y pose le plant.

Les procédés sommaires que nous venons d'indiquer ne sont recommandables que dans les terres bien meubles; lorsque le sol est couvert d'herbes, il devient nécessaire de faire de petits trous pour recevoir les plants.

198. — Au Poquet, à la Bêche demi-circulaire. — On se sert communément dans le Centre, à cet effet, de la bêche demi-circulaire, usitée par l'Administration des forêts. Nous empruntons la description suivante de ce travail à un très remarquable rapport sur les *Dommages aux pineraies de la Sologne en 1888*, présenté par M. H. Boucard, alors conservateur des forêts à Tours, actuellement inspecteur général en retraite et président du Comité central agricole de la Sologne.

« On coupe préalablement, si cela est nécessaire, les genêts et les bois morts occupant le sol ; on opère ensuite avec des équipes composées d'un nombre égal d'hommes et de femmes ; l'homme est armé de la bêche spéciale, dont le fer est arrondi en forme de gouge et qui comprend environ le tiers d'une circonférence de 20 centimètres de diamètre ; la femme porte un seau ou un panier profond dans lequel elle place les plants verticalement, de manière à défendre leurs racines contre le soleil et le vent. L'homme frappe le sol verticalement avec la bêche et l'enfonce avec le pied, le côté convexe de la bêche étant tourné du côté de son corps, puis retire son outil et recommence la même manœuvre en mettant la courbure dans le sens opposé ; il parvient ainsi, en renversant sa bêche, à sortir un bouchon de terre en forme de cône tronqué, ayant une douzaine de centimètres de diamètre, et une vingtaine de centimètres de longueur, qu'il dépose sur le bord du trou. L'ouvrier tranche ensuite le bouchon transversalement à l'aide de sa bêche, séparant la couche enfrichée de la terre végétale et du sous-sol, s'il a été atteint, puis il passe à un autre trou. La femme suit et plante à la main un plant dans chaque trou, en ayant soin de mettre la terre végétale au pied de chaque plant et d'achever le comblement du trou avec le reste du bouchon ; puis elle serre fortement avec le pied la terre remuée tout autour du plant, et dégage à la main les branches qui peuvent se trouver prises dans la terre. La plantation se fait ainsi dans d'excellentes conditions ; le plant est fortement engagé, les racines reposent dans des terres de

Fig. 185.

BÊCHE
forestière
demi-ronde.

bonne qualité et bien ameublies; le trou est à peine visible, ce qui rend moins fréquentes les attaques des lapins. La plantation d'un mille de plants à la bêche demi-circulaire ne revient pas à plus de 3 fr. 50, tous frais accessoires compris. »

Un grand avantage de cette méthode, c'est que, les racines du plant étant introduites sous la terre, celle-ci, en se tassant, tend toujours, par son poids, à rechausser le plant de plus en plus, tandis que dans les divers systèmes de plantation à la fente (surtout si celle-ci est verticale), le retrait de la terre, par suite de la sécheresse, peut tendre, au contraire, à le déchausser. Mais ce travail a besoin d'être pratiqué et dirigé par un personnel soigneux et consciencieux; car le trou, à peine visible, couvert par la couche supérieure de la terre, remise telle quelle, s'il est caché à la vue du lapin, se dérobe également à l'œil du maître. Dans le cas où l'on craint moins la dent du gibier que le manque de surveillance, on peut suivre le système suivant, qui nous a très bien réussi en terre légère, soit gazonnée, soit en bruyère.

199. — **A la Motte renversée et fendue.** — Avec une forte bêche légèrement courbée, ayant 18 centimètres de largeur à l'extrémité supérieure de la lame, on dégage (généralement à deux coups dans les terrains légers) une motte de terre que l'on retourne sens dessus dessous, dans le trou qu'a creusé son extraction; on la foule pour la faire entrer jusqu'au fond, puis, dans le guéret ainsi ramené à la surface, on pratique une fente avec la bêche balancée. Dans cette fente on introduit le plant, en ayant soin de la boucher bien également, comme nous l'avons précédemment indiqué. La bêche ordinaire suffit, si on ne possède pas cet outil spécial.

200. — **Au Trou, pour les gros Plants.** — En général, les plants employés, de un ou deux ans, ne seront pas trop grands pour entrer dans ces fentes ou ces poquets. Si l'on est obligé par des raisons sérieuses de se servir de plants plus gros, on fera [enlever, à la bêche plate ou légèrement arrondie, ou, dans les terrains pierreux, à la pioche, une seconde motte, afin d'élargir le poquet suffisamment pour l'insertion du plant.

Quand il est nécessaire de faire des trous plus grands (ce qui ne devrait arriver qu'exceptionnellement dans les reboisements sur une grande échelle), il importe, pour favoriser la reprise des plants, de mélanger un peu de terreau avec la terre finement ameublie employée à en couvrir les racines. Si cette précaution est peu praticable ou trop coûteuse, il faut au moins avoir soin, en faisant le trou, de mettre de côté la terre du sous-sol si elle est mauvaise, de n'employer que la terre végétale de la surface au recouvrement des racines, et de disposer celle du sous-sol en dessus, où elle se modifiera sous les influences atmosphériques. On couvrira la surface avec des gazons ou des pierres, s'il y a lieu de craindre le ravinement de la terre ameublie par les eaux.

201. — **Méthode Manteuffel.** — Dans un travail de cette nature, nous ne devons pas passer sous silence une manière particulière de planter, peu répandue en France, mais pratiquée déjà en Allemagne sur une grande échelle depuis au moins trente ans. Elle est décrite, dans tous ses détails, par M. de Manteuffel (grand-maître des forêts de Colditz, en Saxe), *Art de Planter*, traduction Stumper, revu par M. C. Gouët (conservateur des forêts, directeur du Domaine des Barres). 2e édition. — Paris, (J. Rothschild, Éditeur, 1883).

202. — **Plantation en Buttes.** — Dans cette manière d'opérer, on se sert généralement de plants de deux ans de semis, et on ne fait point de trous pour recevoir le jeune plant. On le pose à nu sur le tapis végétal du sol; celui-ci ne doit pas être enlevé à moins qu'il ne consiste en plantes ligneuses comme les bruyères, les ajoncs ou les airelles, qui s'affaisseraient difficilement sous la terre de la butte qui leur sera superposée. Les herbes et les mousses, au contraire, aideront plus tard, par leur décomposition et les vapeurs chaudes qui s'en dégageront, à favoriser la croissance du jeune plant.

203. — **Recouvrement avec du Terreau.** — On couvre les racines, soigneusement étalées dans tous les sens sur le tapis végétal, avec du terreau bien préparé longtemps d'avance et qui doit être en même temps fin et substantiel : fin, pour qu'il couvre facilement et également les jeunes racines; substantiel, pour qu'il ne soit pas exposé

8

au dessèchement pendant les chaleurs d'été. Le choix de petits plants tout jeunes, déjà recommandé par nous d'une façon générale, se trouve ici spécialement expliqué et justifié par les nécessités du buttage. Cette opération est déjà méticuleuse et coûteuse, et il est évident qu'en employant de plus gros plants il faudrait beaucoup plus de terreau pour les butter, ce qui augmenterait considérablement les frais et les difficultés du travail ; du reste, les gros plants, plus exposés aux coups de vent, auraient une assiette moins solide que les petits.

204. — **Gazonnement des Buttes.** — Le terreau est soigneusement posé en monticule autour du collet, de manière à bien couvrir les racines des jeunes plants (à peu près comme on pratique la plantation de l'asperge), mais peu tassé ou foulé, afin d'admettre la libre circulation de l'air et de la vapeur d'eau à l'intérieur de la butte. On couvre celle-ci de gazons, soigneusement choisis et préparés, eux aussi. Ils doivent couvrir complètement et hermétiquement la surface des buttes, de manière à prévenir la perte (par l'évaporation des vapeurs d'eau) de l'acide carbonique et des autres gaz qui se dégagent du terreau et des matières végétales sous-jacentes, entrées en décomposition. Le dégagement et la libre circulation de ces gaz fertilisants constituent en effet la valeur principale, l'avantage essentiel de ce système de plantation. Le plant est en outre garanti des dangers qui le menacent lorsqu'il est placé dans un trou, en terrain compact et mouillé, où ses racines sont exposées à pourrir en hiver, à cuire, comme dans un four à briques, en été. La butte où se trouvent ses racines est évidemment bien assainie en hiver. Et les promoteurs de ce système, ceux qui l'ont pratiqué en Allemagne, affirment, avec force détails à l'appui, qu'en raison de ce dégagement continuel de vapeurs d'eau, elle garde toujours sa fraîcheur en été.

205. — **Préparation du Terreau.** — En Allemagne, il a été reconnu que l'époque la plus favorable pour ce mode de plantation, c'était le printemps, et cela se comprend, la nature du terrain où il s'imposait comme une amélioration étant tourbeuse ou

compacte et froide. Mais à cette époque, par suite des pluies et de la fonte des neiges accumulées pendant l'hiver, qui détrempent et alourdissent la terre, on a trouvé en général impossible de réunir du terreau sain et léger en quantité suffisante pour former les buttes. Il a donc fallu, pour avoir du terrain ressuyé, en même temps substantiel et maniable, le préparer d'avance, en confectionnant des tas plus ou moins grands, dès l'automne précédant la plantation.

On choisit, à cet effet, un terrain riche en matières organiques et minérales, et de préférence gazonné. Avec la pioche on ameublit finement la terre superficielle et le sous-sol, et on remue le tout, de manière à le mélanger complètement, avec une fourche à trois dents. On en forme des monceaux variant de 1 à 2 mètres cubes, et disposés, autant que possible, de manière à être facilement transportables au champ des opérations. Préalablement on a brûlé les mottes rebelles et les matières ligneuses trouvées dans la terre remuée : on mêle les cendres obtenues avec le terreau et finalement on donne au monceau une forme imitant celle d'un toit dont le faîte aurait été tronqué.

Cette préparation est une besogne des plus délicates, et ne doit être confiée qu'aux ouvriers les plus sûrs et les plus capables, agissant sous une surveillance active et continuelle.

206. — **Mise en Place des Plants.** — Lorsqu'arrive le moment de la plantation, après avoir tiré au cordeau les lignes sur lesquelles on doit planter, on commence par distribuer le terreau nécessaire à l'emplacement de chaque brin. Auprès de chaque tas entamé, on place un ou deux ouvriers munis chacun d'une pelle et d'une houe. Ces hommes remplissent les paniers que les femmes occupées à l'enlèvement du terreau viennent échanger contre leurs paniers vides. Ils bouleversent à la houe les tas devenus trop compactes. On veille à ce que les paniers soient uniformément remplis, afin que toutes les buttes aient un volume égal et suffisant.

On commence à mettre les plants en place dès qu'on a terminé autant de lignes de buttes qu'il y a de planteuses employées.

Chaque femme commence une file à elle, portant dans la main gauche un panier de plants ; les racines de ceux-ci doivent être abritées sous une toile mouillée ou sous une couche de terreau humide.

Pour mettre le plant en place, elle dépose le panier auprès de la butte fraîchement confectionnée, et, des deux mains, elle entr'ouvre

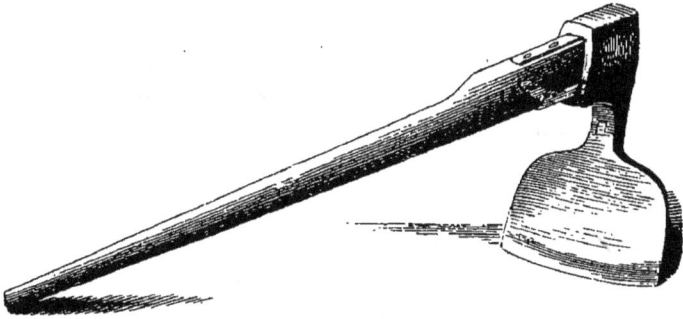

Fig. 186. — Houe à lever les gazons.

celle-ci de manière à ce que le tapis végétal du sol soit mis à nu. Ensuite elle prend dans son panier un plant, dont elle étale soigneusement les racines sur le gazon au fond de la butte et les recouvre d'une couche de terreau bien divisé. Cette couche doit

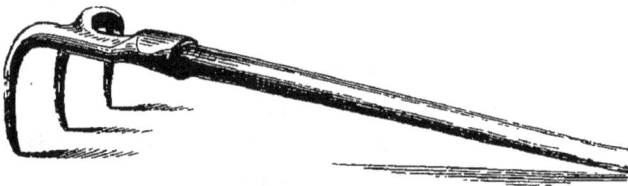

Fig. 187. — Fourche à trois dents.

être assez épaisse pour qu'on puisse ramener autour de la tigelle du plant le terreau qui reste, sans crainte de déranger les racines dans leur direction primitive. On forme ainsi un petit monticule qu'on devra se garder de comprimer en aucune façon.

207. — **Pose des Gazons.** — La mise en place des plants est suivie de près de la levée des plaques de gazon, à l'aide d'une houe,

dont la lame, de 17 à 20 centimètres de large et légèrement inclinée d'arrière en avant, doit être bien coupante et d'un poids convenable. Les plaques, pour être bien fournies d'un gazon court et vigoureux, seront prises, autant que possible, dans les chemins fréquentés par les bestiaux ; elles doivent être solides, ne point se casser ni s'émietter à la manipulation. Elles sont coupées en forme de croissant peu pointu afin de s'adapter, par paires, à la forme des buttes et de les couvrir aussi hermétiquement que possible. Pour transporter plusieurs plaques ensemble, on les dispose les unes sur les autres. On les place très soigneusement sur les buttes, en ne laissant aucun vide entre elles, et en les retournant *sens dessus dessous*.

Tout ce travail de plantation et de pose de gazons demande des soins assidus et intelligents. Les ouvriers maladroits doivent être renvoyés immédiatement ou occupés au transport du terreau.

Le sylviculteur qui voudra faire l'essai de cette méthode devra recourir au traité même de M. de Manteuffel, ouvrage des plus remarquables, aussi savant que pratique, dont nous nous sommes borné à résumer les principales indications.

208. — **Quelle serait l'Utilité de ce Système en France ?** — Après avoir nommé ce système de plantation et fait ressortir les avantages qui lui sont attribués par la voix unanime de ceux qui l'ont pratiqué en Allemagne, il nous reste à considérer quelle peut être sa valeur pour le sylviculteur français. Il nous est difficile de donner un avis personnel sur ce sujet, car nous n'avons jamais essayé cette méthode nous-même, et nous ne l'avons jamais vu pratiquer ; nous apprenons pourtant qu'elle a été expérimentée en France avec un certain succès dans les terrains tourbeux par M. Fillon, *inspecteur des forêts à Rambouillet*, qui a publié un compte rendu de ses travaux.

Il y a deux points capitaux à considérer : 1° les frais de cette méthode, et 2° son adaptabilité à nos sols.

209. — **Frais du Travail.** — M. Fillon estime les frais de son travail de plantation d'épicéas, en plants de trois ans, à l'espace-

ment de 1^{m}50, soit 4,445 plants à l'hectare, à 168 fr. 90, chiffre nécessairement supérieur aux estimations faites en Allemagne, où la main-d'œuvre, au moment où elles furent calculées, ne valait que la moitié de son prix actuel en France.

Le propriétaire qui fera les premiers essais chez lui devra compter sur une dépense bien plus grande, car il aura tout son personnel à former, son organisation à créer, sa propre expérience à acquérir.

210. — **Adaptabilité à nos Sols et Climats.** — Ensuite, nous n'osons pas affirmer que cette méthode [puisse réussir partout en France. Elle a fait ses preuves dans les terrains tourbeux, froids ou compacts, où l'humidité abonde, et même sur les versants des montagnes, sous le climat des régions montagneuses allemandes, probablement froid et humide aussi. Le fait que les essences employées, presque toujours le sapin et l'épicéa, sont celles qui conviennent spécialement à ces sols et ces climats, semble indiquer que la méthode leur est particulièrement applicable. Et nous avons vu que c'est en terre tourbeuse que son expérimentation a réussi en France.

En terrain ordinaire, nous ne devons donc lui accorder la préférence sur l'ancien mode de plantation par trous, qui en définitive a donné des résultats assez satisfaisants, qu'avec une extrême prudence et par suite d'expériences faites sur une très petite échelle. Elle peut être préférable dans les terrains froids du Nord, dans les landes humides de la Bretagne, mais nous ne pouvons pas, avant que la preuve en ait été faite, la croire applicable aux plaines brûlantes du Centre et du Midi. En Sologne, par exemple, notre propre expérience nous permet d'affirmer que cette opération, pratiquée sur une grande échelle, serait en général trop onéreuse pour la bourse du propriétaire.

211. — **Dangers de la Sécheresse.** — D'ailleurs, nous n'avons pas de confiance dans la capacité des buttes à retenir une fraîcheur suffisante pendant les mois brûlants de l'été. Nous avons pu observer un cas à peu près analogue dans une assez vaste aspergerie que nous avons créée dans des sables profonds et frais, défoncés jusqu'à une profondeur de 50 centimètres, de sorte qu'il

s'y trouvait toujours de la fraîcheur, remontant du fond par l'effet de la capillarité. Sur les ados ménagés entre les rangs d'asperges nous avons planté des pommes de terre pour utiliser l'espace vide ; ces végétaux, plongeant leurs racines dans le sable frais et profondément ameubli, bien amendé, devaient être dans les meilleures conditions pour se développer vigoureusement. Néanmoins, pendant deux saisons successives d'une très grande sécheresse, les pommes de terre ont souffert de leur position sur les ados, dont la hauteur nécessaire en vue du buttage ultérieur des asperges était trop grande pour les tubercules, et les exposait, malgré la fraîcheur qui circulait toujours dans la terre meuble, aux ardeurs desséchantes du soleil.

On nous répondra peut-être que dans ce cas les ados, de terre légère et sableuse, n'étaient pas gazonnés, et que par conséquent ils étaient trop exposés à l'évaporation directe, ce qui n'aurait pas lieu dans le cas des buttes gazonnées, formées de terreau substantiel, qui chaussent les plants dans le système allemand.

Cette couverture de gazon, rappelons-le bien, est retournée, les racines en l'air, avant d'être appliquée sur la butte. Or de deux choses l'une : ou, sous un climat sec, l'herbe n'y germera plus, celle qui est retournée sera bientôt morte, ses racines se rétréciront, le gazon s'effritera, formera du terreau perméable comme le reste de la butte, et ne s'opposera plus à l'évaporation ; ou bien une seconde couverture d'herbe lèvera naturellement et gazonnera véritablement la butte qui n'était que provisoirement couverte.

Dans le premier cas, où il n'existe que de la terre perméable, nous craignons bien que, pendant nos longs étés arides, où l'évaporation est tellement active que toute pluie qui tombe est insuffisante à remplacer la fraîcheur enlevée, aucune butte, fût-elle des mieux constituées, aucun terreau, si substantiel qu'il soit, ne puisse conserver son humidité.

Dans l'autre cas, où il y a une couverture de gazon qui s'oppose à la déperdition de la fraîcheur intérieure, nous devons dire que, selon nos observations dans notre climat et dans d'autres encore plus chauds, le gazon n'est pas un moins grand obstacle à la pénétration des eaux dans la terre. En faisant des fouilles à la suite de très fortes pluies d'été, nous avons toujours constaté que, dans les terres bêchées ou profondément labourées, la pluie avait pénétré jusqu'à une certaine profondeur, tandis que dans celles qui se trouvaient couvertes d'un épais tapis de gazon, la fraîcheur s'était arrêtée à la surface ; les feuilles et les racines des herbes avaient tout absorbé. Elle s'introduit difficilement aussi dans les sols substantiels, quoique peu gazonnés.

S'il en est ainsi sur des terres complètement plates, où tout le gazon se trouve au même niveau et dont l'eau des pluies ne s'écoule guère, que serait-ce dans le cas d'une multitude de petits monticules ? Nous craindrions fort que les pluies d'été ne coulassent tout simplement sur le gazon des buttes sans y entrer et y rafraîchir le moins du monde les racines altérées des jeunes plants.

212. — Réussite très douteuse en Terres ordinaires. — Par toutes ces raisons (en attendant la suprême épreuve de l'expérience, qui très souvent déconcerte les plus belles théories formulées *a priori*), nous pensons que cette méthode doit être surtout applicable aux terrains et aux climats qui comportent en général un excès d'humidité ; nous ne pouvons donc, nous le répétons, conseiller de l'essayer dans d'autres conditions qu'avec une extrême prudence et sur une échelle très restreinte.

213. — Conditions dans lesquelles le Succès est assuré. — Nous avons pourtant appris qu'en Normandie des essais de plantation de grands pommiers sur des buttes pareilles, mais naturellement proportionnées à la taille du végétal, avaient été couronnés d'un succès extraordinaire. Mais au-dessous de ces buttes on avait pratiqué des trous profonds et on les avait remplis d'un terreau finement ameubli. Ici donc toutes les conditions pour une réussite exceptionnelle étaient réunies : assainissement et maximum d'absorption de chaleur, en raison de la position de la butte ; perméabilité du sol et circulation constante de fraîcheur en raison de l'état ameubli du sous-sol et de l'action continue de la capillarité.

Mais ce procédé, excellent sans doute, appartient à l'arboriculture, art qui n'est nullement de notre compétence ; la sylviculture courante, chez le propriétaire particulier, ne peut pas admettre des travaux aussi coûteux et aussi méticuleux.

214. — **Plantation avec les Outils Prouvé.** — Ces outils, inventés par M. Prouvé, inspecteur des forêts, sont les suivants :

Bêches-leviers de trois tailles, mesurant respectivement 0^{m}60, 55 et 45 comme longueur de lame, et coûtant, le n° 1, 28 fr., les n°s 2 et 3, 25 fr.

Bêches plantoirs, 20 fr.

Plantoirs à étrier, 0^{m}60, 14 fr. ; 0^{m}50, 13 fr.

Fourreaux simples, n° 1, 6 fr.; n° 2, 5 fr. 50.

Fourreaux articulés, n° 1, 11 fr.; n° 2, 10 fr. 50.

Fourchettes en fer, 2 fr.

Nous regrettons de ne pouvoir fournir des dessins de ces outils, ni des différentes manières de s'en servir. On peut se les procurer sans doute, avec toutes les instructions nécessaires, chez Mme veuve Bathelot, à Blamont (Meurthe-et-Moselle), chargée de la vente de ces instruments.

215. — **Avantages attribués à cette Méthode.** — En recommandant ces outils, M. Prouvé commence par faire remarquer très justement (observation que nous avons déjà fait valoir à propos de la préférence que l'on doit donner aux très jeunes plants) que la reprise d'un plant est d'autant plus rassurée qu'il a été extrait avec plus de racines et que ces racines sont mieux munies de chevelu. Il soutient ensuite que, selon son système, les racines sont placées à la profondeur qu'elles avaient précédemment, ou qu'à défaut de profondeur les racines sont mieux disposées, obliquement, dans les couches inférieures de la terre végétale, qu'avec les outils ordinaires. Nous continuerons à citer sa description de ses instruments et de leur usage.

216. — **Bêche-levier.** — Cet outil se compose d'une lame au tranchant acéré, longue comme nous l'avons déjà constaté, large de 14 centimètres, portant une nervure longitudinale et un étrier laté-

ral à la partie supérieure, et munie d'un manche en fer méplat portant deux poignées en bois à l'extrémité et au milieu.

247. — Extraction des Plants. — Les bêches-leviers servent en forêt et en pépinière à l'extraction des plants, de la façon suivante:

Deux ouvriers, armés chacun d'une bêche-levier, enfoncent leurs outils, à côté l'un de l'autre, près du jeune arbre à extraire, et, appuyant ensemble sur les manches comme levier, soulèvent hors de terre une motte contenant les racines. Pour obtenir le chevelu intact,ils brisent cette motte, en ayant bien soin de ne pas prendre le plant par la tige pour l'arracher, ce qui aurait pour effet de laisser en terre les fibres chevelues les plus délicates et aussi les plus utiles à la reprise des plants. Avec ces outils on peut, dans les massifs, enlever les jeunes sujets sans endommager ni déranger sensiblement les voisins. Malgré le poids des outils, continue M. Prouvé, les ouvriers qui savent s'en servir n'éprouvent pas trop de fatigue, parce qu'ils les portent peu et agissent principalement sur le levier qui, en raison de sa longueur, est si puissant qu'il leur épargne de grands efforts.

La bêche-levier n° 3, plus légère que les deux autres, suffit à l'extraction des plants qui n'ont pas de racines s'enfonçant à plus de 40 centimètres; on s'en sert surtout pour la transplantation et de la la manière suivante :

248. — Plantation à l'Aide de cet Outil. — L'ouvrier prend la bêche à deux mains par la poignée transversale, la soulève et la laisse retomber verticalement devant lui. L'outil, en raison de son poids, pénètre dans le sol, coupe les racines, écarte ou brise les cailloux et s'enfonce à la profondeur voulue. Le planteur, se servant ensuite du manche comme levier, appuie sur les poignées en arrière, puis en avant, pour soulever la terre végétale; il forme ainsi sans grand effort et instantanément une cavité souterraine ou une sorte de potet de 25 à 40 centimètres de profondeur. Un deuxième ouvrier, à l'aide d'une fourchette en bois ou en fer, introduit et étale dans la cavité les racines du plant; puis, avec une *dame* de bois ou en fer, du poids de 7 à 8 kilos et d'un diamètre de

7 à 10 centimètres, il rabat la terre sur les racines. Le plant est ainsi très solidement fixé; les racines sont dans un milieu humide, meuble et à l'abri de la sécheresse.

Dans beaucoup de terrains et notamment dans ceux qui manquent de profondeur, il suffit de soulever le sol d'un seul côté; la cavité ainsi faite est assez grande pour loger les racines du jeune plant. Après le damage la tige restera inclinée, mais elle ne tardera pas à s'élever verticalement.

219. — **Inclinaison à donner aux jeunes Plants.** — Dans certains cas il est même préférable, selon M. Prouvé, que les tiges soient penchées dans une certaine direction, celle du soleil à midi, au printemps.

L'écorce des jeunes arbres ne résiste à l'action directe des rayons solaires que si la circulation de la sève est assez active pour lui conserver une fraîcheur suffisante. Si cette circulation vient à être ralentie ou suspendue par la transplantation et par une sécheresse prolongée, l'écorce brunit au midi et se dessèche, le mal se répand et la tige meurt. Ce phénomène s'est produit au printemps de 1880 sur les jeunes plants de hêtre nouvellement plantés dans les forêts d'Arques et d'Eaudy (Seine-Inférieure). Un certain nombre de brins verticaux ou penchés au nord ont la totalité ou une partie de leur tige morte ; ils repoussent par les branches basses ou par le pied, dont la vitalité n'a pas été atteinte par la chaleur. Au contraire ceux qui étaient penchés vers le midi sont restés verts, parce que les rayons solaires les plus chauds, étant parallèles à la tige, ne pouvaient produire sur cette dernière que peu d'effet.

On évitera aussi l'action funeste du soleil sur les jeunes arbres en leur conservant, autant que possible, l'orientement qu'ils avaient avant la transplantation (1).

Dans les sols maigres et plus profonds, si l'on redoute un insuccès

---

1. — Il convient d'observer que le hêtre est le plus sensible de tous les feuillus aux ardeurs du soleil.

La considération de l'orientement ne s'applique guère qu'aux grands plants arrachés en forêt, dont il faut, en général, proscrire l'usage dans les plantations d'une étendue considérable.

et si l'on a à sa disposition de la bonne terre ou du terreau tel qu'il en existe à la surface du sol des forêts, on fera bien d'en jeter une pelletée sur les racines avant de fermer l'excavation.

220. — **La Bêche-plantoir.** — Cet outil, plus léger et plus maniable que la bêche-levier n° 3, est de la même forme, à l'exception du manche, qui n'est pas prolongé au-dessus de la poignée transversale.

Dans les sols légers on s'en sert, comme d'une bêche-levier n° 3, pour extraire les plants et les mettre à demeure, verticalement ou obliquement.

221. — **Les Fourreaux.** — Le fourreau simple se compose d'un tube en tôle, fendu longitudinalement et adapté à une poignée en bois.

Le fourreau articulé, assez semblable au précédent, est formé de deux demi-tubes en tôle réunis par deux charnières, et adaptés chacun à une poignée en bois. Ces poignées sont disposées de telle sorte qu'en les rapprochant, on ouvre à volonté la fente longitudinale, qu'un ressort tend à maintenir fermée. Une chaînette entourant les poignées permet de fixer à volonté l'ouverture de l'outil.

222. — **Emploi de ces Outils.** — Pour les plantations permanentes, deux ouvriers travaillent ensemble. Le premier, avec le plantoir, ouvre un trou plus ou moins profond, suivant la longueur des racines.

Dans les terres compactes, il a soin, pour retirer son outil plus facilement, de lui faire faire un demi-tour avec la poignée, afin d'élargir le trou en lui donnant la dimension du plus grand diamètre du cylindre.

Le second ouvrier, tenant de la main gauche le fourreau simple par l'extrémité inférieure, appuie la poignée contre son corps; avec la main droite il prend dans son tablier un plant par la tige, et, faisant passer le bas de celle-ci ou le haut des racines entre le pouce et l'index de la main gauche et par la fente longitudinale, il introduit dans l'outil les menues et longues racines. Le même ouvrier met le fourreau dans le trou cylindrique ouvert par le plantoir, maintient le plant à profondeur convenable et retire l'instrument en laissant les racines dans une position verticale.

Avec le fourreau articulé, l'ouvrier opère de même qu'avec le fourreau simple ; il a l'avantage de pouvoir entr'ouvrir à volonté la fente longitudinale, soit pour introduire les racines dans le cylindre, soit pour les en faire sortir. Il peut aussi, quand le fourreau est largement ouvert, entourer les racines avec de la bonne terre ou du terreau, qu'il serre en refermant l'outil. Cette terre ou ce terreau adhère aux racines et reste autour d'elles dans le trou fait par le plantoir quand on retire le fourreau.

223. — **Fixation du Plant en Terre.** — Pour fixer le plant en terre, le premier ouvrier enfonce le plantoir à côté du premier trou et parallèlement à ce dernier. Il tient à lui la poignée du manche, afin de serrer d'abord l'extrémité inférieure des racines ; appuyant en sens inverse sur la même poignée, il presse la terre contre la racine dans toute la longueur de celle-ci. Ensuite, avec le talon, il ferme le deuxième trou.

La pression que le planteur exerce ainsi, agissant avec toute sa force appliquée à l'extrémité du levier, est bien supérieure à celle d'un homme qui piétine la terre autour d'un plant. Aussi le plant est-il tellement maintenu en terre, qu'en cherchant à l'arracher, on rencontre une résistance aussi grande que s'il s'agissait d'un plant venu naturellement sur place.

224. — **Plantation oblique.** — Dans les sols qui manquent de profondeur, l'ouvrier enfonce le plantoir d'abord verticalement jusqu'à la roche ; puis, s'inclinant et soulevant la terre végétale, il fait un trou oblique, dans lequel, à l'aide d'un fourreau, il place les racines dans toute leur longueur. Il serre ensuite la terre avec le talon, comme pour fermer un trou de taupe. Avec le pied, le planteur redresse légèrement la tige, qui ne tarde pas à reprendre la position verticale. Le plant est fixé et les racines sont placées sous les herbes dans un milieu aussi frais que le terrain le comporte. Dans les sols secs, on fera bien de protéger les racines en couvrant les places qu'elles occupent avec des pierrailles,

gazons, etc., et surtout d'incliner les plants vers le midi, afin de diminuer les effets funestes des rayons solaires sur la tige au moment de la transplantation.

225. — **Utilité de ce Système.** — M. Prouvé est un chercheur, et ses méthodes sont intelligentes et ingénieuses. Nous ne les avons jamais vu pratiquer, mais certains propriétaires de nos connaissances les ont employées avec succès, et nous croyons qu'elles doivent être très utiles pour les reboisements importants dans les terrains où les outils ordinaires seraient insuffisants.

Dans d'autres conditions, ce sera à chaque sylviculteur de juger si l'avantage qu'il peut obtenir en adoptant ce système suffirait à compenser les frais d'acquisition des outils, qui seraient considérables si on employait une équipe nombreuse, et la perte de temps inévitable en attendant que cette équipe fût habituée au maniement des instruments. En général, l'ouvrier travaille le mieux avec les outils qui lui sont les plus familiers ; lorsqu'il s'agit de les remplacer par d'autres, il faut que la supériorité de ceux-ci soit très grande et que le travail à faire soit long, pour que la substitution soit avantageuse.

Certaines recommandations ingénieuses, comme celle d'incliner les plants vers le midi dans les sols desséchés, doivent être utiles à tous les sylviculteurs.

226. — **Plantations en Touffes.** — Quand on n'a pas sous la main des plants de belle qualité, propres à être plantés un à un et à racines nues — et lorsqu'il s'agit de terrains peu étendus et d'une nature ingrate, où l'on a peur de voir mal réussir une plantation ordinaire, — on peut avoir recours à la plantation par touffes. Pour pratiquer cette méthode, il faut avoir, à proximité du terrain à planter, un semis, soit en pépinière, soit à demeure, de l'essence (généralement le pin sylvestre) que l'on emploie à cet effet. On enlève les plants, en touffes de trois à cinq, avec la terre adhérente à leurs racines, et on les transporte sur le champ du travail, en évitant très soigneusement de faire tomber cette terre par des secousses. Le transport s'effectue sur une brouette, ou, si le chemin n'est pas

brouettable, sur une civière. On les plante ensuite dans des poquets, comme nous l'avons recommandé aux paragraphes 184 et suivants, après avoir nettoyé la place du trou si la terre est couverte de trop fortes plantes arbustives.

227. — L'avantage de cette méthode consiste en ce que l'assemblage des racines des plants maintient la terre autour d'elles, de sorte que, si l'opération est soigneusement faite, les plants ne sont guère dérangés de leur assiette naturelle, et leur reprise est assurée. Sur le nombre des plants mis dans un seul trou, il y en aura presque toujours un qui prendra le dessus et occupera la place au détriment des autres; ceux-ci ne serviront qu'à maintenir sa croissance droite et à contribuer à étouffer les mauvaises herbes; d'ailleurs, ils tomberont tôt ou tard dans les éclaircies.

228. — Les inconvénients de ce procédé sont les suivants : 1° il est impossible, si l'on n'a pas à sa disposition un semis serré du plant voulu ; et 2° le transport des touffes, prises dans leurs petites mottes, nécessite des frais considérables. Cette méthode, tout en étant bien sûre, ne laisse donc pas que d'être embarrassante, et ne doit être employée, nous l'avons dit, que pour de petites parcelles, très difficiles à boiser, ou pour celles qui se trouvent très proches du semis d'où l'on extrait les plants.

229. — **Espacement des Plants.** — C'est un axiome reconnu en sylviculture, que l'on doit planter plus ou moins serré selon la nécessité d'abriter plus ou moins les jeunes pieds, et selon la facilité dont on dispose pour tirer parti des produits des premières éclaircies. Il faut également tenir compte du port, de la croissance et du tempérament de l'arbre que l'on plante. Nous traiterons donc de la distance à mettre entre les plants, au chapitre de la propagation de chacune des principales essences forestières, et nous nous bornerons ici à adjoindre un tableau des nombres de plants nécessaires aux distances les plus usitées.

230. — **Tableau des Nombres variables de Plants par Hectare.** — A 1 mètre, il faut 10,000 plants par hectare. C'est là une quantité que nous trouvons énorme; nous n'admettons donc cet espacement

que dans des cas tout exceptionnels, et nous le condamnons dans la
plantation ordinaire sur une grande échelle, comme donnant lieu
à des dépenses exagérées.

A 1ᵐ33, il faut 5,625 plants par hectare.
A 1ᵐ50, — 4,444 —
A 1ᵐ66, — 3,600 —
A 2ᵐ », — 2,500 —
A 2ᵐ50, — 1,600 —
A 3ᵐ », — 1,111 —
A 4ᵐ », — 625 —

On n'emploie ces trois derniers espacements que lorsqu'on veut
compléter, par une garniture protectrice, ou bien par l'adjonction
d'une essence supérieure, un repeuplement déjà existant.

231. — **Économie de Plants par le Tracé des Allées.** — Les
quantités de plants signalés doivent subir une diminution d'un
douzième environ, si, comme nous l'avons recommandé au paragraphe 19, on a tracé et réservé d'avance la place des allées nécessaires dans les futurs massifs.

232. — **Espacements à deux Distances différentes.** — Les distances d'espacement que nous venons de donner sont entendues
dans tous les sens; mais on peut en adopter d'autres, plus larges
dans un sens que dans l'autre, composant le même nombre de
plants, si la nature du terrain y invite ; par exemple dans des terres
anciennement ou récemment labourées, où l'espacement des
billons ou des planches indique forcément celui des rangs des
plants. Il vaut toujours mieux, en plantant, suivre ces lignes que
de les traverser, car elles assurent l'assainissement des petits plants
en même temps que la régularité de la plantation. Si donc on dési-
rait planter à 1ᵐ33 dans tous les sens, et si, en raison des billons
ou des planches, il fallait espacer les rangs d'un mètre seulement,
on pourrait obtenir la densité de repeuplement voulue en élargis-
sant l'espace des plants dans chaque rang, c'est-à-dire en les y plaçant à 1ᵐ66 environ l'un de l'autre. On obtiendrait ainsi le même
résultat, à peu près, qu'en plantant à 1ᵐ 33 dans tous les sens.

233. — Plantation sur Billons. — Quand il existe des billons, il faut toujours éviter de planter dans les fonds, à moins que le terrain ne soit un sable aride qui ne retienne jamais l'eau. Lorsque le sol est frais, il faut planter sur le sommet du billon ; lorsqu'il est sec et chaud, on peut placer les plants à mi-côte, du côté du nord ou de l'est, où la terre est le moins brûlée par les ardeurs du soleil.

234. — Frais de la Plantation. — D'après le tableau précédent, il est très facile de calculer la dépense par hectare de cette opération, dépense qui, si l'on travaille dans les conditions que nous recommandons, n'a rien d'effrayant.

235. — Prix des Plants. — Le prix des plants des essences principales, dans les pépinières de commerce les plus importantes, varie de 5 à 10 fr. le mille ; l'acquisition des plants coûtera donc par hectare :

A	1ᵐ 33,	pour	5,625	plants,	de	28 fr. 12	à	56 fr. 25
A	1ᵐ 50,	—	4,444	—	de	22 fr. 21	à	44 fr. 44
A	1ᵐ 66,	—	3,600	—	de	18 fr. »	à	36 fr. »
A	2ᵐ »,	—	2,500	—	de	12 fr. 50	à	25 fr. »
A	2ᵐ 50,	—	1,600	—	de	8 fr. »	à	16 fr. »
A	4ᵐ »,	—	1,111	—	de	5 fr. 55	à	11 fr. 11
A	4ᵐ »,	—	625	—	de	3 fr. 12	à	6 fr. 25

Si l'on a pu élever ses plants de semis chez soi, dans de bonnes conditions, ou repiquer d'avance du petit plant (v. § 188), les frais se trouvent réduits au minimun.

236. — Prix du Travail. — La dépense pour la main-d'œuvre peut varier, selon les localités et la nature du sol, de 2 fr. à 3 fr. 50 par mille.

Pour	5,625	plants, elle serait donc de	11 fr. 25	à	19 fr. 17
—	4,444	— —	8 fr. 88	à	15 fr. 55
—	3,600	— —	7 fr. 20	à	12 fr. 60
—	2,500	— —	5 fr. »	à	8 fr. 75
—	1,600	— —	3 fr. 20	à	5 fr. 60
—	1,111	— —	2 fr. 22	à	3 fr. 88
—	625	— —	1 fr. 25	à	2 fr. 20

Il va sans dire que ces calculs ne peuvent être qu'approximatifs ; nous ne cherchons qu'à donner un aperçu général des conditions économiques moyennes, et à réfuter cette notion, trop souvent propagée par les ignorants, que la plantation ne peut se faire sans grandes dépenses. On vient de voir qu'elles sont inférieures, sans contredit, à celles de toute opération agricole.

237. — **Faux Frais.** — Nous rappellerons à nos lecteurs qu'en réservant d'avance les allées qui doivent exister dans la plantation, on diminue d'un dixième ou d'un douzième le nombre des plants à employer, et par conséquent les frais de leur achat et de leur mise en terre. Nous avons pourtant établi nos calculs sur la base du repeuplement complet, et nous avons volontairement négligé de tenir compte de cette économie en vue de compenser jusqu'à un certain point : 1° les frais d'emballage et de transport des plants, et 2° les faux-frais, l'imprévu, etc., qui se présentent dans le travail de la plantation.

238. — **Frais du Semis.** — Ceux-ci sont impossibles à calculer, même en moyenne, à cause des écarts énormes qui existent entre les prix des différentes graines et aussi entre les quantités nécessaires de chaque essence, quantités qui peuvent varier encore selon la nature du terrain à semer.

Le prix des façons peut être aussi très variable selon les habitudes de la contrée et selon les aptitudes du sol. Rappelons seulement ce que nous avons déjà fait observer, que si, avec les graines forestières, on peut semer dans de bonnes conditions une récolte céréale ou fourragère qui payera les façons données, la dépense se trouvera réduite à celle de l'acquisition de la graine. Si, d'un autre côté, on est obligé de faire la culture nécessaire en vue du semis forestier seul, les frais s'augmentent d'une somme que chacun peut calculer d'après les prix ordinaires des façons agricoles dans sa région. Dans ces conditions, nous croyons que le semis revient généralement plus cher que la plantation.

PROPAGATION DES ESSENCES

239. — Nous traiterons en même temps du semis et de la plantation de chaque espèce forestière importante. Nous commencerons par les

résineux, et d'abord par le pin sylvestre, qui est peut-être l'essence la plus généralement répandue et la plus propre, soit à reconstituer les bois épuisés, soit à reboiser les terrains pauvres.

240. — Semis du Pin sylvestre. — En raison de la finesse de la graine, les semis de cette espèce ne réussissent vraiment que sur des sols frais ou par des saisons fraîches. Si la terre est aride, elles ne lèvent que lentement et fort irrégulièrement; la plantation y est préférable.

Le pin sylvestre, à notre avis, doit en général se semer pur. Dans les départements du Centre et de l'Ouest, il a été assez ordinairement mélangé avec le pin maritime ; dans ce cas, il a, surtout dans les terres très légères, l'inconvénient de lever moins rapidement que son congénère, de pousser moins vite pendant les premières années, et de risquer, par conséquent, d'être dominé et étouffé par lui. Mélangé, d'un autre côté, avec le pin d'Autriche ou avec tout autre conifère, il le domine à son tour, et le sylviculteur doit prendre des soins particuliers pour conserver l'autre essence, qui, malgré tout, végète rarement bien.

241. — Mélange avec le Pin maritime. — Si le sylviculteur est décidé à mélanger sur son terrain le pin sylvestre au maritime, nous croyons que, par la raison que nous venons d'indiquer, il faut éviter le semis simultané des deux essences. On peut commencer par semer le pin sylvestre (2 ou 3 kilogr. par hectare) et, au bout d'un ou de deux ans, si ce semis n'a pas réussi à couvrir le terrain, ajouter la garniture voulue de maritime.

Ou bien on peut commencer par semer le maritime (4 kilos par hectare) et en même temps repiquer, à des distances de 2 ou 3 mètres, dans tous les sens, des plants de pin sylvestre de deux ans. Dans chacun de ces cas, on assure à cette dernière essence une avance d'un an sur l'autre, ce qui doit suffire pour égaliser leur croissance et pour empêcher que l'espèce la plus solide, destinée à occuper le sol en permanence, ne soit étouffée par sa garniture.

242. — Époque du Semis. — On doit préférer, comme saison du semis, le printemps ou bien le mois d'août à l'automne. Les

graines semées dans cette dernière saison, restant inactives pendant
l'hiver, demeurent exposées aux attaques des mulots, et aussi à
celles de quelques oiseaux affamés, qui pourraient, en grattant le
sol, les déterrer. Avec une récolte de sarrasin, on sème au mois de
juin. Dans le Centre, on peut semer dès la fin de février, si le temps
est favorable ; dans le Nord et dans les régions montagneuses de
l'Est, il faut attendre que les neiges aient définitivement disparu.
Les jeunes plants ont rarement à craindre les gelées ; ils redoutent,
d'un autre côté, les hâles et les chaleurs ; il est donc à désirer
qu'ils puissent, en levant de bonne heure, avoir le temps d'acquérir
la force nécessaire pour y résister.

243. — **Manière d'opérer le Semis.** — C'est une erreur malheureusement fort commune que de semer trop épais. La quantité de
graines employée, et par conséquent la dépense, sont exagérées,
et le repeuplement obtenu, trop-pressé, quoiqu'il réjouisse l'œil,
pendant les premières années, par la vigoureuse couverture verte
qu'il donne au sol, s'étiole et s'étouffe bientôt s'il n'est pas éclairci
avec beaucoup de discernement. Pour prévenir ce résultat, il est
très utile d'éviter les semis pleins, et de semer en lignes ; ce système assure la vigueur du semis et rend ensuite les éclaircies beaucoup plus faciles.

244. — En pays de plaine, ces lignes peuvent être tirées au
moyen d'un simple buttoir, à la distance de 1 mètre à 1m33
l'une de l'autre. Un bâton, fixé transversalement sur les manches de
la charrue, dans le sens horizontal, porte à son extrémité une corde
avec un plomb qui traîne par terre et indique, pendant l'ouverture
de chaque raie, la place de la suivante. On obtient ainsi la régularité du semis, et l'on économise autant que possible la semence.
Nous avons observé avec plaisir que le semis en lignes est aujour-
d'hui très usité en Bretagne.

245. — En pays de montagne, où le passage d'une charrue serait
impossible, ces lignes peuvent se tracer au moyen d'une légère
pioche ou d'une serfouette de jardinier. On doit, dans ce cas, tracer
les lignes en travers de la pente de la montagne, car, si elles la

suivaient, les graines pourraient être emportées de haut en bas par de fortes pluies qui ravineraient les sillons et qui enlèveraient leur légère couverture de terre ameublie.

246. — **Quantité de Graines nécessaire.** — Avec le système de semis en lignes que nous venons de recommander, il suffit de deux ou trois kilog. de bonnes graines par hectare (1), selon la fraîcheur ou l'aridité de la terre à boiser. Les quantités recommandées par certains livres et par certains catalogues de grainetiers, montant jusqu'à 12 kilos par hectare, et calculées, il est vrai, en vue des semis pleins, sont tout à fait exagérés.

Le kilogramme de graines de pin sylvestre en contient de 150 à 200.000 selon la densité des graines, de provenance très différente, et leur netteté. De deux choses l'une : ou la graine semée sera mauvaise, et dans ce cas l'opération sera à recommencer ; ou bien elle sera bonne, et alors que faire des millions de brins qui en résulteront, serrés comme ceux d'un champ de chanvre, et qui, dans un temps très rapproché, s'étoufferont mutuellement, à moins d'éclaircies coûteuses et improductives ? La quantité de 2 à 3 kilos que nous recommandons, contient en moyenne de 360 à 540,000 graines ; s'il en lève le dixième, ce sera trop.

247. — **Prix de la Graine.** — A 6 fr. le kilo, prix ordinaire du commerce, cette semence ne coûtera que 12 à 18 fr. par hectare.

248. — **Nécessité d'une Couverture légère.** — La condition principale du succès d'un semis de pin sylvestre, c'est que la graine ne soit pas trop enterrée. Voici, en résumé, les résultats d'une série d'observations intéressantes sur cette question :

249. — **Expériences de M. Baur.** — M. le professeur Baur, directeur de la station forestière de Hohenheim (Wurtemberg), a fait semer dans une terre franche de compacité moyenne, ni trop meuble ni trop résistante, des graines de pin que l'on a enterrées à une profondeur minima de 5 millimètres, s'accroissant progressi-

---

1. — « On peut augmenter ces quantités si l'on est obligé de semer plein, ou si le terrain est extrêmement aride. »

vement par fraction de 5 millimètres jusqu'à 50 millimètres, et il a
constaté d'abord que les graines enterrées

> A 5 millimètres ont germé en 20 jours.
> A 10   —   —   25
> A 15   —   —   27
> A 20   —   —   29

qu'après trente et un jours on ne trouve que très peu de germes provenant des graines enterrées à 25 à 30 millimètres ; enfin que les
graines couvertes de 35 à 50 millimètres n'ont pas germé. Conti-
nuant pendant une série de plusieurs années consécutives ces expériences, il reconnaît, au cours de ce long travail, que si les graines
semées à une profondeur de 10 à 15 millimètres ont levé assez
régulièrement, les plants sont néanmoins quelque peu grêles, surtout ceux provenant des graines les moins recouvertes ; que les
plants provenant de graines recouvertes à 15 millimètres sont très
vigoureuses et forment un repeuplement complet. Les planches
sur lesquelles les graines avaient été recouvertes de 20 millimètres demeurent clairiérées. Les plants recouverts de 25 millimètres sont très clairiérés et peu vigoureux. Les germes des graines
enterrées à 30 millimètres ont seulement soulevé la croûte superficielle du sol, mais n'ont pas pu éclore. Aucune graine enterrée à
35 et 50 millimètres n'a produit.

Comme résultat définitif, enfin, après plusieurs années, les plants
provenant de graines enterrées à 5 et à 15 millimètres sont également bien venants ; un recouvrement supérieur à 15 millimètres
a donné des résultats moins favorables ; les semis recouverts de
20 à 25 millimètres sont très clairs, et à 30 millimètres et au-
dessus aucun plant n'a survécu. Le recouvrement compris entre 10
et 15 millimètres semble à tous égards le plus favorable, abstraction
faite de la nature plus ou moins consistante du sol, dont on pourrait, dans la pratique, tenir compte en diminuant ou en augmen-
tant de quelques millimètres l'épaisseur de la couverture.

Tels sont les résultats de ces expériences, et nous ne saurions trop insister sur leur importance pour le sylviculteur, car ils s'appliquent non seulement au semis du pin sylvestre, mais à celui de toute autre essence dont la graine est d'une égale finesse.

250. — **Manière de prévenir le Danger signalé.** — Il faut donc avoir grand soin de ne couvrir que le plus légèrement possible les graines dans les raies; et si celles-ci sont trop profondes, on devra les combler en partie au moyen d'une herse légère avant de semer la graine, qu'on pourra ensuite enterrer avec une simple herse d'épines. Cette opération, qui dépose de la terre ameublie dans les raies, ne peut que favoriser la germination. En montagne, le râteau remplace la herse.

251. — **Semis sans Culture.** — Dans les terrains sablonneux, légèrement couverts de gazon, on peut semer sans façon aucune ; il suffira du passage d'une herse pour enterrer la semence. Dans ce cas, comme on ne doit évidemment s'attendre à voir germer qu'une faible proportion des graines, il sera utile de porter à 4 ou 5 kilos au moins la quantité à employer par hectare.

252. — **Semis en Potets.** — Dans les terrains trop inégaux pour admettre les semis continus, soit pleins, soit en ligne, on peut semer en potets. Cette opération se pratique, selon la nature du sol, soit à la bêche (on donnera alors la préférence à la bêche de forme demi-circulaire), soit à la pioche. A l'aide de l'un ou de l'autre de ces outils, l'ouvrier retourne et ameublit autant que possible la motte de terre sur laquelle il opère ; ensuite les graines sont répandues sur le guéret et très légèrement couvertes au rateau, avec de la terre finement ameublie et sans aucune motte.

Ces potets peuvent être espacés à 1ᵐ33 environ. Dans chacun, on déposera huit ou dix graines; si elles sont de bonne provenance ce nombre doit suffire. Si les mulots sont à craindre, il sera nécessaire de les enduire de minium, comme nous l'avons indiqué au paragraphe 178, et de poser sur chaque poquet quelques brins d'épines ou, à leur défaut, de petit bois.

253. — **Semis dans les Bois épuisés et dans les Clairières.** — Lorsqu'on doit abattre définitivement une vieille futaie, ou receper

un taillis épuisé ou une jeune plantation manquée, il suffit souvent, pour obtenir un repeuplement de pin sylvestre, de faire semer préalablement, sans façon aucune, sur toute l'étendue qui sera dégarnie, des graines qui seront suffisamment enterrées par le piétinement des ouvriers qui façonneront le bois. Il faudra, lorsqu'on aura recours à ce procédé sommaire, employer au moins 6 kilog. par hectare de graines choisies bien fraîches, car elles devront rester quelque temps hors de terre. On évitera de semer les parties du terrain où les cépées seront assez fortes pour ombrager les jeunes pins, qui dans ces conditions ne pousseraient pas, les pins ne supportant jamais d'être dominés.

254. — **Plantation du Pin sylvestre.** — Nous rappelons que le sol que l'on doit planter peut se trouver dans quatre conditions différentes, soit :

1° En état de chaume, après une récolte ;

2° Gazonné, ou partiellement couvert de plantes arbustives ;

3° En friche, couvert de bruyères longuement enracinées ;

4° Occupé par des bois épuisés ou morts.

Le pin sylvestre, dans l'aire qui lui convient, c'est-à-dire le Nord et la zone centrale de la France, peut être employé dans tous ces cas. En raison de sa rusticité et de sa vigueur, ce pin est l'essence résineuse la plus généralement plantée, comme étant la plus propre à utiliser, à transformer les terrains pauvres, et aussi à reconstituer les bois dépérissants.

Avant de procéder à la plantation, nous présumons que la terre a été mise en bon état d'assainissement, et que les alentours ont été débarrassés du lapin, si ce gibier, très ennemi de notre pin, s'y trouvait en abondance.

255. — **Sur Terrain en État de Chaume. Choix des Plants.** — On peut se servir, dans ces terrains, de plants de un, deux ou trois ans.

256. — **Plant d'un An.** — Le plan d'un an de semis, si tendre qu'il soit en apparence, donne d'excellents résultats, pourvu qu'il soit trapu et vigoureux, muni de fortes racines. Si, au contraire,

ayant levé en semis serré, il est long, mais mince, avec des racines grêles, il n'aurait probablement pas la rusticité nécessaire, et il vaudrait mieux le garder un an repiqué en pépinière avant de s'en servir. Mais, s'il est trapu, on peut le planter avec confiance en plein champ, et il y prend immédiatement une croissance des plus vigoureuses, si bien qu'en peu d'années il atteint et dépasse les plants plus âgés que lui d'un et même de deux ans ; nous avons pu constater ce fait dans plusieurs plantations très étendues de notre voisinage.

Dans le cas où l'on ne trouve pas de beaux plants d'un an à une distance commode du terrain à reboiser, nous ne conseillons pas de les faire venir de très loin, au moins jusqu'à ce que les transports par grande vitesse soient concédés à des prix très réduits pour les plants. A cet âge, les feuilles du pin sylvestre sont tendres et sujettes à s'échauffer si les plants restent longtemps en route. Leur transport ne devrait donc pas durer plus de trois jours.

257. — **Conservation.** — Dès qu'ils sont rendus à leur destination, on doit les mettre en jauge avec soin, *à l'ombre* (v. §190), et les planteurs doivent les tenir soigneusement en paniers ou seaux couverts, quand ils les portent sur le terrain.

258. — **Plants de deux Ans.** — Les meilleurs plants de deux ans sont incontestablement ceux qui ont été repiqués un an en pépinière et qui, par conséquent, présentent des racines courtes et fibreuses, avec une tige trapue, terminée par un fort bourgeon qui promet une pousse vigoureuse.

Les plants de deux ans non repiqués, tout en étant inférieurs à ceux dont nous venons de parler, peuvent donner de bons résultats, pourvu qu'ils soient plutôt gros et forts que longs, n'ayant pas été serrés en pépinière, car à cet âge ils ont besoin d'un large espace pour étendre leurs racines latérales et pour être exposés à l'air de manière à mûrir leur bois et leurs feuilles.

259. — **Plants de trois Ans.** — Les plants de trois ans, si l'on s'en sert, doivent avoir été une fois repiqués en pépinière, autrement ils auraient des racines trop longues, difficiles à faire entrer dans les trous et dépourvues des fibres chevelues qui puisent dans le sol la

nourriture du végétal. Pour le propriétaire particulier, nous n'admettons l'usage de ces grands plants que dans les terres fraîches où les hautes herbes, fines et drues, ne peuvent pas se soutenir, et risqueraient, en s'affaissant sur le sol, d'étouffer de tout petits plants. Là où cette particularité n'existe pas, même dans les friches les plus rebelles au travail, couvertes d'ajoncs, de genêts, de bruyères (concurrents formidables pour les petits plants, mais qui au moins se soutiennent et ne les écrasent pas par leur poids), nous avons toujours mieux réussi avec les plants de deux ans, un an repiqués.

260. — Méthode de Plantation. — Sur les chaumes, les plants de un ou deux, ans peuvent se planter dans une simple fente, à la bêche « balancée » (v. § 196), si toutefois la terre est bien meuble. Si la terre est sèche ou si elle est envahie par l'herbe, il sera préférable de planter en poquets au moyen de la bêche demi-circulaire (v. § 198), et, si l'on se sert de plants de trois ans, l'emploi des poquets est forcé, car leurs racines exigent une place considérable. Dans les terrains pierreux, on peut substituer la pioche à la bêche.

Pour les plantations d'après le système Manteuffel, voir paragraphes 201 et suivants ; pour celles aux outils Prouvé, 214 et suivants.

261. — Saison de la Plantation. — Le pin sylvestre peut se planter ou en automne ou au printemps ; nous avons même vu quelques hivers doux pendant lesquels on a pu le planter presque sans interruption. Comme toutes les essences résineuses, il peut prendre même en pleine sève, au mois de mai, mais nous ne conseillons pas de planter sur une grande échelle à cette époque, car, s'il arrivait, peu après, une période de sécheresse, la plantation, à moins de se trouver dans un terrain exceptionnellement frais, serait certainement très éprouvée, sinon complètement détruite.

Dans certains terrains difficiles, comme nous verrons plus loin, au paragraphe 252, il est bon d'ouvrir les poquets en automne et d'en laisser mûrir la terre jusqu'aux premiers jours du printemps avant de planter.

Pour des renseignements généraux sur les saisons les plus favorables à la plantation, nous référons nos lecteurs aux paragraphes 191 et suivants, où nous avons traité cette question.

262. — **Espacement.** — Le pin sylvestre ne doit pas être planté en massif très serré, à moins de conditions exceptionnelles, comme le besoin d'abri épais sur un site très exposé, ou bien une demande considérable pour le menu bois, qui rend désirable de hâter les premières éclaircies. En Belgique, par exemple, il est d'usage de planter les pins à 1 mètre les uns des autres, pour obtenir de bonne heure des perches à houblon, dont la vente est très avantageuse. Lorsque cette considération n'existe pas, un tel espacement doit être condamné, car il exige 10,000 plants par hectare, et donne lieu par conséquent à des frais de plantation très considérables.

En Sologne, où il y a peu de débouchés avantageux pour le menu bois, nous plantons généralement le pin sylvestre à 1m33, dans les terrains où nous craignons de fortes pertes, en raison de la sécheresse du sol, de l'envahissement de la bruyère, de la présence du gibier, ou des invasions d'insectes. A cette distance il faut, déduction faite de la place des allées, comme nous l'avons recommandé au paragraphe 18, environ 5,400 plants par hectare. Dans les terres fraîches, et en opérant avec des plants rustiques dont on est très sûr, on peut planter à la distance plus large de 1m60. Cet espacement n'exige que 3,400 plants par hectare; il offre donc l'avantage d'une très grande économie, avec une rapidité correspondante dans le travail, et par conséquent la faculté de boiser la plus grande surface possible avec les moyens dont on dispose. Mais avec cet espacement, on ne peut souffrir impunément que très peu de pertes, surtout si l'on emploie le sylvestre d'Allemagne, arbre très disposé à buissonner dans un massif irrégulier. Nous ne pouvons donc le recommander, nous le répétons, que dans les régions où le menu bois n'a point de valeur, dans les terres fraîches, où les pertes sont le moins à craindre, et quand on est parfaitement sûr de la vigueur de ses plants et des soins apportés à la plantation.

263. — **Terrain gazonné.** — Les observations que nous venons

de présenter au sujet de la plantation sur chaume envahi d'herbes s'appliquent également à celle en terrain gazonné. On y procède selon les modes décrits aux paragraphes 198, 199. Quant à la saison de plantation, la terre étant préservée de la gelée par sa couverture d'herbes, et moins exposée à s'ouvrir ou à se tasser que la terre meuble des chaumes, on peut planter en automne là où les terres ne sont pas très humides et où l'on ne craint pas les dégâts du gibier, à condition de replacer la motte avec le gazon dessus, selon le procédé de M. Boucard. Si l'on veut employer les plants de trois ans, cette époque sera préférable, le soleil et les hâles d'un printemps sec étant, nous l'avons dit, souvent mortels à ces plants, qui sont cependant utiles dans les terres fraîches, où une croissance surabondante de longues herbes fines s'affaissant en hiver pourrait étouffer des plants plus petits.

264. — **Bruyères.** — Le pin sylvestre se plante facilement sur les landes couvertes de bruyères de n'importe quel âge, fussent-elles des plus arides. Il n'est point nécessaire de les défricher, opération impossible dans les montagnes ; même en plaine, elle est généralement trop lente et trop coûteuse pour le reboisement des bruyères stériles, dont la production en céréales ne pourrait compenser les frais de ce travail.

Le tempérament robuste du pin sylvestre lui permet de s'établir dans cette terre durcie comme la brique par les innombrables racines fibreuses des bruyères qui la lient et la dessèchent ; peu à peu il se développe de manière à dominer et à étouffer ces végétaux qui en avaient pris complètement possession ; de sorte qu'en passant sur le même sol, une douzaine d'années après la plantation, on ne trouve plus trace de leur existence.

265. — Voici comment, dans les landes plates de la Sologne, nous avons opéré ces plantations :

Au commencement de l'automne, aussitôt que l'outil a pu pénétrer dans ce sol durci, nous avons ouvert, avec les bêches fortes, légèrement arrondies en arc de cercle, mentionnées au paragraphe 199, des poquets ou trous, que nous avons rebouchés avec les mottes qui en étaient sorties, en les plaçant sens dessus dessous, comme nous l'avons recommandé, au même paragraphe, pour la plantation en terrain ordinaire.

L'ouvrier ameublissait à coup de bêche la terre ainsi ramenée à la surface et la foulait de manière à pousser jusque dans le fond du trou la bruyère ainsi retournée. Cela fait, nous avons laissé ces poquets pendant tout l'hiver exposés à l'action de l'air et de la gelée, qui ont achevé d'en ouvrir, d'en désagréger la terre, et nous avons planté avec succès au mois de février suivant.

On pourrait également, ce qui vaudrait peut-être mieux, en faisant le poquet, en retirer la motte et la laisser pendant l'hiver au bord du trou, coupée transversalement en deux, son bout inférieur exposé au nord, sa couche supérieure enfrichée au midi ; de cette façon la terre serait complètement ameublie par le travail de la gelée et les autres influences atmosphériques, et la bruyère qui la couvrait serait complètement desséchée, avant le moment de la plantation.

On plante au printemps de la manière décrite au paragraphe 198.

Lorsque la bruyère est très haute, il sera bon de la peler à la pioche avant de faire le trou. Ce cas ne se présente qu'exceptionnellement, ces bruyères étant ordinairement livrées, jusqu'à leur plantation, au pacage des moutons, qui les tondent assez ras.

Dans les terrains trop pierreux pour admettre le travail de plantation à la bêche, on fera les poquets à la pioche ; les mottes qui en sortiront seront de forme moins régulière, mais la terre en sera au moins aussi bien ameublie.

Comme ces poquets se font en lignes régulières, ce qui rend facile de les examiner, d'en vérifier la profondeur et la façon, on peut les faire ouvrir à la tâche, système plus avantageux, et pour les ouvriers et pour le propriétaire, que le travail à la journée. Le prix de cet ouvrage peut varier, selon la nature plus ou moins difficile de la terre où il se pratique, de 3 à 5 fr. par mille poquets.

266. — **Espacement.** — Dans ces sols exceptionnellement durs, desséchés par les racines des végétaux qui les couvrent, il faut

toujours s'attendre à subir une certaine proportion de pertes malgré l'étonnante rusticité de l'essence dont nous traitons. Nous ne conseillons donc pas de planter à une distance plus grande que celle de 1ᵐ 33 dans tous les sens, d'autant plus qu'il est très important que la bruyère soit tuée aussi vite que possible par le couvert des jeunes pins.

On doit se servir de plants de deux ans, repiqués d'un an, bien vigoureux. Même avec des plants de première qualité, il est bon, vu la nature spécialement ingrate de ces sols et la variabilité des saisons, d'avoir en réserve, repiqués en terre de jardin, un certain nombre de forts plants d'un an, pour combler, à la saison suivante, les vides qui pourront se produire dans la plantation.

267. — **Bois épuisés ou morts.** — De tous les sols, ceux des anciens bois abattus ou épuisés nous paraissent les plus difficiles à replanter. Le repeuplement épuisé aura probablement pris à la terre une partie considérable des éléments nécessaires à la vie des arbres, surtout si ce repeuplement, lui aussi, avait été composé d'essences résineuses, comme dans le cas des bois de pins maritimes du Centre, détruits par les gelées en 1880.

Il arrive souvent alors que les jeunes plants avec lesquels on regarnit le sol se trouvent en proie au travail d'écorçage du grand charançon ou hylobe, qui, la sécheresse et les insolations aidant, arrive à les faire périr. Cet insecte se propage dans les souches mortes des pins qui occupaient précédemment le sol. Là où il abonde, il faudrait, avant de replanter le terrain, ou procéder à l'extraction de ces souches, ou bien attendre pendant deux ou trois ans leur décomposition, qui fait disparaître l'insecte en le privant du milieu nécessaire à sa reproduction.

Enfin, les anciens bois contiennent souvent dans leur enceinte, ou bien ont à proximité, le lapin, le plus mauvais voisin qu'on puisse avoir.

Lorsque ces terrains, occupés précédemment par des futaies, sont arides et complètement nus (ce qui indique en général un sol ingrat, car dans une terre passable, le couvert d'un bois enlevé, il lève presque toujours un repeuplement quelconque à sa place, soit d'essences utiles, soit de morts-bois), nous conseillons, vu les dangers que nous signalons, de planter comme en bruyère, avec de beaux plants de deux ans, dont un an de repiquage, et selon la méthode indiquée aux paragraphes 265 et 266.

Si au contraire la terre est fraîche et légère, on peut également employer des plants d'un an, forts et trapus, ou de deux ans de semis, pourvu qu'ils aient crû en lignes claires et qu'ils aient de bonnes racines. Là où il existe de hautes herbes ou des bruyères qui pourraient nuire aux plants par leur ombrage, on peut faire précéder les planteurs par un homme qui dégagera à la pioche une petite place pour chaque plant.

S'il lève sur le terrain un repeuplement naturel de jeunes plants, soit de feuillus, soit de résineux, semés par la futaie précédente, on doit planter à une distance plus grande, variant de 1m66 à 2m50, ou même à 3 mètres, selon la force de ce jeune repeuplement. Il faut éviter de placer le sylvestre sous l'ombrage, soit de cépées de taillis, soit de jeunes brins feuillus qui s'élancent, car les pins ne supportent pas d'être dominés, et dans ces conditions ils ne végéteraient que misérablement.

Dans certaines circonstances il peut être bon de propager le pin sylvestre au moyen de la plantation par touffes. (Voir paragraphes 226 et suivants, où ce procédé est pleinement décrit).

268. — Propagation du Pin maritime. — Le pin maritime ne se propage en général que par semis. Dans le Midi, il est quelquefois planté comme nous le décrirons plus bas, mais nous croyons que cette opération n'a lieu que sur une très petite échelle.

Cet arbre ne végète franchement que dans les sables profonds, sous un climat doux. Son aire commence, à notre avis, où celle du pin sylvestre finit; on doit donc borner sa propagation, comme essence permanente, aux sables du Midi et à ceux des régions maritimes de l'Ouest.

Nous croyons aussi qu'on doit éviter de le semer simultanément avec d'autres pins, même avec le sylvestre, surtout en terrain léger.

Poussant plus tôt et plus vite qu'eux, il les domine, et, s'il ne les étouffe pas, au moins il affaiblit et retarde singulièrement leur croissance. On peut, en le semant, planter à 2 mètres des sylvestres de deux ans. Ces plants, s'ils sont vigoureux, auront assez d'avance pour tenir tête aux jeunes pins maritimes.

Le pin maritime peut, au contraire, être semé avantageusement en même temps que les espèces feuillues, surtout le chêne. Aménagé avec intelligence, il peut rendre des services réels en abritant ces essences, en favorisant et en redressant leur croissance. Il n'a pas à cet égard l'inconvénient que présente son congénère le sylvestre ; celui-ci tend à accaparer le terrain entier, en étouffant tout autre végétal par son épais couvert et par ses racines, qui tracent dans toutes les directions.

Le semis du pin maritime est une opération des plus faciles, car la graine est assez grosse et n'exige pas de soins délicats à l'égard du recouvrement comme celle du sylvestre. En outre, elle est généralement de bonne qualité.

Si l'on n'est pas sûr de trouver de la graine fraîche et de bonne provenance dans les environs du lieu qu'on habite, on peut en faire venir de la Gironde, où elle se récolte sur une grande échelle. Les marchands qui la débitent se trouvent principalement, soit dans la ville d'Arès, de ce département, soit à Bordeaux.

269. — **Quantité de Semences.** — La quantité de graine à semer par hectare a été souvent très discutée, selon la préférence des sylviculteurs pour les semis épais ou clairs, la nature de leurs sols, et les débouchés dont ils disposent pour les menus produits des premières éclaircies.

Dans le voisinage des villes et des vignobles importants, il peut être d'une bonne administration de semer serré pour obtenir ces produits, et d'ailleurs quelques sols spécialement arides peuvent exiger un nombre de graines plus élevé, pour être couverts au même degré que d'autres plus favorisés.

Là où les menus bois n'ont pas une réelle valeur, il est préférable, dans l'intérêt de la vigueur du jeune repeuplement, de semer peu épais.

Un kilogramme de graine de pin maritime contient de 20,000 à 25,000 graines. Nous croyons donc que 4 · kilos par hectare, comprenant 80,000 à 100,000 graines prises dans de bonnes conditions et ayant subi une épreuve préalable, doivent amplement suffire.

270. — **Manière de semer.** — Nous recommandons le même semis en ligne que nous avons indiqué, aux paragraphes 243, 244, pour le pin sylvestre. On peut tracer les lignes à 1 mètre ou à 1m33 les unes des autres, selon que le semis doit être plus ou moins épais, en vue de produire plus ou moins de menu bois, et par conséquent de hâter ou de retarder la première éclaircie.

Quoique la graine de pin maritime n'exige pas une couverture fine comme celle du sylvestre, il faut pourtant tenir la main à ce qu'elle ne soit pas enterrée sous de trop grosses mottes par le hersage.

Si l'on sème en même temps des glands ou des châtaignes, il faut le faire en lignes séparées, afin que, si ceux-ci sont déterrés par les sangliers, la graine de pin puisse échapper à leurs ravages.

Les époques du semis doivent être les mêmes indiquées à l'égard du pin sylvestre au paragraphe 242. Dans le Centre, d'ailleurs, le pin maritime se sème habituellement, avec succès, en même temps que le sarrasin, au mois de juin.

271. — Nous empruntons à la *France agricole et forestière* l'extrait suivant d'un article très complet, très intéressant surtout à cause de son actualité, sur la culture du pin maritime dans les Landes, par M. le docteur Pallas, à Sabres :

« La surface totale des sols sablonneux des Landes et de la Gironde est de 1,200,000 hectares environ. Ses pins, grands ou petits, occupent à peu près la totalité de cette surface, la *lande* proprement dite tendant à disparaître. Chaque colon ou métayer travaille en outre un champ à céréales qui lui donne en seigle, maïs et millet de quoi vivre pendant l'année.

« On boise la lande suivant deux moyens principaux :

« 1° Semis sans labours ou avec labours ;

« 2° Plantation. »

10

Semis sans Labours, en pleine Bruyère. — « Système le plus généralement adopté comme coûtant le moins cher, les bergers devant veiller à leurs troupeaux pendant cinq ou six ans, après quoi le pignon (jeune pin) est défendable, c'est-à-dire que, devenu à cet âge plus haut que la brebis, celle-ci, ne pouvant plus atteindre son *sommet*, ne peut plus faire grand mal. »

272. — **Semis avec Labour.** — « On se contente généralement de trois ou quatre coups de charrue, opération qui n'est en définitive qu'un retournement de gazons plats sur une largeur de 1^m50 à 2 mètres, avec une longueur indéfinie ; cette bande labourée superficiellement prend le nom de *joualle* ; les joualles sont séparées par des espaces de 5 à 7 mètres laissés en lande. »

273. — **Plantation.** — « Plantation avec gazon ou motte. Ce gazon doit être assez solide, ne pas trop se déformer dans les transports ; il présente un cube d'environ 20 centimètres dans tous les sens ; afin que le gazon tienne, comme on dit, on prend toujours les plants dans les landes un peu basses. Ces plants, provenant toujours de semis en lande, et présentant une hauteur comprise généralement entre 1 mètre et 1^m30, sont portés en plein air sur des charrettes à l'endroit de la plantation. Ils sont placés ensuite dans des trous faits à l'avance ; l'ouvrier divise un peu la terre sortie du trou, le comble de façon à ne laisser aucun vide, le tout avec un tassement suffisant ; si l'été n'est pas trop chaud, la plantation sera bien réussie, sinon il y aura des morts, atteignant quelquefois la proportion de 10 p. 100. Quelque bien réussie que soit l'opération, le pin planté reste toujours de deux à quatre ans sans pousser beaucoup, après quoi il s'élance et s'allonge chaque année comme s'il provenait d'un semis sur place. »

La distance des trous est quelquefois de 8 mètres dans tous les sens, mais plus souvent elle est moindre, 4 mètres par exemple ; dans ce cas il y a beaucoup de pins à sortir aux éclaircies.

274. — Ces modes de culture, qui tiennent les pins extrêmement clairs, ont pour but spécial de favoriser la production de la résine, et le tempérament vigoureux du pin dans sa station naturelle lui

permet de s'en accommoder, et de dominer les bruyères et ajoncs qui, dans les contrées plus au nord, où le pin est moins rustique, gêneraient singulièrement sa croissance. Lorsqu'il est cultivé en massif forestier, pour son bois, on doit le maintenir modérément serré pour conserver un couvert continu sur le sol.

275. — **Propagation du Pin laricio. Semis.** — Le kilo de graine de pin laricio contient en moyenne 40,000 graines. Elles sont plus grosses que celles du sylvestre, moins que celles du maritime; elles donnent en général beaucoup de déchet, de sorte que la proportion germinative y est moins forte que chez ces deux essences.

276. — Les semis du laricio de Corse peuvent se pratiquer comme ceux du pin sylvestre (v. § 243, etc.). La quantité à semer, vu le déchet probable, serait de 7 à 8 kilos par hectare. Les prix du commerce varient généralement de 7 à 9 fr. par kilo; le prix de l'acquisition des graines, seul, serait donc de 50 à 70 fr. par hectare.

La graine de la variété de Calabre est rare et chère, de sorte qu'on ne peut pas songer à la semer à demeure.

277. — Le laricio doit être semé, à notre avis, sans mélange avec le sylvestre ou le maritime, car, sa croissance étant moins rapide pendant les premières années que celle de ces espèces, il risquerait d'être dominé et affaibli, sinon étouffé, par elles.

D'un autre côté, ce pin constitue une très bonne garniture pour les essences feuillues; il peut être semé en mélange avec celles-ci. On peut dans ce cas semer une quantité moindre de graines, en ayant soin de tenir les semis de feuillus en lignes séparées, comme nous l'avons recommandé à l'égard des pins sylvestre et maritime.

278. — **Plantation du Pin laricio.** — Cette opération exige l'emploi du plant repiqué, les racines du laricio étant moins chevelues que celles du sylvestre ou du noir d'Autriche et la conservation des plants de semis par conséquent moins facile. En raison du prix élevé de la graine et de sa qualité généralement médiocre, nous croyons la plantation préférable au semis et plus économique ; elle

réussit bien si elle est soigneusement exécutée et surtout si le plant est bien conservé.

Les plants de la variété de Calabre sont plus rares et un peu plus chers que ceux du pin de Corse; en revanche, ils sont peut-être plus rustiques au repiquage.

279. — **Éviter les Bruyères.** — Nous ne conseillons pas de planter le laricio sur les terrains acides qui se couvrent rapidement de bruyères très épaisses. Cet arbre a les racines latérales peu fournies et le couvert léger; nous le croyons donc peu fait pour étouffer la bruyère ou pour vivre en bonne intelligence avec elle.

Il végète bien dans les terrains maigres et aussi dans les calcaires, qui sont francs et qui lui permettent le libre développement de son pivot.

Vu la nature de ses plants, qui ont un fort pivot avec peu de racines latérales, il est indispensable d'en faire un bon choix. A notre avis, il faut rejeter les plants de deux ou trois ans de semis, et n'admettre que ceux de deux ans qui ont été repiqués un an en pépinière, ensuite les choisir forts, trapus, avec le plus de chevelu possible. Nous avons réussi en employant des plants d'un an, élevés en semis clair et par conséquent trapus et forts. Cependant il convient d'observer que ces plants, ayant les feuilles et le bourgeon plus tendres que ceux de deux ans, sont plus exposés à être broutés par le lapin ou le lièvre; ils se remettent de ces atteintes, mais leur croissance s'en trouve un peu retardée. Lorsque la pousse est devenue ligneuse, elle ne craint plus les dégâts du gibier. C'est là, nous l'avons vu, une des qualités les plus précieuses du laricio.

280. — **Soins à apporter à la Plantation.** — Nous conseillons de planter de la manière recommandée pour le pin sylvestre au paragraphe 198 ou au 199, selon que le lapin est plus ou moins à craindre, mais toujours en tranchant la motte et en ameublissant bien la terre autour des racines. Le plant doit être conservé et traité avec grand soin. S'il a été élevé chez le propriétaire planteur, il ne doit être extrait que le jour, ou tout au plus la veille de la plantation;

s'il vient de loin, il doit être mis en jauge avec toutes les précautions recommandées au paragraphe 190, et abrité du soleil et du vent aussi bien au moment de la plantation que pendant son séjour en jauge. Il est même bon de suspendre la plantation pendant les jours de chaleur ou de hâle qui se rencontrent souvent au printemps, et de ne planter que pendant les jours calmes, nuageux.

281. — **Espacement.** — Le couvert de cet arbre étant léger, nous pensons que les plants doivent être espacés de 1^{m}33 seulement, dans tous les sens. Si leurs branches se rencontrent de bonne heure, elles parviendront d'autant mieux à dominer les mauvaises herbes. Cette recommandation s'applique à la plantation du laricio pur ; s'il doit être mélangé aux feuillus comme garniture, il peut être planté à la distance de 1^{m}66, de 2 mètres, 2^{m}50 ou même de 3 mètres, selon la proportion de pertes qu'on croit possible et aussi selon l'épaisseur du repeuplement de feuillus, par lesquels les pins ne doivent jamais être dominés. Par cette raison, il faut veiller à ce que les ouvriers ne plantent pas les pins, sous prétexte d'espacement régulier, sous des touffes d'essences feuillues.

D'après le nombre nécessaire et le prix de ses plants et de sa main-d'œuvre, chaque sylviculteur peut calculer les frais de sa plantation (voir tableau des nombres de plants nécessaires, § 230, 235).

L'aménagement du pin laricio, comme celui du sylvestre, ne peut guère, chez le particulier, suivre d'autre système que celui d'éclaircies progressives, conduisant à une coupe à blanc étoc lors de la maturité des sujets ; ou bien, en montagne, celui du jardinage (enlèvement périodique, çà et là, d'arbres de tous les âges).

282. — **Propagation du Pin d'Autriche.** — La propagation du pin d'Autriche est facile ; il lève assez bien de semis, et son plant se repique, comme celui des sylvestres, avec pertes peu considérables. Mais, avant de procéder au reboisement avec le pin d'Autriche, il sera bon de se rappeler à quel terrain il *ne convient pas.*

Il est surtout utile, nous l'avons déjà constaté, dans les terres très calcaires ; partout ailleurs, où nous l'avons vu en France, excepté auprès des bords de la mer, il est dépassé en vigueur par le sylvestre, qui doit lui être préféré. Il faut surtout éviter de le planter dans les terres noires à bruyère, qui sont en même temps arides et surchargées d'acide carbonique, et où la forte croissance des bruyères qui survient tôt ou tard est funeste à ce pin. De telles terres doivent toujours être réservées au sylvestre, seul arbre capable de s'en emparer et d'y étouffer les plants nuisibles.

Il ne faut pas non plus croire, comme nous l'avons fait au temps de notre noviciat, à ceux qui assurent que le pin d'Autriche n'est pas mangé par le lapin. Ce rongeur, il est vrai, ne coupe que très rarement le plant du pin d'Autriche, mais il broute ses feuilles au ras de la tige, ce qui, dans la généralité des cas, arrête son développement. Il n'en meurt pas, mais il en reste souvent chétif et rabougri.

283. — **Semis.** — En terre sèche, nous préférons le semis à la plantation, à la condition d'opérer préalablement un labour, de façon à donner au sol un peu de guéret et de fraîcheur, et à le rendre perméable aux radicelles des petits plants qui y lèveront.

284. — **Quantité à semer par Hectare.**—En opérant les semis en lignes, comme nous l'avons recommandé au paragraphe 243, il suffit de 4 ou 5 kilos à l'hectare. Sa graine est de la même grosseur que celle du laricio de Corse, mais à l'encontre de celle-ci elle est généralement assez bonne. Elle peut être légèrement couverte, avec une herse fine, moins profondément que celle du maritime, plus que celle du sylvestre, sa grosseur étant intermédiaire entre celles de ces deux essences.

Il paraît (v. § 66) que ce pin a une affinité prononcée pour l'acide phosphorique. Il serait intéressant de semer en même temps que les graines, comme expérience, 200 kilos par hectare de phosphate de chaux. Il y aurait cependant à craindre que, dans les fonds frais, cet engrais n'activât trop la pousse des hautes herbes.

285. — **Plantation du Pin d'Autriche.** — Ses plants sont à peu près de la même force et de la même rusticité que ceux du pin-sylvestre. Ils se plantent absolument de la même façon (v. § 198, 199 et suivants.)

La terre où la plantation réussit le mieux est un sable frais; dans un sol graveleux et sec, la transplantation semble causer au tempérament du plant un choc dont celui-ci ne se remet que lentement et non sans *bouder* un an ou deux. Il faut également, nous l'avons dit, éviter de le planter dans de fortes bruyères ou dans des terres susceptibles d'en produire; il n'y végéterait que misérablement.

286.—L'espacement le plus généralement utile pour le pin d'Autriche est de 1m33. Son aménagement doit être le même que celui du pin laricio (v. § 281).

Quoiqu'il n'ait pas, comme le laricio, la propriété de pousser parfaitement droit, même à l'état isolé, il est moins disposé à «fourcher» ou à buissonner que le sylvestre d'Allemagne et se dirige très droit en massif. On peut donc lui donner le large espace nécessaire à tout arbre très riche en résine, en le tenant à la distance d'environ un tiers de sa hauteur à chaque étape de sa croissance. jusqu'au ralentissement de celle-ci.

287. — **Propagation du Pin d'Alep.** — Dans les terrains brûlants, rocailleux, où cette essence est spécialement utile, nous pensons que la meilleure manière de la propager sera toujours le semis, qui pourra, dans ces circonstances, s'opérer en potets (v. § 252.)

288. — La graine est pareille à celle du laricio, et son jeune plant est également pivotant, presque dépourvu de chevelu. Lorsqu'on a recours à la plantation, on doit donc se servir de jeunes plants repiqués, ou mieux encore planter par touffes de la manière décrite au paragraphe 226 et suite.

Son espacement, son aménagement et son exploitation seront les mêmes que ceux du laricio (v. § 281).

289. — **Propagation du Pin à Feuilles raides ou Pitch-pin** (*Pinus rigida*) (v. pour la description de cette espèce § 379).

La graine de cette espèce est rare et coûteuse en France; le seul moyen de propagation qui lui convient est donc la plantation.

Celle-ci se pratique absolument de la même façon que celle du sylvestre (v. § 184 et suivants). En raison du prix plus élevé des plants et de l'échelle plus restreinte sur laquelle la plantation de cette essence doit s'opérer, au moins pendant quelque temps, on peut faire mettre un peu plus de soin et de temps à la plantation.

Les plants sont parfaitement rustiques et poussent rapidement dès leur première année.

290. — Il convient d'employer des plants de deux ans, repiqués d'un an, et de veiller à ce qu'ils soient frais et bien conservés (v. § 190).

291. — **Espacement.** — Comme ce pin a une tendance marquée à dépenser son excès de vigueur en poussant de grosses branches latérales, et comme, en raison de cette particularité, son bois est souvent noueux, il ne doit pas être planté avec un espacement plus large que 1m33 dans tous les sens, et la plantation ne doit être éclaircie que très graduellement et avec une grande prudence.

292. — **Propagation du Pin du Lord Weymouth, appelé en Amérique Pin blanc** (*Pinus strobus*.) (Voir la description de ce pin au § 382.) — Pour la propagation de ce pin, aussi bien que pour celle du pin cembro, il ne faut compter que sur la plantation. Tous les pins à cinq feuilles lèvent difficilement, lentement et iné-galement de graines, et les semis demandent, même en pépinière, des soins méticuleux et assidus, qui ne sont pas toujours récompensés par une belle récolte de plants.

293. — **Plantation.** — D'un autre côté, la reprise des plants est très sûre ; nous en avons transplanté jusqu'à l'âge d'une dizaine d'années, sans soins très particuliers, quelquefois même de gros sujets sans mottes de terre, et toujours avec succès.

Il faut avoir soin de choisir, pour ce pin, un terrain favorable, c'est-à-dire léger, franc et frais, et de lui donner un large espacement (de 1m66 à 2 mètres), de façon à laisser développer les jeunes sujets en toute liberté, et de mettre en vue la forme élégante de leurs branches et de leur feuillage, la teinte gaie et agréable de l'écorce, etc. Si le pin est mélangé à des feuillus, il doit être plus espacé encore. Il est très propre à ce mélange, en raison de l'élégance de sa conformation et de son feuillage, et c'est en effet au milieu d'essences à feuilles caduques qu'il se trouve le plus souvent dans la station naturelle, qui s'étend sur tout le nord des Etats-Unis.

L'emploi de ce pin a été recommandé pour l'utilisation des tourbières assainies, où, dit-on, il végète avec une grande vigueur ; mais nous croyons qu'il est préférable de planter dans ces sols soit le pin sylvestre, soit l'épicéa. Ces essences ont une végétation aussi puissante que le pin Weymouth, et leur bois est bien supérieur au sien.

294. — **Propagation de l'Épicéa.** — La graine de l'épicéa est aussi fine que celle du pin sylvestre, à laquelle elle ressemble assez et même trop, car, comme elle est plus abondante et moins chère, les récolteurs de graines peu délicats la substituent souvent à celle du sylvestre, ou au moins la mélangent avec cette dernière. Elle ne s'en distingue que par sa teinte, brune rougeâtre. Cette falsification ne peut guère se découvrir qu'en essayant la graine, car les fraudeurs, pour imiter la teinte du sylvestre, ont soin de teindre celle de l'épicéa en noir.

295. — Cette graine, lorsqu'elle est coupée, doit, comme celle du sylvestre, montrer une amende blanche, à la fois grosse et ferme ; la sécheresse et la dureté de l'amande dénotent que l'on est en présence de vieilles graines. La proportion de graines vaines n'est pas en général considérable.

Le propriétaire particulier, pensons-nous, aura rarement avantage à semer l'épicéa sur place. Le petit plant est assez tendre, quoique moins que celui du sapin ; même en pépinière, il exige une culture soignée. Les semis en terre grossièrement cultivée ont donc peu de chances de réussir, car, quoique l'ombrage des herbes puisse avoir l'avantage de garantir les jeunes plants des ardeurs du soleil, il sera toujours à craindre qu'en automne ces herbes en s'affaissant n'étouffent les plants sous leurs poids. MM. Lorentz et Parade recommandent, en opérant des semis forestiers de cette essence, de procéder par bandes alternes labourées, qui doivent, pensons-nous, être orientées de l'est à l'ouest, pour laisser abriter les plants, du côté du midi, par les herbes ou arbustes qui couvrent la place entre ces bandes.

296. — Quantité de Graines à semer. — La graine d'épicéa, nous l'avons vu, est généralement bonne. Par contre, le semis de tous les sapins est toujours plus ou moins aléatoire, en raison de la délicatesse de leurs jeunes plants ; ceux-ci supportent bien, d'ailleurs, l'état de massif serré. Il y a donc lieu de semer d'une main un peu prodigue, d'autant plus que la graine est très bon marché. MM. Lorentz et Parade, s'inspirant sans doute de ces considérations, recommandent l'emploi, pour un semis partiel, de 13 à 15 kilos de graines ailées, ou 10 à 12 de graines désailées ; pour un semis plein, cette quantité doit être augmentée de moitié. Ces chiffres sont à notre avis exagérés, mais, pour les raisons que nous venons de donner, l'exagération en cette matière n'entraînerait pas de grands inconvénients.

297. — Plantation de l'Épicéa. — Ce mode de propagation est à notre avis celui qui convient le mieux au propriétaire particulier, quoique le semis puisse être utile sur de grandes étendues forestières où la main-d'œuvre se trouve difficilement. Avec la plantation, un résultat immédiat et régulier est assuré, d'autant plus que la reprise du plant d'épicéa est en général excellente.

298. — Choix des Plants. — On doit employer à cet effet soit des plants de deux ans, très beaux, provenant de semis en planches claires, soit des plants de trois ans, dont un an de repiquage. Ceux employés par M. de Manteuffel, en suivant sa méthode de plantation en buttes, qui paraît recommandable pour les terres humides et froides, avaient deux ans de semis (v. § 202 et suivants).

Le plant d'épicéa, comme celui de presque tous les sapins, ne fait qu'une très petite pousse pendant sa première année. Il a donc besoin de rester deux ans dans la planche avant d'être transplanté soit en forêt, soit en pépinière.

299. — L'épicéa, comme aussi tous les sapins, ne doit se planter que dans des terrains ayant une certaine fraîcheur, pour pouvoir fournir une croissance satisfaisante, quoique nous l'ayons vu bien végéter, au moins pendant vingt ans, sur des sols très secs. Sous le climat du Centre et dans les terres saines, il doit se planter de la même manière que le pin sylvestre (v. § 198 et suivants).

Il réussit bien, dit-on, dans les tourbières, à condition que celles-ci reçoivent préalablement un travail d'assainissement superficiel, consistant en un système de rigoles étroites et relativement profondes s'entrecoupant à angles droits (v. § 27). C'est dans ces conditions que la méthode Manteuffel doit avoir sa pleine valeur. La terre de tourbe extraite des rigoles, desséchée et ameublie, formée presque entièrement de matières organiques décomposées, constituera un excellent terreau pour le buttage.

L'épicéa peut aussi être utilisé pour le repeuplement des clairières, car il ne craint ni l'ombrage des arbres voisins, pourvu qu'il ne soit pas directement au-dessous d'eux, ni la concurrence de leurs racines.

300. — Époque de la Plantation. — Dans les terres saines, et où le lapin n'est pas à craindre, il y a lieu de préférer la plantation d'automne, pour que les plants, qui sont très susceptibles aux ardeurs du soleil, puissent s'enraciner dans leur nouvelle demeure avant les sécheresses, toujours possibles au printemps.

Dans les terres humides, froides ou tourbeuses, au contraire, et là où la méthode du buttage est suivie, la plantation au printemps s'impose ; il en est de même lorsqu'il faut attendre, en montagne, la fonte des neiges.

301. — Espacement. — L'épicéa se dirige toujours droit ; il conserve, aussi longtemps que l'épaisseur du massif le permet, sa forme pyramidale, et par conséquent il couvre bien la terre de ses branches basses, épaisses et serrées, la maintient fraîche et y prévient le développement des plantes arbustives. Au point de vue de la culture, il n'y a donc aucune raison de tenir l'épicéa en massif serré, quoique au besoin il puisse, bien mieux que les pins, s'en accommoder. Le planteur doit se guider sur ses conditions économiques, voir s'il a avantage à planter clair ou serré, en raison des frais de la plantation et du débouché plus ou moins avantageux dont il disposera pour les produits des premières éclaircies. Si cette condition n'est pas satisfaisante, il est inutile de planter plus serré qu'à

1^{m}50 ou 1^{m}66 en tous sens, dans les conditions ordinaires et où l'on n'a pas à craindre une proportion considérable de vides à regarnir. S'il s'agit de créer des abris, on pourra planter à 1^{m}33, espacement qui devrait largement suffire à fournir le couvert voulu.

Nous citons, au chapitre xii, d'intéressantes observations dont les résultats démontrent que l'accroissement en bois de l'épicéa est bien plus grand à l'état isolé ou clair qu'en massif serré.

L'épicéa, en raison de son port élancé et de sa forme pyramidale, se prête d'une manière admirable au mélange, dans les massifs, avec les espèces feuillues. L'étendue de ses branches basses maintient, nous l'avons dit, la fraîcheur et la propreté de la terre; elle empêche aussi les brins d'essences feuillues de trop se ramifier ou buissonner, tandis que sa tête svelte et élancée laisse toute la liberté nécessaire à leurs tiges; il les abrite des vents et les pousse à « filer ».

Associé avec le chêne, le châtaignier, le charme ou le hêtre, l'épicéa peut se planter à 1^{m}33, ou 1^{m}66 entre les plants, dans des rangs espacés de 2 mètres entre eux. A mesure que les brins feuillus prennent de la force, on éclaircit graduellement la garniture.

302. — **Aménagement.** — Le propriétaire peut choisir, selon ses circonstances locales, culturales et économiques, soit la méthode des éclaircies successives nécessaires aux bois artificiellement créés où tous les arbres ont le même âge, suivies d'une coupe à blanc étoc et d'un second repeuplement artificiel, soit la méthode naturelle, soit le jardinage : maintien d'un peuplement d'arbres de tous les âges avec éclaircies périodiques.

Les deux premières méthodes ne peuvent guère réussir qu'en plaine ou sur les coteaux et dans les vallons à pente modérée; sur les montagnes, où l'épicéa est le plus répandu, les massifs éclaircis ne pourraient résister aux violents coups de vent. Dans ces conditions, le jardinage devient le seul mode d'exploitation possible.

303. — **Propagation du Sapin argenté.** — Les semis du sapin sont toujours très aléatoires, en raison : 1° de la mauvaise qualité

de la graine, et 2° de l'extrême délicatesse des jeunes plants, qui restent longtemps très susceptibles d'un côté aux chaleurs et aux insolations, d'un autre côté aux gelées du printemps.

L'amande de la graine doit être blanche et grasse, avec une forte odeur de térébenthine. Le kilo contient environ 32,000 graines; elles sont assez grosses. Le semeur peut se considérer heureux si, en pépinière, il obtient une germination de 30 à 40 p. 100; dans les semis à demeure, la proportion sera évidemment encore bien inférieure.

« C'est principalement, disent MM. Lorentz et Parade, pour remettre en état des parties de forêts ruinées, couvertes de bois blancs, de morts-bois ou de broussailles quelconques, que l'on peut employer le semis du sapin. Comme le hêtre, dans ce cas, on sèmera le sapin par places, à l'ombre de ces broussailles, ou même on repiquera la graine, si elle est rare, mais en ayant soin de ne remuer la terre que le moins possible. La semence doit être recouverte, avec le râteau, d'une épaisseur de 6 à 9 millimètres.

« En général il faut semer abondamment, car la graine n'est pas toujours de bonne qualité, surtout lorsqu'elle a été conservée pendant quelque temps; et d'ailleurs les jeunes plants, fort tendres, ont plusieurs chances à courir. Pour un semis par bandes ou par pots, on peut employer de 40 à 45 kilos de semence ailée, et de 36 à 40 kilos de semence désailée, par hectare.

« Ordinairement on sème depuis la fin de l'hiver jusque vers la fin de mai, selon que les gelées printanières sont plus ou moins à craindre. Dans ce cas, les jeunes plants paraissent au bout de quatre à six semaines. »

304. — **Plantation du Sapin.** — Pendant les deux premières années, le jeune plant de sapin ne pousse que d'environ 7 centimètres au-dessus de la surface du sol; il se contente d'émettre un pivot qui a souvent sept fois la longueur de sa tige. La tigelle est très tendre et a besoin d'abris contre le soleil et la gelée.

En pépinière, il est donc nécessaire de laisser les jeunes plants de sapin deux ans dans les planches de semis avant de les repiquer, et il faut un an de repiquage pour le développement d'un chevelu suffisant pour remplacer le pivot — organe essentiel raccourci lors du premier déplacement — et pour assurer la reprise du plant. Il s'ensuit que le planteur doit se servir de plant de trois ans, dont un an de repiquage.

Toutes les observations que nous avons faites plus haut (§ 297 et suiv.) au sujet de la plantation de l'épicéa (aussi bien que des mérites de ce procédé comparé avec celui du semis), s'appliquent également à celle du sapin, avec cette seule différence que le tempérament tendre du plant demande un soin tout particulier dans le travail.

Dans les repeuplements artificiels du Jura, on remplace ordinairement le sapin par l'épicéa, en raison de la croissance plus rapide de ses jeunes plants et de leur plus grande rusticité au soleil.

305. — Le sapin, en effet, s'élève moins facilement en pépinière que l'épicéa; il supporte moins bien les ardeurs de l'été, et dans la plupart des localités ses jeunes plants ont besoin d'un abri (celui des herbes environnantes ou bien des arbres voisins) contre les rayons du soleil levant après des nuits de gelée au printemps.

306. — Dans les futaies dépérissantes, on peut planter le sapin en sous-étage pour prendre la place des arbres existants lorsqu'il faudra les enlever. Cette espèce peut rester longtemps dominée sans perdre de sa vitalité; c'est même dans ces conditions qu'il a le plus de chances de réussite, étant protégé du soleil et de la gelée par le couvert de la futaie.

Aussi, dans ces conditions, cette espèce se propage naturellement avec la plus grande abondance qu'on puisse remarquer chez une essence forestière. Sous des futaies un peu claires on peut voir le sol presque tapissé de jeunes plants de sapins.

Tout récemment, nous avons eu le plaisir de visiter, dans les montagnes d'Auvergne, de belles plantations de cette essence, créées par les soins intelligents de M. Bertrand, inspecteur des forêts à Clermont, sous l'abri de pins sylvestres de vingt-cinq à trente ans.

A cet âge, le pin ne gêne plus le sapin par l'épaisseur de son couvert, et celui-ci, poussant en sous-étage, sera prêt à remplacer le premier au fur et à mesure de son exploitation.

307. — Espacement et Aménagement. — Le sapin peut être traité, sous ce double rapport, de la même façon que l'épicéa (v. § 301); il peut au besoin supporter, et plus longtemps, un massif plus serré. Il se prête aussi bien que lui au mélange avec les feuillus, et il est souvent cultivé ainsi avec le chêne, et surtout avec le hêtre.

308. — Propagation du Mélèze. — Les semis de mélèze, pensons-nous, ne conviennent nullement aux particuliers. La germination de la graine est lente et inégale, et le jeune plant, comme celui du sapin, craint les ardeurs du soleil en été et les gelées intempestives au printemps. La graine est extérieurement aussi grosse que celle du pin sylvestre ou de l'épicéa, mais elle se compose d'une amande fort menue sous une coque relativement très épaisse et très dure. On court donc, en semant le mélèze, tous les risques d'insuccès qui menacent les semis de graines très fines, et le propriétaire fera bien, dans la plupart des cas, de laisser les semis aux pépiniéristes et de procéder au reboisement par la plantation.

309. — Plantation du Mélèze. — Le mélèze est essentiellement un arbre des montagnes ; c'est là, à une élévation modérée, exposé aux rudes caresses des vents du nord, qu'il atteint sa plus belle taille et que son bois développe les qualités qui en font presque l'égal du chêne.

Si on le plante en plaine, il faut éviter d'un côté les fonds humides, où il risquerait d'être atteint par la pourriture, d'un autre côté les coteaux secs exposés aux ardeurs du soleil du midi ; bref, il lui faut un sol léger, sain et profond, par conséquent frais. Nous l'avons vu, en Sologne, prospérer admirablement sur les talus des fossés et le long des allées des plantations, où il trouve en même temps l'assainissement et la fraîcheur. Dans un sol de cette nature, il paraît très bien supporter la concurrence des bruyères, même très vigoureuses.

Tout ce que nous avons dit sur la plantation du pin sylvestre s'applique également à celle du mélèze, tant sous le rapport du travail de la plantation que sous celui de la saison où elle doit être exécutée, de l'espacement qu'il convient de donner aux plants, etc. Le lecteur n'aura donc qu'à consulter, pour ses renseignements, les paragraphes 198 et suivants. Cependant, le plant d'un an étant trop tendre pour être planté à demeure, il faut employer ceux de deux ans, repiqués d'un an.

Le plant de mélèze est très rustique à la reprise et ne craint que les très fortes insolations, pendant une année ou deux après la plantation. Nous avons quelquefois vu rabattre sa jeune pousse par les gelées du printemps; mais la croissance extrêmement vigoureuse du plant lui permet de surmonter bientôt cette légère atteinte.

310. — **Mélange avec d'autres Essences.** — Le port léger et droit du mélèze le rend très propre à être associé, dans les stations qui lui conviennent, soit avec les essences feuillues, soit avec celles des résineux plus rares et plus précieux que lui. Il peut dès lors être espacé plus largement qu'à l'état pur, comme nous venons de le recommander à l'égard de l'épicéa (§ 301).

311. — **Aménagement.** — Dans les régions montagneuses, la méthode applicable au mélèze, comme à l'épicéa, sera plutôt le jardinage que la coupe à blanc étoc, pour les massifs qui commencent à mûrir. Les plantations artificielles, quand elles commenceront à être trop serrées, seront éclaircies avec d'autant plus de prudence qu'elles seront plus exposées à la violence des vents, comme cela est surtout le cas sur les pentes rapides.

PROPAGATION DES ESSENCES FEUILLUES

312. — **Le Chêne.** — Le chêne, le plus précieux peut-être de tous les arbres forestiers, est aussi, heureusement, un des plus faciles à propager.

313. — **Pépinières de Chêne.** — C'est donc l'essence la plus

facile à élever en pépinière. Grâce au volume considérable du gland, qui permet de le recouvrir suffisamment pour qu'il souffre peu de la sécheresse, souvent à craindre à la surface, en raison aussi de la forte provision de nourriture albumineuse que la composition du gland ménage au petit plant, celui-ci lève avec beaucoup de vigueur et de rusticité ; il émet immédiatement un pivot beaucoup plus long que la tigelle et qui va puiser dans le sous-sol toute la fraîcheur nécessaire.

Il est donc vigoureux dès son début, et, s'il se trouve en terre fraîche, les plus fortes chaleurs ne font qu'activer sa croissance.

A la seconde année, il est vrai, le plant craint les gelées intempestives du printemps, surtout s'il se trouve dans un bas-fond ou dans un sol humide, où l'on remarque souvent que le chêne a ses pousses rabattues jusqu'à ce qu'elles atteignent une taille qui les met à l'abri de cet accident. Mais le tempérament vigoureux de l'essence prend bientôt le dessus, et la croissance du plant est peu retardée.

Pour former une pépinière de chêne, il suffit, après avoir bien assaini, défoncé et nivelé le sol, de tracer des sillons ou raies avec une *mare* ou houe de vigneron, dans lesquelles on sème les glands à 3 centimètres les unes des autres. On laisse entre les raies un espace égal à leur largeur, et l'on recouvre chaque raie avec la terre extraite de la suivante.

Quand le gland est de bonne qualité, sa germination est pour ainsi dire infaillible, et, lorsque le jeune plant a paru hors de terre, son développement est presque assuré, à moins que cette semence ou ce jeune plant ne soit mangé ou déterré par quelque bête malfaisante.

Nous avons vu des semis de chêne, dans leur premier printemps, noyés sous les eaux et ravagés par les sangliers, laisser cependant sur le sol un repeuplement très suffisant et encore vigoureux.

314. — **Le Gland et sa Conservation.** — La chair du gland

11

doit être blanche et ferme, et bien remplir son enveloppe ou coque. Jeté dans l'eau, le gland doit tomber au fond; ceux qui surnagent seront rejetés.

315. — Le seul point délicat à l'égard de cette semence, c'est sa conservation. Elle se récolte en automne, mais la semer à cette époque serait l'exposer aux intempéries de l'hiver et aux ravages de nombreux animaux affamés, qui sont friands d'une nourriture si succulente pendant une saison de disette générale. Aussi, dans la plupart des cas, faut-il garder les glands jusqu'à la fin de l'hiver et les semer en février ou mars.

La meilleure méthode de conservation est la suivante : on fait une place bien sèche en ouvrant, tout autour, un fossé circulaire, on en garnit le fond avec un lit de paille ou de feuilles sèches, de 20 centimètres d'épaisseur; on pose dessus une couche de glands, préalablement ressuyés sous un hangar, épaisse de 33 centimètres; par-dessus on met encore 20 centimètres de paille ou de feuilles mortes, et ainsi de suite en alternant les couches. On couvre le tout d'un toit de chaume, que l'on peut tasser en y appuyant des bois, ou couvrir de terre sablonneuse, en évitant que celle-ci touche aux glands, ce qui provoquerait leur germination. On a également recommandé de les stratifier par couches alternes avec du sable sec; nous avons essayé de cette méthode, mais le résultat ne nous a pas encouragé à la suivre; le gland y germait en très grande proportion, et en le déterrant nous y avons trouvé des pousses ayant jusqu'à 10 centimètres de longueur.

Quelques forestiers soutiennent qu'il est bon de laisser ainsi germer le gland et d'en supprimer la pousse; qu'ainsi traité, la radicule, qui repousse avec moins de vigueur, tend à former des racines fibreuses avec un pivot peu développé. Cette considération n'a de valeur que pour les pépinières; dans les semis naturels, il vaut mieux que la racine se développe avec toute sa force naturelle.

Une autre méthode de conservation consiste à mettre les glands dans des tonneaux ou des caisses, qui sont ensuite enfoncés sous l'eau. Il faut naturellement que cette eau soit courante, ou au moins qu'elle se renouvelle suffisamment pour éviter le croupissement et la décomposition. Mais tout le monde n'a pas à sa disposition le volume d'eau ni le nombre de caisses et de tonneaux nécessaires pour pratiquer cette méthode sur une grande échelle. Nous croyons donc qu'il vaut mieux s'en tenir au premier procédé, qui est le plus simple et le plus praticable dans toutes les circonstances. C'est du reste, à peu de chose près, le même que celui généralement usité pour la conservation des pommes de terre en plein champ; vu la plus grande valeur de la semence, il peut être exécuté avec un peu plus de soin. La condition essentielle, c'est de préserver de l'humidité et de la pourriture le gland lui-même, ainsi que toutes les matières mises en contact avec lui.

316. — Semis. — Cette méthode se recommande au sylviculteur dans les années de glandée, et dans les localités où les fouilles des sangliers et les ravages des mulots ne sont pas à craindre. Ces derniers dangers peuvent être évités ou diminués en ayant soin d'enduire le gland de minium, procédé recommandé et décrit au paragraphe 178.

317. — Dans les reboisements à exécuter en plaine, il vaut mieux semer en lignes qu'à la volée; on épargne ainsi le gland et on simplifie l'exploitation des massifs futurs, tout en assurant la circulation de l'air dans le jeune peuplement, car le chêne est une essence de lumière et supporte mal le massif serré. Mais, comme en même temps il n'a lui-même qu'un couvert léger, insuffisant, dans la plupart des cas, pour maintenir la fraîcheur et la propreté du sol, on trouve en général utile et même nécessaire de lui adjoindre une *garniture*. Celle-ci peut consister, s'il s'agit d'un semis, en pin maritime, essence économique à semer, levant bien, et donnant un couvert suffisant au sol sans être assez épais pour nuire à l'essence feuillue, comme on pourrait le craindre si on employait le pin sylvestre, essence supérieure à la vérité, mais trop envahissante. Selon la région où l'on se trouve, on peut employer, comme garniture, au lieu du pin maritime, le laricio, le mélèze,

l'épicéa, le sapin argenté, le charme ou le hêtre, mais pour la constituer avec ces essences, nous croyons la plantation préférable au semis.

Le semis en lignes (v. § 243), peut s'effectuer sur un labour plein ou partiel au gré du sylviculteur, et selon que les lignes occupées par la garniture doivent être semées ou plantées. Le gland doit être recouvert, à la herse, de 4 ou 5 centimètres en terre forte, de 5 ou 6 en terre légère.

318. — Dans les terres à forte pente, exposées à être ravinées par les grandes pluies, on doit semer par bandes alternes croisant la pente à angle droit, afin que les espaces gazonnés, alternant avec les labours, puissent arrêter les particules de terre labourée que les eaux commencent à charrier. On peut également semer en potets (v. § 252) espacés de 1 mètre ou de 1m33 dans tous les sens, ou encore, au moyen d'un plantoir ferré, planter le gland à un ou deux dans chaque trou, ces trous étant espacés d'un mètre l'un de l'autre. Ce procédé s'applique surtout aux terrains légers et profonds.

319. — **Quantité de Glands à semer à l'Hectare.** — Pour un semis plein il suffit de 4 ou 5 hectolitres à l'hectare ; le semis en lignes n'exige que de 1 à 2 hectolitres. Les quantités prescrites dans la plupart des publications sur ce sujet sont très exagérées, pour cette semence comme pour presque toutes les autres. Les semis par potets et les plantations de gland exigent naturellement une quantité moindre, et qui varie selon l'espacement adopté.

Le gland varie beaucoup de grosseur et par conséquent de poids, mais, selon l'estimation de M. Bagneris, le chêne pédonculé, dont la végétation, en sol convenable, est un peu plus uniforme que celle du rouvre, peut donner en moyenne, pour un hectolitre, qui pèse ordinairement entre 50 et 60 kilos, de vingt-deux à vingt-six mille glands. Vu la bonne qualité de la semence et la rusticité du jeune plant, le sylviculteur peut juger si les quantités que nous venons d'indiquer suffisent à garnir son terrain, dût-il obtenir seulement un plant pour quatre glands semés.

320. — **Plantation du Chêne.** — Le jeune plant du chêne, mal-

gré sa nature pivotante, est d'une reprise très facile. L'espèce commune émet ordinairement, autour de son pivot, un certain nombre de racines latérales, chevelues, suffisantes pour assurer sa reprise en saison ordinaire. Le tauzin a le pivot beaucoup plus nu, mais il n'est pas difficile à planter ; pour notre part, nous l'avons toujours vu bien reprendre. Comme toutes les espèces qui se reproduisent par drageons, il est doué d'une grande vitalité.

321. — **Age des Plants**. — Chez les plants de deux ans, repiqués d'un an, le raccourcissement du pivot assure, avec la commodité de la plantation, le développement d'un chevelu vigoureux. Mais nous ne conseillons pas d'employer, sur une échelle considérable, des plants plus âgés : c'est là, à notre avis, une grande erreur. (V. § 183.)

Les plants d'un an, élevés en terre franche, bien développés et vigoureux, sont également très propres à la plantation. Ils réussiront mieux que de gros plants de trois ou quatre ans, forcément mutilés de la plus grande partie de leurs racines, et qui sont exposés à être ballotés, peut-être couchés par les vents.

Le chêne commun, soit sessiliflore, soit pédonculé, exige un sol frais et substantiel, ou au moins profond, pour atteindre un beau développement. Ajoutons que là où sa croissance doit être médiocre ou mauvaise, il ne vaut pas, au point de vue forestier, la peine de le cultiver. Seuls, le tauzin et le chevelu (*cerris*) peuvent se contenter de terrains maigres et secs.

La plantation du chêne peut s'opérer, au gré du sylviculteur, et selon les circonstances où il se trouve, de l'une ou de l'autre des façons indiquées au paragraphe 198 et suivants. Il faut que les trous ou poquets soient assez larges et assez profonds pour recevoir toutes les racines des plants, qui sont généralement volumineuses. On doit donc se servir, pour les faire, d'outils grands et solides. Si les pivots sont trop longs pour entrer dans les poquets profonds d'une bonne pique de bêche ou de pioche, il faut les raccourcir juste de l'excédent de la longueur, en évitant de sacrifier des racines latérales ou fibreuses.

Pour la saison de la plantation, nous renvoyons aux observations générales des paragraphes 191 et suivants.

322.— **Espacement**. — Quand on plante du chêne pur, le meilleur espacement est celui de 1ᵐ33. Si une garniture est adjointe, on pourra garder la même distance entre chaque plant dans les rangs, et placer ceux-ci à 2 mètres l'un de l'autre, chaque rang étant alterné avec un rang de l'essence qui sert de garniture. Il y aura donc un intervalle de 1 mètre seulement entre chaque rang de chêne et chaque rang de l'autre essence, qu'elle soit résineuse ou feuillue.

323. — **Aménagement**. — Le propriétaire particulier ne peut guère, en général, exploiter le chêne qu'en taillis ; la futaie pleine, chez lui, est un objet de luxe et de fantaisie. Nous n'avons qu'un mot d'avertissement à adresser à cet égard aux jeunes sylviculteurs. Une futaie convenable ne peut s'élever que sur de très bons sols ; les terres maigres, sèches, et, en général, toutes celles qui sont peu profondes, sont trop faibles pour la porter. A moins d'être parfaitement sûr de la qualité de son terrain, il ne faut pas céder à la tentation qu'on éprouve, en voyant un gaulis bien venant, de l'éclaircir et d'en conserver les meilleurs sujets pour devenir des arbres. On sacrifie ainsi un bon taillis pour avoir une mauvaise futaie, et on se décide, trop tard, à renouveler le massif par une coupe, qui aurait dû avoir lieu avant que les souches fussent fatiguées par une révolution trop longue pour la nature du sol. Le taillis-sous-futaie est actuellement très en faveur, les réserves, si le sol peut les porter, étant plus productives que le taillis, en raison des bas prix des bois de feu et du charbon.

324. — **Propagation du Châtaignier**. — Le châtaignier se propage facilement, soit par la plantation, soit par le semis. Cependant, le jeune plant étant susceptible de geler au printemps, il convient de donner la préférence à la plantation dans les régions où les gelées sont fréquentes et fortes.

325. — **Semis**. — Ce que nous venons de dire du semis du chêne est presque entièrement applicable à celui du châtaignier. La semence, qui est plus grosse que le gland, est aussi facile à vérifier et à con-

server, et sa germination est aussi sûre ; elle est exposée aux
attaques des mêmes ennemis, et elle peut en être préservée de la
même façon. Les châtaignes varient tellement de grosseur qu'il est
impossible d'en calculer le nombre moyen qui peut être contenu
dans un certain poids ou dans une certaine mesure. Mais il n'est pas
inutile d'observer que les petites châtaignes, pourvu qu'elles soient
récoltées sur des arbres bien portants et qu'elles soient saines et
pleines, produisent des plants aussi vigoureux, et qui feront d'aussi
beaux arbres que les grosses.

Il n'y aura donc pas d'inconvénient et il y aura économie à préférer les petits fruits, quand il s'agit de semis forestiers.

326. — **Pépinières.** — Le châtaignier peut être semé en pépinière de même façon que le chêne. (V. § 313.)

327. — **Conservation de la Graine.** — La méthode que nous
avons recommandée au sujet de la conservation du gland doit aussi
bien réussir pour celle de la châtaigne. Mais comme, en général, on
en fait des semis beaucoup plus restreints que ceux du gland, nous
avons généralement vu employer, et nous avons employé nous-
même un autre moyen de conservation. Celui-ci consiste tout
simplement à mettre les châtaignes, bien ressuyées, dans des caisses
que l'on enterre dans du sable sec. On peut couvrir le dessus des
caisses soit avec des planches, soit avec de la paille, des aiguilles
de pin ou de la mousse (toutes bien sèches), afin de prévenir la
germination prématurée qui pourrait résulter du contact du châtaignier avec la terre, celle-ci fût-elle même un sable sec.

La châtaigne, comme le gland, ne se conserve qu'un seul hiver ;
il faut la semer pendant le printemps qui suit la récolte.

Exécution du Semis. — Le semis, soit pur, soit en mélange
avec d'autres essences, s'opère absolument de la même manière que
celui du chêne (§ 316 et suivants).

328. — **Mélange avec d'autres Essences.** — Dans les régions où,
comme dans certaines parties du Centre, le jeune taillis de châtaignier est exposé à souffrir des gelées printanières, il est très
utile de lui adjoindre, dans des proportions égales, le bouleau.

Cette essence, aussi hâtive au printemps que le châtaignier est tardif, et qui ne souffre jamais en aucune façon du froid, a déjà poussé ses feuilles alors que les bourgeons du châtaignier commencent seulement à s'ouvrir. Le feuillage léger du bouleau tamise les rayons horizontaux du soleil levant, et forme une sorte de voile qui permet aux bourgeons ou aux rameaux du châtaignier, atteints par le froid, de dégeler lentement et sans dangers pour leurs tissus. Le bouleau n'est pas une essence empiétante et n'épuise nullement la terre ; son taillis pousse avec la même rapidité et sert à peu près aux mêmes usages que celui du châtaignier ; leur association est donc recommandable à tous les points de vue, pourvu qu'elle ait lieu dans un terrain franc, et sans trop d'acidité ; car le couvert léger de ces deux essences serait tout à fait insuffisant pour empêcher la croissance des bruyères qui se développeraient infailliblement dans les terrains très acides.

Le châtaignier peut, comme le chêne, être élevé en mélange avec le pin maritime, l'épicéa ou le mélèze ; mais nous croyons que son taillis supporte très mal l'ombrage.

329. — Plantation du Châtaignier. — Cette opération se pratique absolument de la même façon que celle du chêne (v. § 320 et suivants), tant pour le choix des plants que pour l'exécution du travail et pour l'espacement, soit que le châtaignier se plante pur, soit qu'on le mélange avec d'autres essences.

330. — Saison de la Plantation. — On doit planter au printemps, afin que la croissance du jeune plant, retardée par la transplantation, puisse éviter les gelées de cette saison. (V., sur le mélange avec le bouleau, § 328.)

331. — Aménagement. — Le régime forestier du châtaignier doit être le taillis, qui se coupe à des révolutions de six à neuf ans, selon la qualité de la terre qu'il occupe. Les futaies de châtaignier sont rares, et nous ne voyons pas d'intérêt forestier à en créer ; l'arbre est généralement cultivé comme essence fruitière, et les soins à apporter à son traitement entrent dans le domaine de l'arboriculture.

332. — **Propagation du Hêtre.** — Le semis du hêtre, comme celui du sapin, exige en pépinière des soins minutieux et assidus. Nous pensons donc que le propriétaire particulier fera toujours mieux de planter que de semer à demeure, à moins de jouir d'un climat exceptionnellement frais, ou de viser à la constitution d'un sous-étage en forêt, devant lever à l'ombre des arbres de futaie; car les plants de cette essence exigent un abri prolongé.

333. — Plusieurs forestiers recommandent le procédé de Cotta qui consiste à butter les lignes de semis de cette essence, aussitôt levées, jusqu'aux cotylédons : ce procédé, tout en n'étant pas défavorable à la croissance du jeune plant, comme on pourrait le croire, aurait pour effet d'en abriter la partie la plus susceptible, le collet, des ardeurs du soleil. Nous avons essayé, en pépinière, de cette méthode, suffisante peut-être en Allemagne ; mais, dans notre climat du Centre, plus sec et plus chaud, elle n'a pas réussi ; après avoir perdu une quantité considérable de nos plants, nous avons dû recourir au système ordinaire des abris artificiels.

334. — Le faîne se conserve et se sème de la même façon que le chêne, et sa germination est en général aussi bonne. Mais, en raison de l'extrême délicatesse des plants, nous ne pouvons conseiller aux propriétaires d'en entreprendre les semis à demeure, sauf dans les conditions exceptionnelles que nous avons indiquées plus haut.

335. — **Plantation du Hêtre.** — Pour une plantation de hêtre il faut un sol frais et divisé, et il est bon de choisir, quand on le peut, une exposition au nord, au nord-est ou au nord-ouest.

On doit se servir de plants de deux ans, bien vigoureux, qui, à partir de cet âge, mis en terre fraîche, peuvent se passer d'abris. Le plant du hêtre est bien moins pivotant que celui du chêne; il peut être planté de la même façon et aux mêmes distances. (V. § 320 et suiv.)

Cette essence est souvent mêlée au chêne, sur les coteaux, pour donner la couverture nécessaire à la terre. Dans ce cas, les lignes des deux espèces peuvent être alternées comme nous l'avons déjà indiqué au paragraphe 322.

Sur les versants de montagne, trop exposés aux coups de vent ou trop couverts de bruyères pour être plantés immédiatement avec cette essence, elle peut être introduite en sous-étage, avec du sapin, à l'abri d'une première plantation de pin sylvestre ayant environ vingt-cinq ans. (V. § 306.)

336. — **Aménagement.** — Le propriétaire choisira le mode d'aménagement qui lui conviendra le mieux, en raison de l'usage qu'il peut faire des produits de sa forêt; il convient pourtant de faire remarquer que le hêtre ne se prête guère à l'exploitation en taillis, car il repousse difficilement de souche. On a observé que si, dans quelques terrains, les souches produisent des rejets, cette faculté se perd à la seconde ou à la troisième révolution, à moins qu'on ne coupe au-dessus du nœud de l'exploitation précédente; dans d'autres terrains, les souches meurent immédiatement après la première coupe. Il convient donc de faire cette opération avec une extrême prudence, après s'être assuré, par des essais sur un nombre limité de sujets, de la vitalité des souches et de la meilleure manière de l'entretenir.

337.— **Propagation du Charme.** — Pour le charme comme pour le hêtre, le seul moyen pratique de propagation, c'est la plantation. Son jeune plant, à la vérité, est plus rustique que celui du hêtre; il ne demande un abri que dans les terres chaudement exposées, et pendant la première année seulement.

338. — Mais il est difficile à obtenir, ce jeune plant; la graine lève mal et tardivement, en général la seconde année seulement; il faut donc la stratifier dix-huit mois avant de la semer, et même alors on ne peut guère compter sur une germination abondante. Inutile de dire que le sylviculteur, dans la plupart des cas, fera bien de laisser ces soins aux pépiniéristes.

Le kilogramme de cette semence renferme environ 22,000 graines.

339. — **Plantation du Charme.** — Cette essence n'est pas difficile à l'égard de la qualité du sol, pourvu qu'il soit frais et profond. Dans les plaines, le charme peut être employé, comme le hêtre dans les montagnes, en mélange avec le chêne; il abrite ce

dernier de son épais feuillage, en même temps qu'il maintient la fraîcheur du sol. Repoussant franchement de souche, il doit être préféré au hêtre pour la constitution des taillis : il est aussi, nous l'avons vu, plus rustique à la plantation.

Les plants peuvent être mis en terre, en massif pur ou mélangé, de la même façon que ceux du hêtre et du chêne. (§ 320 et suiv.)

340. — **Aménagement.** — L'aménagement de cette essence dépendra de l'usage auquel elle doit servir; si elle est destinée à rester associée au chêne, elle suivra l'aménagement de celui-ci, soit en taillis, soit en futaie. Elle est peu propre à constituer des réserves au-dessus du taillis, en raison de son épais couvert qui appauvrirait les brins sous lui; il faut pourtant laisser des porte-graines, qui doivent être placés autant que possible sur les bordures, où ils seront peu nuisibles au taillis et pourront même rendre service comme abris contre les vents.

Le propriétaire particulier aura rarement avantage, croyons-nous, à élever des futaies pures de charme. Le régime le plus applicable à cette essence, cultivée seule, est celui du taillis, en raison de l'excellence de son bois de chauffage.

341. — **Propagation de l'Orme.** — Les jeunes plants de l'orme sont rustiques à partir de la seconde année; pendant la première, ils demandent aux pépiniéristes des soins assidus. La graine, qui mûrit en juin, doit être semée pendant ce même mois, car elle ne se conserve pas; les jeunes plants prennent donc naissance pendant les ardentes chaleurs de l'été, et leur élevage est difficile. A la seconde année, leur reprise est très sûre, comme est celle de toute espèce qui se propage de drageons. Ils sont rustiques à la gelée comme au soleil.

La croissance du plant est très rapide; le meilleur âge pour son emploi est donc celui de deux ans. La plantation peut s'opérer absolument dans les mêmes conditions que celles des espèces précédentes. (V. § 320 et suiv.)

342. — **Propagation du Bouleau et de l'Aune.** — Le propriétaire qui ne possède pas de pépinières bien organisées ne peut songer

à semer ces essences, dont les graines, d'une excessive finesse, exigent (surtout celles du bouleau) des soins tellement méticuleux que les pépiniéristes eux-mêmes n'arrivent pas toujours à un bon résultat.

343. — La plantation est donc la seule méthode possible pour la propagation de ces espèces. C'est en général le plant de deux ans que l'on emploie, et, s'il est dans de bonnes conditions, sa reprise est certaine. Pourtant il importe aux jeunes plants que le premier été qui suit leur plantation ne soit pas trop brûlant, sans quoi une certaine proportion de pertes serait possible. Le bouleau s'accommode des terrains les plus ingrats, pourvu qu'ils puissent conserver un peu de fraîcheur, et qu'ils ne soient pas occupés par de hautes et fortes bruyères. Les sols fortement imprégnés d'humidité ne lui sont nullement contraires.

Mais la véritable essence pour le reboisement des terres marécageuses qu'il est impossible d'assainir, les berges des rivières, les alentours des étangs, c'est l'aune commun. Nous devons pourtant constater que nous l'avons vu languir, comme le bouleau, dans des friches marécageuses d'une excessive acidité. D'un autre côté, dans les terres qui lui conviennent, cette essence croît avec une rapidité extraordinaire, plus grande même que celle du bouleau.

344. — L'espacement moyen de la plantation du bouleau et de l'aune doit être de 1m33 dans tous les sens ; la manière de l'exécuter (opération très facile, pourvu que les soins ordinaires soient observés) est décrite aux paragraphes 198 et suivants.

345. — Nous ajouterons à l'égard de ces deux genres, qui composent la famille des bétulacées, qu'ils sont très peu sujets à être attaqués par le gibier. Le lapin peut ronger çà et là une jeune cépée de bouleau, mais il n'attaque une plantation considérable de cette espèce que lorsqu'il manque de toute autre nourriture. Quant à l'aune, c'est la seule espèce ligneuse à laquelle nous ne l'ayons jamais vu toucher.

346. — **Propagation de l'Acacia** (*Robinier faux-acacia*). — L'acacia ne se sème guère qu'en pépinière, où il lui faut, pour

une bonne levée, une terre légère, fraîche, bien ameublie. Il est quelquefois difficile d'obtenir des semences bien fraîches de cette espèce.

Cependant, sur les versant abrupts et pierreux, où la plantation serait difficile, il peut être avantageux de semer l'acacia au potet. On ameublit la place à coups de pioche, et on y sème cinq ou six graines, qui doivent être recouvertes de 10 à 15 millimètres de terre selon que le sol est plus ou moins léger. Il faut, bien entendu, veiller à ce que l'ouvrier ne couvre pas les potets de pierres que le germe de la plante naissante ne pourrait soulever pour arriver à la lumière, mais bien de quelques brins légers d'épines ou de bois pour empêcher les mulots et les oiseaux de gratter.

Le kilogramme renferme en moyenne environ 50,000 graines d'acacia.

347. — Plantation de l'Acacia.— Le plant d'acacia, soit d'un an soit de deux ans (à partir de cet âge, vu son développement rapide, il est trop fort pour être planté sur une grande échelle), est de la plus grande rusticité et d'une reprise assurée. Il ne craint nullement ni le soleil ni la gelée ; quoique celle-ci rabatte souvent ses pousses à l'automne, il les refait très vigoureusement au printemps suivant.

348. — Il importe beaucoup pour la réussite du massif futur qu'il soit placé sur un terrain qui convienne parfaitement à l'essence. Or l'acacia, avec toute sa rusticité qui lui permet de se passer de beaucoup d'éléments de fertilité, ne s'accommode pourtant pas de tous les terrains. Les terres argileuses, compactes et humides lui sont contraires : il en est de même des plaines de sable qui sont en même temps arides et acides. Il se plaît, comme toutes les légumineuses, dans les terrains légers, mais profonds et ameublis, où, même malgré une aridité apparente à la surface, son pivot peut aller chercher dans le sous-sol la fraîcheur nécessaire à son développement. Voilà pourquoi, à notre avis, l'acacia peut réussir parfaitement sur un talus de chemin de fer, tandis qu'il dépérit dans une plaine humide ou sur une lande aride. Placé dans ces dernières circonstances, le plant ne meurt pas, mais sa croissance est presque nulle, et il ne sert qu'à nourrir le gibier, lapin ou lièvre, qui en est très friand.

349. — **Manière de planter.** — Dans un terrain bien choisi, la plantation de l'acacia est une opération très simple, expéditive et peu coûteuse. Vu la grande rusticité des plants, qui rend inutile la prévision de vides à regarnir, vu la croissance vigoureuse des jeunes brins, qui couvrent bientôt le terrain de leurs branches, et la tendance des souches à drageonner après la première coupe, il suffit de planter l'acacia à 2 mètres dans tous les sens pour avoir un taillis bien fourni. Cette distance n'exige que 2,500 plants à l'hectare, juste la moitié de ce qu'il faut pour arriver au même résultat avec la plupart des autres essences. Il sera utile de recéper de bonne heure.

350. — **Aménagement.** — Le robinier ne s'aménage qu'en taillis ; il n'est guère propre à être conservé dans les balivages, à cause de la suceptibilité de sa tête et de ses branches, très cassantes aux gros vents. Il convient même de se rappeler, avant de constituer des taillis de cette essence, qu'à cause de ses piquants, toujours très désagréables, quelquefois même dangereux pour les ouvriers, son exploitation en taillis est difficile et coûteuse, et, en second lieu, que la chasse y est impossible pour la même raison. Cette espèce est donc apte, non pas à occuper des étendues forestières considérables, mais à constituer de petits bois de rapport, à proximité d'un vignoble par exemple, à maintenir et à utiliser les talus des chemins, des canaux, etc.

351. — **Propagation du Frêne, de l'Orme, du Sycomore, du Merisier, de l'Alisier, du Sorbier et d'autres Espèces secondaires.** — Nous trouvons inutile de consacrer un article séparé à chacune de ces espèces. La seule manière pratique de les propager, c'est la plantation. Celle-ci, pratiquée en grand, avec du petit plant, peut s'opérer de la même façon que pour toutes les autres espèces forestières dont nous avons parlé plus haut. Dans le cas des petites plantations, formées plutôt en vue de l'agrément que du rapport ou de l'utilisation du terrain, il sera utile de donner préalablement

un peu de culture au sol ; le propriétaire jugera lui-même, selon l'outillage dont il dispose, les habitudes de son pays et les aptitudes de son terrain, quelle sorte de culture lui conviendra le mieux.

Fig. 188 à 190. — FRÊNE
Feuille à l'état normal, pennée.

Presque toutes les essences que nous venons d'énumérer végètent, bien dans la plupart des terrains, pourvu qu elles y trouvent un peu de fraîcheur. Toutes existent à l'état sauvage dans nos bois.. Le terrain qui leur convient le mieux est donc celui qui ressemble le plus au sol des bonnes forêts, c'est-à-dire qu'il doit être léger, profond, avec une certaine proportion d'humus. Seul, le frêne est difficile ; il ne se plaît qu'en terre calcaire ou granitique ou bien riche en terreau.

S'il s'agit de planter ces essences, non pas en massif forestier, mais comme arbres d'agrément, isolés, en bouquets ou en avenues et à l'état de baliveaux ou de hautes tiges, le lecteur consultera, pour les soins à observer, le chapitre x sur les *arbres feuillus d'ornement et d'alignement,* où nous traitons séparément de chacune de ces espèces.

CHAPITRE VIII

PLANTATIONS D'ORNEMENT ET D'ALIGNEMENT

352. — Les plantations exécutées par les propriétaires ne sont pas toutes entreprises uniquement en vue du rapport à en retirer, rapport presque toujours éloigné, et trop souvent plus ou moins aléatoire. L'agrément du travail en lui-même et celui qu'on attend de sa réussite forment une des considérations principales qui excitent le propriétaire à planter. Notre ouvrage serait donc très incomplet si nous passions sous silence les plantations, soit de pur agrément, comme celles qui ont pour objet la formation des parcs ou l'embellissement des jardins, soit celles qui, comme les alignements, sont destinées à la fois à plaire aux yeux et à prendre avec le temps une valeur considérable.

SUJETS ISOLÉS ET MASSIFS D'ORNEMENT. — CONIFÈRES

353. — **Sol convenable.** — Tous les conifères, sans exception, exigent, pour atteindre leur maximum de développement, une terre légère, saine, plus ou moins riche en humus. C'est en terre de bruyère, fraîche et bien ameublie, mais dont la bruyère est consommée, que certains conifères, comme d'ailleurs tous les arbres et arbustes à feuilles persistantes, atteignent leur plus grand dévelop-

12

pement. L'acidité ne leur est nullement contraire, à moins qu'elle ne cause, comme cela arrive souvent dans les grands bois, une invasion de hautes et fortes bruyères et autres plantes nuisibles, qui prennent possession de la terre au détriment des arbres, déssèchent et durcissent le sol par l'enchevêtrement de leurs fortes et nombreuses racines. Dès lors les conifères souffrent (plus ou moins selon leur degré de rusticité) des mauvaises conditions physiques où se trouve la terre ainsi encombrée, et non pas en raison de sa composition chimique chargée d'acidité, qui ne semble pas en elle-même défavorable à la végétation des conifères. C'est dans les vallées de la Californie, où s'est accumulé un terreau acide depuis tant de siècles, c'est dans les plaines tourbeuses de la Louisiane, que se dressent fièrement les géants de cette famille, et, lorsqu'on veut, en créant un *jardin américain*, obtenir en peu d'années une croissance extraordinaire de conifères comme d'autres plantes exotiques à feuilles persistantes, telles que rhododendrons, azalées, lauriers de toute sorte, etc., c'est dans une vallée tourbeuse, bien abritée, assainie, qu'il faut établir ce jardin. Le superbe établissement de Saltwood, près Folkestone, en Angleterre, l'a prouvé d'une manière frappante.

Il faut cependant observer, comme un forestier éminent, M. Broilliard, a bien voulu nous le rappeler, que les plus beaux sapins, épicéas et mélèzes en France, poussent sur des roches calcaires plus ou moins couvertes de terre végétale. Nous avons vu dans le Jura, des sapins géants ancrés dans le roc calcaire, où leurs racines descendent de plus d'un mètre dans les fissures étroites et y étendent leur chevelu aplati comme le seraient les plantes d'un grand herbier placé verticalement.

Il ne reste pas moins certain que plus le sol est profond et meuble, plus la croissance du jeune plant y sera rapide et vigoureuse, et que dans celles que nous avons indiquées au commencement du dernier paragraphe, le propriétaire peut être sûr d'obtenir de bons résultats. Si le sol qui doit être occupé par le massif d'ornement manque d'humus, et surtout si la terre est forte, il sera bon d'y mêler, au moyen d'une façon à la bêche, une couche de terreau. Celui-ci peut être composé de feuilles mortes, de sciure de bois, de curures de fossés ou, en l'absence de ces ressources, de vieux fumiers consommés, mêlés avec de la terre de bruyère.

354. — **Défoncement.** — Si le sous-sol est compact, on aura grand avantage à défoncer le terrain à deux piques de bêche. Cette opération, bien exécutée, assure, en même temps que l'assainissement, une fraîcheur constante, qui remonte des couches inférieures par l'action de la capillarité, enfin la profondeur et l'ameublissement complet. Ce travail est à la vérité assez coûteux, et c'est pour cette raison que nous n'en avons pas fait mention en traitant du reboisement des grandes surfaces, où il grèverait la plantation de frais exorbitants ; mais les massifs d'ornement se font en général sur une échelle restreinte ; le planteur désire vivement obtenir de bonne heure une belle croissance et se résigne volontiers à faire les sacrifices nécessaires en vue de ce but.

Le défoncement doit se pratiquer en ramenant à la surface la terre de la seconde pique de bêche, et en mettant au fond la terre végétale de la surface. Cette méthode a plusieurs avantages : en premier lieu, la terre inerte du sous-sol, ramenée à la surface, ne contient pas de germes de mauvaises herbes, dont on est presque débarrassé pendant deux ans, car ils sont étouffés dans la profondeur de la couche végétale. Et pourtant, sous l'influence du soleil et des gelées, cette terre du sous-sol ne tarde pas à devenir fertile. En second lieu, les arbres plantés enfoncent leurs racines dans la terre végétale enfouie à leur portée et elles y trouvent une nourriture excellente.

En défonçant le terrain, il est très important de bien le niveler ou d'égaliser ses pentes, surtout s'il existe un sous-sol qui retient l'humidité. En ce cas, chaque fois qu'il se présentera une dépression non assainie, on peut être sûr que la végétation y sera languissante. Il est difficile de prévenir complètement cet inconvénient, car il arrive souvent, lorsqu'on a cru combler largement les trous avec la terre des hauteurs relatives environnantes, cette terre, au bout d'un an, se tasse tellement que, malgré tout, des dépressions

s'accusent encore. Il est donc nécessaire de faire conduire le défoncement par un terrassier intelligent et expérimenté, qui surveillera
et vérifiera soigneusement le travail de chaque ouvrier.

355. — Le défoncement à 50 centimètres de profondeur, à tranchée
ouverte dont la terre ameublie au fond (les deux piques de bêche
étant enlevées) doit être curée à la pelle et jetée sur le guéret, se
paye, selon la nature du terrain, de 3 centimes 1/2 à 4 1/2 le mètre
carré, soit 350 à 400 fr. l'hectare. Chaque planteur peut juger, selon
l'étendue de son terrain, si cette augmentation de frais est en
rapport avec le but qu'il se propose. Quant à l'efficacité du procédé
pour assurer une croissance exceptionnellement rapide et vigoureuse, elle est incontestable ; il ne peut y avoir de doute à cet
égard.

356. — **Choix des Essences.** — Le plus grand attrait des plantations d'agrément consiste dans la très grande variété non seulement de forme, mais de couleur et de ton, des essences qui les
composent. Le planteur doit chercher à obtenir cette variété, non
seulement dans les teintes normales des feuillages, mais dans les
époques de l'émission des bourgeons, de la floraison et de la fructification de ses sujets. Il n'y a pas un seul arbre qui n'ait son
moment de beauté spéciale ; heureusement tous ne l'ont pas en
même temps ; il s'agit donc, pour donner un attrait constant aux
plantations d'ornement, de grouper, de rapprocher habilement les
essences dont la végétation s'échelonne à travers les saisons. Il ne
faut rien mépriser : même le vulgaire saule et le modeste coudrier
sont précieux lorsque, avant la fin de l'hiver, l'éclosion de leurs
fleurs, seule végétation des bois avec les perce-neige, semble
annoncer déjà l'approche du printemps désiré sous le climat de
Paris (1). Les artistes ont même demandé grâce pour la ronce, dont
la feuille élégamment découpée peut lutter avec celle du mahonia
pour la variété et la beauté des tons, variant chez elle en hiver, selon

---

1.— Une des plus belles pages de Bernardin de St-Pierre (*Etudes de la Nature*) contient une description de l'apparence pittoresque des saules et des aunes.

qu'elle est plus ou moins ombragée, du vert foncé au bronzé le plus brillant.

357. — Toutefois il faut remarquer, à l'égard des conifères, que plusieurs espèces, dont la végétation est hâtive, et qui, par conséquent, seraient précieuses au point de vue décoratif, sont exposées à perdre, par les gelées printanières, leurs premiers bourgeons et leurs rameaux les plus tendres. C'est particulièrement le cas d'un grand nombre de variétés de sapins argentés, surtout dans leur première jeunesse, car on sait que la végétation basse est la plus exposée au gel, en raison du rayonnement de la surface de la terre. A partir du moment où les arbres atteignent la hauteur de quelques mètres, cette susceptibilité disparaît ordinairement.

Elle se montre surtout, contrairement à ce que l'on s'imaginerait à première vue, chez les essences des régions froides et surtout montagneuses. Transportées dans un site moins exposé aux intempéries, sous les rayons d'un soleil qui a plus de puissance au printemps, elles sont excitées à émettre de bonne heure une végétation tendre, gonflée d'une sève précoce, qui devient victime des gelées tardives de cette époque.

Les gelées d'hiver, qui ont lieu lorsque les bourgeons en embryon sont bien clos et enfermés dans leur fourreau, ne leur font aucun mal. Il s'ensuit que nous voyons quelquefois de jeunes arbres qui ont résisté aux froids polaires de 1879-1880 atteints et mutilés de leurs pousses nouvelles par de faibles gelées printanières.

Il est donc prudent de planter ces espèces à une exposition froide qui retardera leur sève, ou bien auprès de massifs qui les abriteront pendant les premières années du soleil levant, car, si la plante peut dégeler à l'ombre, il n'y a plus à craindre pour elle.

358. — Voici à peu près l'ordre dans lequel les tribus de conifères commencent leur végétation au printemps :

Pins, mélèzes, sapins argentés, épicéas, cèdres, cupressinées (cyprès, thuyas, rétinosporas), genévriers, ifs. Parmi les espèces rustiques de ces genres, il est rare qu'aucune, sauf celle des sapins argentés, soit atteinte par les gelées printanières. Le classement que nous venons d'indiquer n'est qu'approximatif ; il arrive souvent que telle espèce particulière d'un genre à végétation hâtive pousse plus tard que telle autre d'une tribu ordinairement tardive, mais cet aperçu suffit à démontrer qu'en mêlant judicieusement les essences, on peut jouir longtemps d'une succession de teintes changeantes et charmantes ; celle de la pousse tendre du printemps est toujours d'une nuance claire et délicate qui contraste de la façon la plus heureuse avec le ton plus sombre, plus foncé, d'un feuillage déjà mûri.

La floraison et la fructification donnent aussi, chez certaines espèces, de charmants effets de couleur. Les fleurs jaunes et violettes du mélèze, celles de certains pins, celles des pieds mâles des genévriers, les baies de la même tribu, les cônes, d'un beau rouge ou d'un violet vif, de plusieurs sapins argentés, égayent successivement les massifs ou les pelouses.

Le feuillage glauque de beaucoup d'espèces est également réjouissant à l'œil. Mais, quoique nous attachions beaucoup d'importance à la plus grande diversité possible de tons et de couleurs, nous ne pouvons recommander au planteur d'user largement de variétés panachées, généralement obtenues de pieds plus ou moins malades, et dont la rusticité et la vigueur laissent, par conséquent, beaucoup à désirer. Autant que possible, on doit chercher à obtenir la variété de tons voulue en employant des sujets, dont les teintes, quelque brillantes, quelque bigarrées qu'elles soient, sont naturelles à l'espèce.

359. — La plantation de conifères a cet agrément spécial que les jeunes sujets, en attendant qu'ils deviennent des arbres, forment tout de suite, en raison de la régularité et de l'élégance de leurs formes, et de leur verdure persistante et bien fournie, de gracieux arbrisseaux. Par contre, cette plantation est beaucoup plus coûteuse et plus délicate que celle des feuillus, qui, à la même hauteur, ont pu s'élever en pépinière à bien meilleur compte et se transplantent bien plus facilement. Au point de vue économique, nous croyons donc avantageux de mélanger des sujets feuillus dans les massifs de

conifères; ce mélange est également recommandable au point de
vue décoratif, car le vert clair du feuillage caduc, qui se reforme
entièrement tous les ans, les formes gracieuses des branches
qui pendent irrégulièrement, relèvent et égayent les teintes plus
sombres et les formes plus lourdes ou plus raides des principales
essences résineuses. Seuls de tous les conifères rustiques, le mélèze,
le taxodier de Louisiane, et le ginkgo du Japon perdent leurs
feuilles en hiver. Aussi leur jeune feuillage est-il charmant lorsqu'il se renouvelle à chaque printemps, et lorsque, en automne, il
tourne au jaune d'or comme chez le mélèze, ou devient d'un beau
rouge brique comme chez le taxodier. Ces trois arbres méritent
donc une place dans tout massif mélangé de conifères. Certaines
essences non résineuses, comme les nombreux chênes rouges et
érables américains, le hêtre pourpre, le liquidambar copal, le prunier de Pissard, etc., ont des couleurs superbes qui les rendent précieux pour ce mélange. Le bouleau commun lui-même, avec son
feuillage d'un vert si tendre au printemps, d'un jaune d'or éclatant
à l'automne, contraste d'une manière charmante avec les conifères.

360. — **Exécution de la Plantation.** — Jusqu'à l'âge de trois
ans, les plants peuvent, en général, être plantés à la grosse bêche
(v. § 199). Plus âgés, il leur faut des trous de grandeur proportionnée à celle de chaque sujet, et dont on peut avantageusement mélanger la terre avec du terreau léger. On peut aussi, pour
maintenir la fraîcheur à la surface du trou, le couvrir de paille ou
d'aiguilles de pin.

361. — Si les dégâts du gibier sont à craindre, il sera nécessaire
d'entourer les massifs ou les sujets isolés d'un léger grillage de
40 millimètres environ de largeur de maille. Si pour un nombre
limité de sujets on juge inutile de faire cette dépense, on peut les
garantir en les entourant d'ajoncs entassés et liés autour du plant,
et renouvelés chaque hiver.

362. — Il est bon, lorsqu'on veut transplanter un jeune arbre d'une
certaine taille, de le préparer pendant l'année qui précéde, en coupant ses racines en cercle sur un rayon de un pied environ à partir

de la tige. Cette opération le force à émettre du chevelu et rend possible l'enlèvement, plus tard, d'une bonne motte de terre autour des racines.

En installant l'arbre dans sa nouvelle demeure, il faut avoir soin de lui conserver l'orientation qu'il avait auparavant, car, si l'on tourne au midi la face jusque-là exposée au nord, elle risque de souffrir de la chaleur. On marque à cet effet un des côtés de l'arbre avant de l'enlever. Cette précaution, familière aux anciens, est décrite par Virgile dans sa *Deuxième Géorgique*, aux vers 269 et 272.

Il est extrêmement difficile, lorsqu'on plante, de se rendre compte de l'effet que produiront les arbres, et de la place qu'ils occuperont, lorsqu'ils auront atteint quelque développement. Il s'ensuit que, dans presque tous les jardins d'agrément, on plante les arbres trop serrés; ils arrivent à nuire les uns aux autres, et, comme ils appartiennent tous à des espèces décoratives, le propriétaire ne peut se décider à en sacrifier aucun pour donner du jour aux autres. Il faut prévenir cet inconvénient en plantant les arbres d'ornement très clair, selon l'espace exigé par chaque essence pour maintenir ses belles formes naturelles, et en remplissant le massif avec des espèces communes comme garniture temporaire, plantées assez épais pour fournir l'abri et le soutien nécessaires. Les espèces les plus utiles à cet effet sont : les pins noir et laricio, le mélèze, l'épicéa ; parmi les feuillus, le charme et le bouleau.

De la même considération que nous avons soulignée en tête de ce paragraphe, il résulte aussi qu'il faut bien s'assurer, avant de planter, que les futurs massifs ne masqueront aucun beau point de vue, et que le propriétaire n'aura pas lieu un jour de regretter sa plantation.

Enfin, il faut rappeler qu'il convient de choisir, autant que possible, pour ces plantations, une exposition où elles seront abritées, soit par des accidents de terrains, soit par des massifs d'arbres voisins, sans pourtant que les jeunes sujets soient dominés par ces derniers, et sans que leurs racines aient à soutenir une concurrence désavantageuse avec les leurs.

Les sujets isolés doivent avoir une large place sur les pelouses, proportionnelle à la pleine étendue de leurs branches, de manière à conserver la forme régulière et pyramidale qui fait leur beauté. Cette disposition ajoute énormément aux attraits des parcs et des jardins, car il n'y a rien de plus beau qu'un majestueux conifère isolé sur une vaste pelouse.

363. — **Plantation des Essences feuillues.** — Presque tout ce que nous venons de recommander pour la plantation des conifères d'agrément est également applicable à celle des feuillus. Les considérations sur la variété des essences, la préparation soigneuse du sol, l'exécution de la plantation et sa protection contre le gibier, sont absolument les mêmes.

364. — Seule, la composition du sol ne doit pas toujours être la même pour les feuillus que pour les conifères. Certaines essences comme les chênes, les noyers, quelques fruitiers sauvages, s'accommodent bien d'un sol frais, mais substantiel, et le préfèrent même au terrain sablo-humique dont les conifères font leurs délices. Nous ne garantirons pas non plus que les feuillus puissent supporter une grande acidité dans le sol, question que nous n'avons jamais sérieusement étudiée, quoique (vu l'état naturellement acide du terreau de forêt vierge dans lequel végètent les sujets les plus superbes), nous soyons porté à croire que l'acidité ne leur est contraire que : 1° lorsqu'elle engendre une végétation secondaire étouffante dont le sol n'est pas nettoyé par un couvert épais et continu, et 2° lorsque, faute d'assainissement, les eaux acides croupissent dans la terre. Enfin, ce qui est certain, c'est que presque tous les feuillus prospèreront dans une terre profonde, ameublie, soit légère, soit un peu substantielle. La plupart des terres peuvent être mises dans ces conditions au moyen du défoncement et, au besoin, du mélange avec du terreau des bois, opérations décrites plus haut à l'article des conifères.

365. — Nous allons à présent donner une liste des essences rustiques et décoratives qui méritent de prendre place sur les pelouses et dans les massifs d'ornement. Nous devons prévenir nos lecteurs

que nous nous occupons des espèces les mieux connues, et capables par leur rusticité et leur vigueur de se passer de soins minutieux. Notre expérience est celle, non pas d'un botaniste ou d'un fin horticulteur, mais d'un simple sylviculteur pratiquant, et nous n'avons aucune connaissance des variétés nouvelles et rares, obtenues par d'habiles procédés horticoles et qui, comme les conifères panachés, sont souvent faibles, maladives et d'une culture difficile.

CHAPITRE IX

366. — **Le Pin sylvestre.** — Ce pin, qui ne pousse droit qu'en massif, est impropre à être planté isolément ou à former des bordures. Dans les plantations d'agrément, son rôle doit se borner à faire les fonds des grands massifs, où il peut avantageusement occuper du terrain qui serait autrement couvert de mauvaises herbes, et où son emploi économisera les frais d'entretien. Le ton chaud de son écorce, la teinte glauque de ses feuilles, sont bien plus gais que chez beaucoup d'autres pins, il ne doit donc pas être exclu des plantations d'agrément et des parcs. La rusticité et la vigueur de sa croissance le rendent propre, d'ailleurs, à former des massifs ou des rideaux lointains pour masquer des objets désagréables dans les points de vue, pour habiller des tertres nus, etc.

367. — Si ce pin se trouve mêlé à des essences d'ornement, il faut réprimer sa tendance à accaparer complètement le sol à leur détriment et les défendre de ses empiètements, en l'élaguant, au besoin, jusqu'à ce qu'il soit temps de l'enlever complètement.

368. — Il se transplante, tant qu'il n'a pas dépassé la hauteur de 2 ou 3 mètres, avec une grande facilité, pourvu qu'une bonne motte de terre soit soigneusement conservée autour de ses racines. Pour les envois lointains, il convient de choisir des sujets moins volumineux.

369. — Le **Pin d'Autriche** a moins de tendance à buissonner ou à ramifier outre mesure que le pin sylvestre ; à la vérité il se dirige

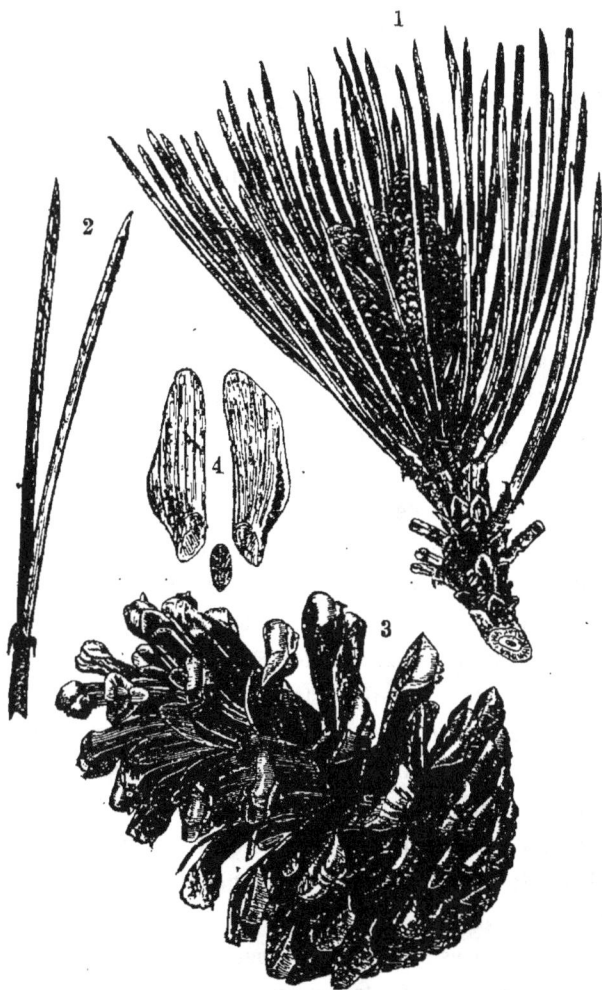

Fig. 191 à 194. — PIN D'AUTRICHE.

rarement tout à fait droit à l'état isolé, mais il peut, mélangé avec d'autres essences, former de belles bordures régulières. Moins empié‐ tant que le sylvestre, avec un feuillage plus fourni que le laricio, il peut fournir une garniture utile aux essences plus rares, surtout dans les expositions peu abritées, et aussi aux environs de la mer; il a d'ailleurs par lui-même de grandes qualités décoratives.

Comme le sylvestre, il se transplante facilement, avec une bonne et solide motte, jusqu'à l'âge de huit ou dix ans.

M. Hœss (*Monographie du Pin d'Autriche, Vienne*, 1883) décrit ainsi le port de cet arbre:

Dès sa jeunesse et jusqu'à son âge mur, il réunit tout ce qu'il faut pour être un de nos plus beaux arbres conifères. La symétrie de ses parties, son port imposant, la longueur et l'épaisseur de ses aiguilles, serrées les unes contre les autres, sa belle verdure, l'odeur balsamique qu'il répand, la position régulière de ses branches, sa magnifique couronne et ses cônes d'un brun jaunâtre, forment un ensemble harmonieux qui frappe par sa régularité.

370. — Le **Pin laricio** convient parfaitement aux plantations d'agrément, en raison de sa croissance droite, élancée, de son feuillage léger et gracieux, de sa croissance rapide et de sa taille imposante. Ces qualités le recommandent pour être associé à d'autres espèces décoratives, soit en massifs, soit en bordures. Il a en outre le grand mérite de résister assez bien aux vents de mer.

M. Baudrillart (*Dictionnaire des Eaux et Forêts*) constate que, dans les forêts de la Corse, il existe des pins laricio qui atteignent la hauteur de 140 à 150 pieds. Nous en avons vu nous-même qui approchaient de cette taille, et rien n'est comparable à la beauté de ces arbres, dont quelques-uns contiennent 1200 à 1500 pieds cubes de bois (45 à 55 mètres) ayant de 4 à 6 mètres de circonférence, leur tige étant nette de branches jusqu'à une très grande hauteur.

On le voit, cette espèce indigène peut être comparée, sans défaveur, aux géants de la végétation américaine.

371. — Malheureusement, passé les trois premières années, le laricio est difficile à transplanter, et les sujets plus forts sont généralement élevés en pot. On ne peut donc se servir de gros sujets pour former de grands massifs d'ornement; il faut employer à cet

effet des plants de deux ou trois ans, repiqués, dont la croissance est du reste infiniment plus rapide.

372. — Nous devons rappeler à nos lecteurs que la variété de Calabre est la plus vigoureuse; d'après notre propre expérience, elle semble d'ailleurs mieux supporter la transplantation que celle de Corse. Mais elle aussi ne doit être plantée qu'à l'état de petits sujets.

373. — Le **Pin laricio de Montpellier**, autrement dit pin des Pyrénées et laricio de Saint-Guilhem, est très décoratif. Ressemblant complètement au pin d'Autriche, comme nous l'avons vu, par ses formes générales et par sa vigueur de croissance, il s'en distingue par son port plus léger, plus ouvert, et par le charmant ton clair de ses rameaux et de son feuillage. Comme le pin d'Autriche, ses branches s'étagent symétriquement en candélabre. Il se contente de sols très maigres et même assez secs; aussi le considérons-nous, pour les plantations d'agrément, comme un arbre de premier mérite. Sur un sol humide nous avons vu roussir ses feuilles par des froids exceptionnels.

Il a les racines latérales moins fournies que celles du pin noir; sa reprise, passé les premières années, est donc plus difficile. Nous avons pourtant transplanté avec succès des sujets ayant au moins 3 mètres de hauteur, en les préparant d'avance, de manière à les enlever avec de grosses mottes de terre. (V. § 362.)

Planté isolément, le pin de Montpellier maintient sa croissance assez droite, tout en étendant ses branches de manière à former une très large pyramide. On doit choisir pour les sujets isolés un site abrité des gros vents, qui pourraient ployer et déformer leurs branches un peu grêles. Ses rameaux se dépouillent bientôt des feuilles qu'ils ont portées la première année, ne retenant que des touffes, en pinceau, à leurs extrémités. Cette particularité, qui donne à l'arbre un port singulièrement léger, ouvert, lui a valu le nom de *Pinus penicillata.*

374. — Le **Pin de Tauride et celui de Caramanie** ressemblent beaucoup au noir d'Autriche, et semblent jouir du même tempé-

rament vigoureux. Tous ces pins sont classés comme variétés constantes du laricio par certains botanistes, et les écoles forestières suivent cette classification. Selon Veitch, le pin de Tauride ou de Pallas, *P. Pallasiana*, est plus décoratif que le laricio de Corse, son feuillage, de même nature, étant plus droit et plus fourni. *P. Caramanica* est moins élevé et plus buissonneux.

375. — **Pins à trois Feuilles.** — Les espèces les plus rustiques de cette tribu sont pour la plupart originaires du Nord-Ouest de l'Amérique septentrionale. Elles poussent moins vigoureusement en Europe (sauf *rigida*), et nous engageons les planteurs à leur affecter un sol favorable, léger, mais frais et profond, pour obtenir une croissance satisfaisante.

376. — **Pin de Sabine** (*Pinus Sabiniana*). — Ce pin est natif de Californie. Il peut, dans les situations favorables, atteindre une grande taille, variant de 33 à 42 mètres de haut, avec une circonférence de 3 mètres à 3m60. Quand il croît isolé ou qu'il n'est pas trop serré, il est garni de branches depuis le sol jusqu'à la cime, s'étageant en belle pyramide droite et régulière. (Loudon, *Arboretum Britannicum*, Londres 1839.) Ses feuilles, longues de 20 à 25 centimètres, et ses cônes de 20 à 25 centimètres, concourent à lui donner un aspect très remarquable.

Loudon observe aussi, sur lui et sur le pin de Coulter, son proche voisin : « Ces arbres sont d'une grande beauté, et ce qui ajoute beaucoup à leur valeur, c'est qu'ils paraissent être très robustes. » Mais leurs jeunes plants sont difficiles à élever, étant très susceptibles à la gelée.

Il existe cependant à Cheverny, le grand domaine forestier créé par M. le Marquis de Vibraye, en Loir-et-Cher, quelques beaux échantillons de pin de Sabine, qui ont parfaitement résisté aux gelées de 1879.

Ce pin est, croyons-nous, difficile à transplanter, et les sujets doivent être choisis jeunes, en pots.

377. — **Pin de Coulter ou à gros Fruits** (*Pinus Coulteri, v. macrocarpa*). — Ce pin, qui occupe la même région californienne

que celui de Sabine, se distingue de ce dernier seulement par ses feuilles, également longues de 20 à 25 centimètres, mais plus grosses que celles de tout autre pin, et par ses cônes énormes, d'une forme oblongue, qui ont quelquefois 30 centimètres de long avec un diamètre de 15 centimètres. Le port, l'ensemble de l'arbre (nous citons M. de Kirwan, *Les Conifères*, vol. I, p. 263), se rapprochent sensiblement du pin de Sabine ; c'est toujours la même forme régulière et imposante, la même rectitude de la tige, et la même vigueur de végétation ; nous ajouterons, la même sensibilité aux gelées.

Le pin à grands cônes se transplante plus facilement, dans les premières années, que celui de Sabine ; plus tard, sa reprise serait sans doute moins sûre. Nous recommandons donc aux sylviculteurs qui veulent planter cette belle espèce d'employer, comme pour la précédente, les sujets les plus jeunes possible.

Nous devons ajouter que dans nos pépinières, sous le climat du Centre, nous avons trouvé les jeunes plants de ces espèces trop susceptibles aux froids des hivers rigoureux. Comme l'espèce suivante, ils se plaisent mieux dans le climat de l'Ouest.

378. — **Pin remarquable** (*Pinus insignis*). — Cet arbre doit son nom à son feuillage d'un vert clair particulièrement gai, probablement aussi à son extrême rapidité de croissance. Il est un peu susceptible aux gelées de printemps, qui rabattent quelquefois ses jeunes pousses, mais sa croissance vigoureuse a bientôt réparé le dégât. En raison de cette susceptibilité, il doit être abrité des vents froids et du soleil levant. Il se plaît le mieux dans les climats maritimes de la Bretagne et de l'Ouest ; dans le Centre, les jeunes pieds de cette espèce, d'importation récente, ont été tués par les grandes gelées de 1879 ; plus âgés, ils y auraient peut-être résisté. Les jeunes plants, difficiles à transplanter, ne réussissent guère qu'en mottes ou en pots.

Toutefois, l'élégance extrême de son feuillage et de son port, et la très grande rapidité de son développement, le recommandent suffisamment et lui assignent une place toute spéciale dans les plantations d'ornement sous les climats doux, d'autant plus que ses plants, d'une levée facile, sont peu coûteux. Il s'accommode très bien du voisinage de la mer, et on commence à le planter en massif forestier sur le littoral, en Bretagne et jusqu'en Angleterre et en Ecosse.

Isolé, le Pin remarquable forme une belle pyramide de verdure claire. Quelques beaux spécimens présentent des branches ayant 10 mètres de longueur : un rayon plus grand lui serait donc nécessaire pour son développement complet.

379. — **Pin à Feuilles raides, Pitch-pin** (*Pinus rigida*). — Ce pin à feuilles ternées, natif du Nord-Est et des Etats-Unis, où il occupe une aire très étendue, est un des arbres les plus rustiques du nouveau continent. Moins décoratif que les précédents, il se recommande par son tempérament rustique et vigoureux, sa croissance très rapide et la qualité de son bois. Il doit être planté en massif continu, car, isolé ou en bordures, il tend à buissonner, et son bois devient noueux.

Les jeunes plants prennent des teintes pourpres et jaunes en hiver ; cette particularité ne se montre plus chez les sujets plus âgés. Ils se transplantent facilement et poussent très vite; plus tard leur reprise serait probablement plus difficile. Comme l'arbre n'est bon qu'à former des massifs, nous concluons qu'il vaut mieux le planter à l'âge de deux ou trois ans, que d'employer de gros sujets d'une reprise douteuse; ceux-ci devraient être plantés en pots.

Ce conifère présente dans sa jeunesse au moins deux particularités rares : 1° celle de rejeter de souche lorsqu'il est coupé, et 2° celle de pousser des rameaux adventifs sur son tronc, lorsque celui-ci est dénudé de ses premières branches.

Peu exigeant quant à la nature du sol, il prospère, soit dans les marais assainis (où les forestiers commencent à l'employer sur une échelle considérable), soit dans les terrains secs et ingrats.

380. — **Pin à Bois lourd** (*Pinus ponderosa*). — De tous les pins à trois feuilles, celui-ci est peut-être le meilleur arbre de pur agrément, car, avec les belles proportions du pin de Sabine ou du pin remarquable, il accuse plus de rusticité que ces espèces. Cette rusti-

13

cité s'annonce d'elle-même par le fait qu'il occupe, dans le nord-
ouest de l'Amérique, une région très étendue où il s'accommode
de plusieurs sols et climats différents ; il est vrai que dans les plaines
arides de l'Utah et sur les plateaux de l'Orégon il atteint une taille
moins élevée que dans les vallons abrités de la Californie, où,
comme le pin de Lambert, selon Veitch, il s'élance à la hauteur de
60 mètres. Nous concluons de ce fait qu'il ne doit être planté que
dans les sols frais et profonds bien assainis. Il doit son nom à la
densité de son bois de cœur, souvent trop lourd pour flotter dans
l'eau.

Ses verticilles, à l'état isolés, s'étagent régulièrement, portant
leurs feuilles en plumet au bout des rameaux. Ces feuilles varient
en longueur de 15 à 30 centimètres ; leur couleur est d'un vert foncé,
mais glauque. Elles tombent tous les deux ans, particularité qui
donne aux jeunes plants, pendant leur desséchement, l'apparence
d'une souffrance qu'ils n'éprouvent véritablement pas.

381. — **Les Pins de Bentham et de Jeffrey** sont considérés par
les botanistes les plus autorisés comme des variétés constantes de
ce pin. Celui de Bentham n'en diffère que par une grande longueur
des feuilles.

Le pin à bois lourd se transplante facilement et ne parait nullement susceptible aux gelées printanières.

382. — **Pin à cinq Feuilles : Pin de Lord Weymouth ; Pin
blanc d'Amérique** (*Pinus strobus.*) — Ce pin qui, dans son pays natal,
l'Amérique du Nord, atteint une grande taille (60 mètres de hauteur avec 6 à 8 mètres de circonférence !) peut devenir très beau
dans nos climats de Paris et du Centre. Un pied planté dans le jardin de Trianon, en terre fraîche, avait, lorsqu'il fut mesuré en 1865,
une hauteur de 22 mètres avec un diamètre de 0m90.

383. — Comme arbre d'agrément, ce pin se place au premier rang.
Il se distingue de ses congénères par son écorce lisse et luisante
dans sa jeunesse (plus tard elle devient rugueuse et se fendille),
par ses feuilles quinées, flexibles, élégantes, les plus fines de celles
des pins et d'une charmante nuance glauque, enfin par la gracieuse

légèreté de ses rameaux. Il résiste parfaitement à toutes les gelées ; il pousse droit, soit en massif, soit isolé, et sa croissance, passé les premières années qui suivent la plantation, est extrêmement rapide ; elle égale celle du sylvestre, si même elle ne la dépasse.

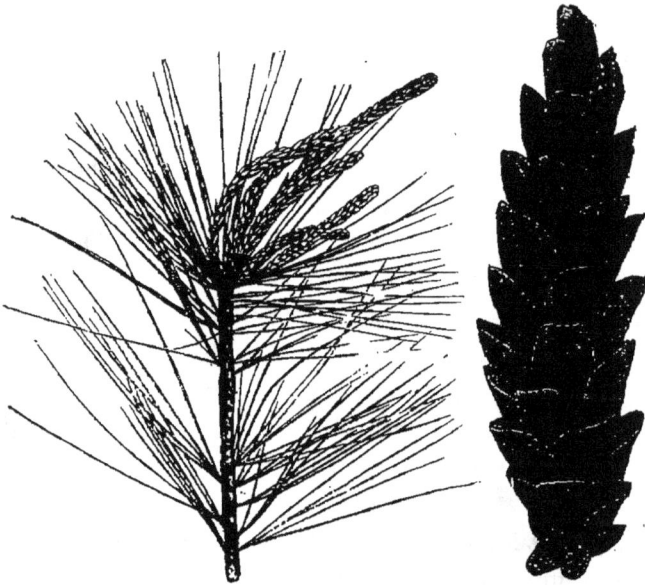

Fig. 195 et 196. — PIN DE LORD WEYMOUTH (*P. strobus*).

384. — La principale qualité de ce pin, la sveltesse, devient quelquefois un défaut, surtout dans son jeune âge ; sa flèche, légère et grêle, est facilement cassée par les oiseaux et les écureuils, de sorte que, tout en poussant naturellement droit à l'état isolé, il se trouve quelquefois fourchu par suite d'un accident. Son écorce lisse et tendre est susceptible et se blesse aisément ; on la voit souvent marquée d'une traînée de sève s'écoulant d'une plaie.

Cependant, le tempérament vigoureux de ce pin et sa croissance très rapide se remettent bientôt de toute atteinte, de sorte que sa culture n'en est pas moins recommandable.

385. — Dans les taillis clairs des parcs, il pourrait se planter avantageusement au moment de l'exploitation, son couvert léger ne risquant pas de gêner les rejets. C'est en mélange avec les essences feuillues que le pin Weymouth croit en général dans les forêts de l'Amérique septentrionale, où, dans le Nord et dans l'Est, il occupe des étendues immenses.

Ce pin se plaît le mieux dans les terres qui sont en même temps fraîches, saines et profondes, et on le plante de préférence dans les vallées arrosées par les rivières; c'est là, dans un sable noir, profond et toujours frais, qu'il acquiert toute sa beauté; mais, dans sa jeunesse au moins, nous le voyons végéter admirablement sur des sables assez secs, mais francs. Il redoute les insolations pendant les premières années qui suivent la plantation ; nous en avons perdu beaucoup de jeunes pieds pendant l'été désastreux de 1876 ; plus tard il n'en souffre plus, ainsi qu'on a pu le constater en 1881, année d'une sécheresse extrême.

On a préconisé l'emploi du pin Weymouth, ainsi que de l'épicéa, pour utiliser les terres tourbeuses, car il paraît qu'en Amérique il se développe magnifiquement dans les marais couverts de mousse et occupés en partie par le thuya d'Occident. Mais nous préférons pour cet usage le pin sylvestre, dont la rusticité est au moins égale, et la qualité du bois supérieure, à celles du Weymouth, et qui se recommande par le pouvoir spécial qu'il possède de nettoyer le sol de toute végétation nuisible.

386. — Aux États-Unis, c'est le pin Weymouth, connu sous le nom de pin blanc (*White Pine*) qui fournit la plus grande partie du bois résineux employé à toutes sortes d'usages et exporté en grandes quantités en Angleterre pour la charpente et la menuiserie. Les opinions sont très partagées au sujet de la solidité et de la durée de ce bois, ce qui tient probablement à des différences dans les échantillons examinés; mais on est d'accord pour reconnaître que, plus léger que le bois du sylvestre du Nord, il se montre inférieur à ce dernier dans les mêmes emplois, y compris la mâture.

En France, où il est rarement exploité à l'état de complète matu-

Fig. 197. — P in élevé (*Pinus excelsa*).

rité, le Weymouth a été toujours trouvé très inférieur pour le travail, et dans sa jeunesse, comme il est peu résineux, il ne répond que médiocrement aux besoins de la boulangerie. Peut-être conviendrait-il mieux à la fabrication de la pâte à papier.

Jusqu'à présent, c'est donc un arbre de pur agrément, et sous ce rapport il est excellent, car pour l'élégance il l'emporte sur tous les autres pins.

Il se transplante avec la plus grande facilité; nous avons même planté de gros sujets sans mottes, qui ont végété après quelques années de bouderie. Nous citons le fait comme exemple de sa rusticité sans recommander aucunement cette pratique à nos lecteurs.

Les sujets isolés doivent demander un rayon de 8 mètres pour leur développement complet.

387. — Pin élevé de l'Himalaya, de Népaul; Pin pleureur (*Pinus excelsa, strobus excelsa* (?). — Ce pin, quelquefois classé comme variété du précédent, lui ressemble à tous égards, sauf par ses feuilles très longues, qui, trop fines pour se maintenir droites, pendent gracieusement, d'où le nom de pleureur; cette disposition le rend très décoratif. Nous croyons qu'il a la même vigueur de croissance et la même force de résistance aux gelées printanières; comme légèreté de port, il a les mêmes qualités et aussi les mêmes défauts. Il a droit à une place restreinte mais honorable sur les pelouses et dans les bordures. De même que le Weymouth, il est d'une reprise facile.

A l'état isolé, ses branches inférieures couvrent un rayon de 8 mètres.

388. — Pin de Lambert (*Pinus Lambertiana : great sugar pine* (pin à sucre) de l'Amérique occidentale). — Il s'élève dans sa patrie, et dans des circonstances favorables, à la hauteur gigantesque de 60 mètres et au delà. Quoique de la même tribu que le *strobus*, il en diffère par le port; il a les feuilles plus raides et ne se maintient droit qu'en massif. Ses feuilles ont une teinte glauque, comme celles du strobus, et ses cônes, minces et allongés comme ceux de toute sa tribu à feuilles quinées, atteignent la longueur énorme de 30 à 40 centimètres, avec un diamètre de 9 centimètres. Selon les voyageurs, ses graines, comestibles, ont un goût sucré, et M. Boursier de la Rivière, en particulier, affirme s'être nourri d'une sorte de manne sécrétée par son vieux bois.

Comme les autres pins de cette tribu, à cinq feuilles, il demande

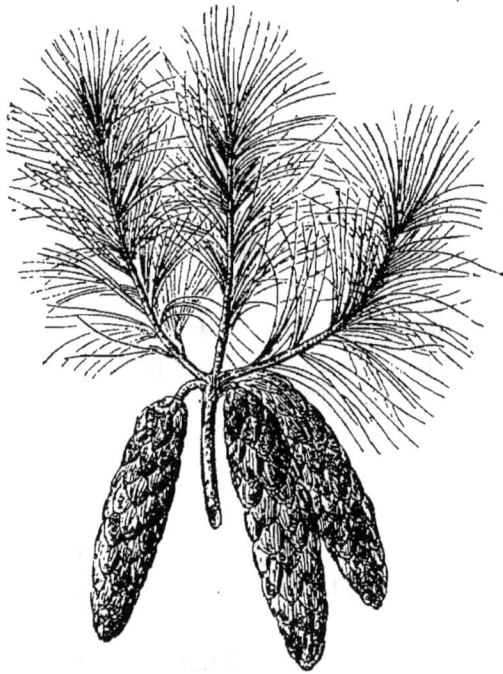

Fig. 198. — PIN élevé.
(1/6 dim. naturelle).

des soins assidus en pépinière pendant les premières années. Comme eux, probablement, il devient rustique, une fois bien enraciné, et se transplante facilement; mais sa culture est encore trop nouvelle pour que nous puissions nous prononcer sûrement à cet égard. Cette culture constitue cependant une expérience fort intéressante, en raison de la nature remarquable du sujet.

Selon Veitch, un sujet isolé de cette espèce demande un rayon clair de 8 mètres.

ÉPICÉAS ET ESPÈCES VOISINES

389. — **L'Épicéa** (*Abies excelsa*). — Nous avons déjà décrit l'épicéa et sa culture au point de vue forestier, et nous n'avons pas besoin ici de nous étendre sur ses qualités décoratives. Isolé sur la pelouse, où il atteint une taille superbe et forme toujours une parfaite pyramide de verdure; en bordure, constituant de belles avenues et fournissant un ombrage et un abri fort efficace; en massif, mélangé à d'autres essences et, sans les gêner, donnant le couvert nécessaire à la terre, il est toujours à sa place, et l'on peut dire qu'il est le plus utile et le plus rustique des arbres d'agrément, tout en étant un des plus beaux. Il serait parfait si, à l'élégance de ses rameaux pendants, il ajoutait les tons argentés des vrais sapins. Cependant la teinte sombre de son feuillage, sur lequel se détache au printemps le vert tendre des jeunes pousses, lui constitue à ce moment de l'année un mérite décoratif des plus remarquables.

390. — L'épicéa, qui a beaucoup de racines chevelues et un pivot peu prononcé, supporte bien la transplantation. Nous en avons transplanté des pieds jusqu'à l'âge de quinze ans, dans des sols et par des saisons très défavorables, et presque toujours avec succès.

Ces sujets, misérables pendant les deux ou trois ans qui suivent la plantation, finissent par s'établir dans leur nouvelle demeure et par pousser vigoureusement.

391. — Il y a plusieurs variétés d'épicéas de fantaisie; la seule vraiment vigoureuse que nous connaissons (*fastigiata*) est celle à rameaux dressés, dont il existe un beau jeune spécimen dans le jardin du Petit-Trianon. *Clanbrasiliana* est une variété naine qui pousse en petit buisson. Il faut avouer que nous n'avons aucune prédilection pour les avortons de cette sorte, chers aux jardiniers;

Fig. 199. — SAPIN ou TSUGA du Canada (*Hemlock spruce*).

nous trouvons qu'il existe assez de beaux arbustes et arbrisseaux à l'état naturel, pour les cultures des petits jardins, sans qu'on se mette en quête d'arbres artificiellement dénaturés et rabougris.

392. — Les Épicéas blanc et bleu (vulgairement sapinettes. *Abies alba et cærulea*). — Ces épicéas sont originaires du Canada et des États limitrophes. Ils se recommandent à l'amateur par les tons particuliers de leur feuillage, formant une heureuse diversité dans les massifs de conifères, mais ils sont moins vigoureux et d'une croissance moins rapide que l'épicéa commun. Ils se transplantent avec une égale facilité. Pour se bien développer, ils exigent un sol léger, frais et profond.

393. — Épicéa de l'Orient (*Abies orientalis.*) — Moins grand que l'épicéa ordinaire, cet arbre est pourtant un des plus décoratifs de la tribu. Il habite les monts Taurus et la région du Caucase, où il forme de grandes forêts; il se trouve aussi auprès de Trébizonde et de la côte sud-est la mer Noire. Malgré son origine orientale, il est parfaitement rustique et résiste aux froids de notre climat.

Ses rameaux petits et fins portent des feuilles courtes et raides, d'un beau vert brillant, serrées et comprimées autour de leurs tiges, ce qui les fait paraître plus petites encore. En raison de cette légèreté et de cette raideur, les branches sont plus dressées que celles de l'épicéa ordinaire, et les petits rameaux pointus dont elles sont hérissées donnent un aspect original à l'ensemble de l'arbre. Au printemps, ses jeunes pousses sont d'un jaune brillant, puis d'un vert tendre, qui contrastent d'une façon remarquable avec les tons foncés du feuillage plus âgé.

L'épicéa d'Orient, comme l'espèce ordinaire, se transplante facilement et s'accommode de la plupart des terrains, mais dans les sols secs sa croissance est moins rapide et moins vigoureuse que dans les terres fraîches, légères et profondes, qui conviennent le mieux à tous les conifères.

394. — Épicéa de Menzies ou de l'Ile Sitche (*Abies Menziesii, v. Sitchensis*). — L'épicéa de Menzies habite une région considérable dans l'ouest de l'Amérique du Nord, s'étendant du 42ᵉ degré de latitude en Californie, jusqu'au 67e dans la Colombie britannique. C'est auprès de l'embouchure du fleuve Columbia qu'il atteint sa plus grande taille..

Planté dans un terrain frais et assez riche en humus (les sols secs et maigres ne lui conviennent point), il forme bientôt, car sa croissance est très robuste, une pyramide de superbe verdure glauque, large à la base d'une douzaine de mètres ; à l'état isolé, il faut donc lui donner un large espace, environ 8 mètres de rayon sur les pelouses. Ses feuilles striées d'argent se dressent raides sur les rameaux qu'elles entourent, assez ressemblantes à celles du pinsapo ; elles sont pourtant plus longues, plus fines et plus piquantes, et le port de l'arbre, tout en rappelant celui du pinsapo, frappe par son aspect particulier d'ampleur luxuriante.

C'est un arbre décoratif de premier ordre, d'autant plus qu'il réunit au port gracieux de l'épicéa, les tons gais des sapins argentés.

Fig. 200. — Cônes du Tsuga du Canada à l'extrémité d'un rameau chargé de fleurs mâles. Grandeur naturelle.

Comme tous les épicéas, il se transplante très facilement. Dans son pays natal, son bois est excellent. En raison de cette qualité et de sa rusticité à toute épreuve, cet arbre a été introduit, à titre d'essence utile, dans les forêts de l'État, en Prusse.

395. — Sapin du Canada, Hemlock Spruce (*Tsuga v. Abies Canadensis*). — Le *Hemlock spruce* a les rameaux pendants, presque pleureurs, et ses feuilles ressemblent particulièrement à celles de l'if, par la forme, par la couleur et aussi par leur disposition en rangs opposés (distique). Il se recommande par la légèreté et l'élégance de son port, mais il est délicat, il redoute l'ardeur du soleil et ne réussit bien que dans les situations abritées et très fraîches.

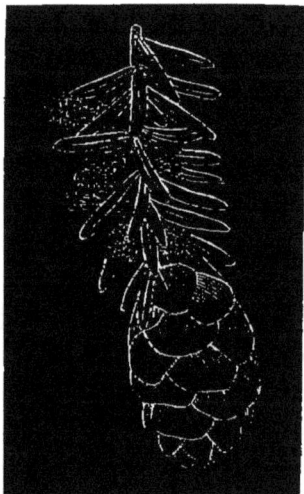

Nous ne l'avons jamais transplanté, mais nous croyons que sa reprise doit être facile, comme celle de tous les épicéas, dont il est proche parent.

396. — Sapin de Mertens ou du Prince Albert (*Tsuga Mertensiana (v. Albertiana*). — C'est un type supérieur de la même tribu, originaire de la même région ; ressemblant beaucoup au hemlock-spruce ; il est plus rustique et atteint une plus belle taille ; son bois, lorsqu'il a bien mûri, est de bonne qualité. Ses plants sont encore rares, mais, comme l'espèce tend à se propager, nous croyons qu'ils seront bientôt d'un prix abordable. Parfaitement rustique et très gracieux, d'une croissance fort rapide, il mérite d'être plus connu et plus recherché.

397. — Sapin de Douglas (*Abies Douglasii, pseudo-tsuga Douglasii*). — Ce beau sapin, d'une taille gigantesque dans son pays natal, le nord-ouest de l'Amérique septentrionale, où il atteint jusqu'à 90 mètres de hauteur, forme une transition entre le type de l'épicéa et celui du *tsuga*, dont le genre le plus commun est le sapin de Canada, à rameaux fins et pendants.

398. — C'est une essence de premier mérite et qui paraît être appelée à un avenir superbe comme arbre forestier. Sa rusticité, s'accommodant de mauvais sols et résistant parfaitement aux gelées de printemps comme à celles d'hiver, l'extrême rapidité de sa croissance, la qualité supérieure de son bois, tout chez lui semble le désigner à ce rôle. Aussi l'introduit-on sur une assez grande échelle dans les forêts de l'Écosse. A l'Exposition forestière d'Édimbourg, en 1884, nous avons vu des échantillons de son bois employé en palissades et qui, bien qu'exploité jeune, s'était bien conservé en terre. En Angleterre et en Écosse, il promet déjà de dépasser en hauteur toutes les espèces indigènes.

Il existe au jardin botanique de Kew un mât fait d'un arbre de cette essence, et qui mesure 50 mètres de haut sur un diamètre de 55 centimètres à la base.

Ses habitudes, dans sa jeunesse, ressemblent complètement à celles de l'épicéa, et sa pousse est même plus vigoureuse. Son développement est plus ouvert, son port moins raide, son feuillage d'un vert glauque disposé plus clair, sur des rameaux moins réguliers, de sorte que son aspect général est plus gai.

Il est aussi rustique que l'épicéa et ne se prête pas moins bien à la transplantation.

Ses cônes, longs de 6 à 9 centimètres, présentent cette particularité, la même que chez *A. nobilis*, que les écailles sont couvertes et dépassées par de longues bractées à pointe en forme de flèche.

Sa cime, d'une sève trop abondante, risque fort, chez les sujets isolés, d'être cassée par les oiseaux ; il est donc préférable de le planter en massif, en groupes ou en bordures.

Sa graine est encore coûteuse dans le commerce, et sa levée est difficile ; ses jeunes plants, de deux à trois ans, valent aujourd'hui de 30 à 40 fr. le mille, suivant leur qualité.

Nous possédons des sujets de cette essence, âgés d'une quinzaine d'années, qui végètent bien dans un terrain maigre et sec, mais nous supposons que, comme presque toutes les essences américaines, elle se plaira mieux en terrain léger, profond, et ayant une certaine quantité d'humus. Il existe au jardin du Petit-Trianon, dans un sol de cette nature, des massifs de cet arbre, âgés d'environ vingt ans, qui ont déjà atteint une taille considérable et qui poussent avec une grande rapidité.

400. — La qualité excellente de son bois, lorsqu'il a mûri dans de bonnes conditions, le rend propre à la menuiserie de luxe, et les meubles coquets de ce qu'on appelle *pitch-pine* sont principalement, croyons-nous, en bois de sapin de Douglas, quoique ce nom soit proprement celui du pin des marais (*Pinus rigida*).

Le bois est lourd, fort, mais en même temps élastique, aussi foncé en couleur que celui de l'if. Il est peu noueux et n'est pas sujet à travailler.

L'arbre atteint de grandes dimensions même dans des climats différents ; très résineux, son bois, comme celui du pin noir, peut même être brûlé vert. M. Veitch constate qu'une forêt de sapins de Douglas, située vers l'embouchure de la Williamette, contient plus de bois qu'une étendue égale de toute autre essence, même dans les régions tropicales, et que la plus grande partie de ce bois est propre au travail; car, dans ces massifs assez pressés, l'arbre se dépouille de ses branches et forme un fût cylindrique d'une hauteur immense.

En définitive, nous trouvons cet arbre excellent à cultiver et comme arbre d'agrément et comme porte-graines en vue de sa propagation sur une grande échelle à l'avenir, si, comme tout porte à le croire, son développement sous nos climats soutient les promesses de son enfance.

SAPINS ARGENTÉS

401. — **Le Sapin ordinaire** (de Normandie, des Vosges, *Abies pectinata*) est trop connu pour que nous nous étendions sur ses qualités décoratives. Il se recommande par sa teinte glauque, mais son profil est raide et manque d'élégance; mélangé avec les essences feuillues, il est pourtant d'un bel effet. La délicatesse de ses jeunes plants, fort sensibles aux gelées printanières, le rend moins propre que l'épicéa à être propagé partout; il est plus exigeant à l'égard du sol aussi bien qu'à l'égard du climat, mais il devient fort imposant lorsqu'il atteint sa grande taille, et sa faculté de se reproduire abondamment sous l'ombre le rend utile au sylviculteur. Dans le Jura, certains massifs avec des groupes disséminés, donnent aux paysages l'aspect de superbes parcs naturels.

402. — **Sapin de Nordmann** (*Abies Nordmanniana*). — Originaire du Caucase, cette espèce est bien supérieure à la précédente pour les plantations d'agrément. Le sapin de Nordmann est un des plus beaux conifères connus. Ses branches, qui se maintiennent droites, horizontales, sont couvertes de feuilles d'un beau vert foncé. Celles-ci sont longues de 3 centimètres environ; elles entourent le rameau qui les porte; celles du dessus sont dressées, celles du dessous se dirigent horizontalement. Les cônes, qui sont seulement un peu

ovoïdes, ont de 12 à 15 centimètres de longueur sur 6 à 7 de largeur.

Poussant très tard au printemps, mais assez rapidement pour mûrir ses pousses avant l'automne, le sapin de Nordmann est très rarement atteint par les gelées les plus intempestives. Il est donc doublement recommandable par sa rusticité, supérieure à celle de la plupart de ses congénères, et par son bel effet décoratif.

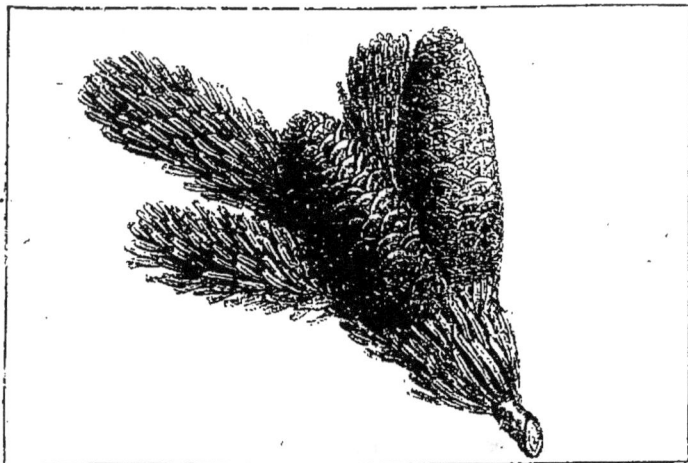

Fig. 201. — Sapin de Nordmann.

403. — **Sapin pinsapo ou d'Espagne** (*Abies pinsapo*). — Le pinsapo est un grand arbre de 20 à 25 mètres de haut, qui habite les montagnes du centre et du sud de l'Espagne ; il forme de grandes forêts sur la Sierra Nevada, à des altitudes variant de 1,200 à 2,000 mètres.

404. — C'est un arbre d'ornement de premier ordre, formant une pyramide régulière, mais très élargie, en raison de sa puissante croissance latérale, et d'une très belle nuance. Son port a cette particularité que les rameaux, au lieu de se diriger horizontalement à droite et à gauche des branches principales, sont disposés en verticilles à angles droits autour de ces branches, et, poussant dans tous

les sens, forment une masse de végétation qui cache complètement le tronc de l'arbre ; d'autant plus que les feuilles, nombreuses, courtes, charnues, raides, presque piquantes, entourent et garnissent, elles aussi, complètement les rameaux. Cette disposition et cette forme des feuilles, aussi bien que leur nuance particulière, fait songer à l'étrange famille des cactées, qui habite les mêmes latitudes.

Le pinsapo n'est peut-être pas apprécié à sa véritable valeur comme arbre d'ornement. Nous croyons qu'on se méfie, à tort, de sa rusticité. Beaucoup de jeunes pieds ont souffert, il est vrai, des gelées anormales de 1879-1880, mais peu, excepté les très jeunes plants, y ont succombé, et depuis, après avoir perdu quelques branches basses, tous les pieds que nous avons pu observer se sont remis, et poussent aussi vigoureusement qu'avant

Fig. 202. — Cône de SAPIN D'ESPAGNE. (1/4 des dim. naturelles).

cette rude épreuve. Lorsque nous considérons le peu de probabilité du retour de froids aussi exceptionnels dans nos contrées, nous sommes autorisé à croire qu'une essence qui s'est si bravement comportée est douée d'une rusticité suffisante, et que nous pouvons en toute sûreté élever ce magnifique arbre sur nos pelouses.

Enfin, le pinsapo a encore cette qualité spéciale de s'accommoder mieux que tout autre sapin (excepté peut-être celui de Douglas), d'un terrain sec et calcaire. Il va sans dire qu'on doit préférer, quand on peut choisir, un sol frais et sain. Il se plait moins dans les terrains siliceux et granitiques que dans les calcaires ; il y forme difficilement une tête à l'état de jeune plant, et conserve plus tard une tendance à bifurquer.

405. — **Sapin baumier** (*Abies balsamea*). — Cette espèce, originaire des territoires du Canada et des États-Unis qui entourent la chaîne de grands lacs, a droit, par son élégance et surtout par sa très grande rusticité, à une place de second rang parmi les conifères d'agrément.

Ce n'est, à la vérité, qu'un arbre de taille médiocre, joli diminutif du sapin argenté, qui, poussant assez vite, atteint bientôt sa maturité. Mais il est charmant par son odeur balsamique, par son feuillage d'un joli vert bleuâtre, contrastant heureusement avec la teinte des conifères voisins, enfin par la couleur de ses cônes, d'un beau pourpre, qui se dressent sur les rameaux de l'arbre dès un âge peu avancé. Ses feuilles, dressées autour des jeunes rameaux, deviennent distiques sur les vieux.

Comme sa croissance au printemps est un peu tardive, il souffre très rarement des gelées. Rustique sous tous les rapports, il vient bien dans les sables les plus maigres, pourvu qu'ils ne soient pas complètement dépourvus de fraîcheur, et il peut se transplanter jusqu'à un âge assez avancé.

406. — **Abies concolor v. lasiocarpa.** — Originaire de la grande chaîne des Montagnes Rocheuses, où il prospère à des altitudes variant de 1,000 à 1,600 mètres, cet arbre est (signe infaillible de rusticité) celui qui occupe l'aire la plus étendue de tous les sapins argentés de l'Amérique. Il doit son nom (signifiant : de couleur homogène) à cette heureuse particularité, que ses feuilles sont à peu près aussi glauques en dessus qu'en dessous. Elles sont distiques en rangs doubles, dont les inférieurs, plus développés que les supérieurs, atteignent une longueur, extraordinaire chez les sapins, de 5 à 6 centimètres. Les cônes, presque cylindriques, ont de 10 à 15 centimètres de longueur ; ils se composent d'écailles serrées, surmontées de bractées découpées, qui leur donnent une apparence élégante.

14

En définitive, ce sapin, encore rare, est à bon droit l'un des conifères les plus recherchés, en raison de ses qualités décoratives et de sa parfaite rusticité, qui ne craint ni les gelées du printemps ni celles de l'hiver, et qui s'accommode, dans la jeunesse de l'arbre au moins, de terrains secs et maigres.

Comme toutes les essences dont l'aire est très étendue, il présente plusieurs variétés dans les climats très différents où il pousse, ce qui a donné lieu à quelques confusions dans sa nomenclature. C'est la variété californienne, à feuilles un peu plus longues et plus foncées que chez celle du Colorado, qui a été improprement nommée *lasiocarpa* par la maison Veitch. Mais cette erreur a été corrigée dans son dernier ouvrage (*Manual of Coniferæ*, London 1881). Les variétés nommées *Lowiana* et *Parsonsiana* ne sont que des types différents du même arbre.

Nous devons cependant observer que MM. Transon frères, à Orléans, constatent une distinction fort nette entre *Abies lasiocarpa* et la variété *concolor*, qui dans leurs pépinières présente la particularité indiquée par son nom, à un degré beaucoup plus marqué que chez les types communs.

407. — **Le Sapin noble** (*Abies nobilis*) est encore un géant du nord-ouest de l'Amérique, dont l'aire s'étend des monts Shasta en Californie jusqu'aux rives du fleuve Columbia dans l'Orégon. Il justifie pleinement son nom, donné par le grand explorateur Douglas, qui le découvrit et qui « ne put cesser de l'admirer » pendant trois semaines passées dans les vastes forêts où cette espèce domine et où son vaste tronc, habillé de verdure de la tête au pied, s'élance jusqu'à la hauteur de 60 à 70 mètres. Son contour est régulier sans raideur ; ses branches sont horizontales, les inférieures un peu pendantes en raison de leur poids ; les feuilles, insérées tout autour des rameaux, qui en paraissent très fournis, sont d'un vert foncé glauque, bleuâtre, et sont quelquefois longues de 3 centimètres. Ses cônes, d'environ 15 centimètres de longueur, ont, comme ceux de l'espèce *concolor*, des bractées couvrant les écailles, mais avec cette particularité qu'elles sont plus volumineuses et que leurs lon-

gues pointes se recourbent ; ces cônes sont des plus remarquables.

Parfaitement rustique, le sapin noble s'accommode de tous les sols légers, mais nous croyons que, pour lui assurer la magnifique croissance qui lui est naturelle, il doit être planté dans une terre fraîche et profonde. En terre forte, il pousse avec une lenteur

Fig. 203. — Cône du SAPIN noble.

déplorable. Nous en avons un pied qui végète bien en terre légère et sablonneuse.

408. — **Le Sapin magnifique** (*Abies magnifica*), habitant aussi la Californie et l'Orégon, est tellement proche parent du sapin noble qu'il a souvent été confondu avec lui. Cette similarité intime nous dispense d'en faire une description prolongée ; on relève chez lui, comme seule différence notable, une teinte plus claire des feuilles, un peu plus de longueur des cônes, avec une disposition modifiée des écailles.

Le sapin magnifique, selon Veitch, est spécialement rustique à l'égard des gelées du printemps, sa croissance dans cette saison étant tardive.

409. — **Abies amabilis** est une autre forme du même type, assez difficile à caractériser, la nomenclature de ces espèces, observées dans leur station naturelle par un nombre limité de botanistes, étant extrêmement confuse. L'espèce connue sous ce nom dans les cultures est plus exposée à souffrir des gelées printanières que la précédente.

Ses feuilles sont plus longues, et ses rameaux plus pleureurs, que chez *A. nobilis*, ce qui lui donne un aspect de grande élégance.

410. — **Abies grandis**, du même développement colossal, dans les mêmes régions que les espèces précédentes, a un port moins régulier, mais non moins élégant, que la plupart des sapins argentés. Il est rustique comme le sapin commun, mais ses jeunes plants redoutent, comme les siens, les gelées printanières ; ils doivent donc être plantés à des expositions froides abritées du midi et de l'est.

411. — Nous ferons la même observation à l'égard du **sapin de Céphalonie** (*Abies Cephalonica*), dont l'effet sur les pelouses, surtout au printemps, lors du développement des jeunes pousses, est superbe. C'est un arbre de 20 mètres à la puissante ramure, aux feuilles raides, piquantes, presque aussi longues que celles de *Nordmanniana*. Ces feuilles, dressées sur les jeunes rameaux, sont plus ou moins distiques sur ceux plus âgés. Les cônes, longs d'environ 15 centimètres, ressemblent à ceux du sapin argenté. En raison de la longueur de ses branches inférieures, le sapin de Céphalonie demande, à l'état isolé, un espace clair ayant de 8 à 10 mètres de rayon.

Ses jeunes pousses se développent de bonne heure au printemps. Il est donc expédient de le planter à une exposition froide pour retarder sa végétation à cette époque et la garantir de la gelée.

412. — Le **Sapin de Cilicie** (*A. Cilicica*), natif des montagnes d'Asie-Mineure, est, comme le précédent, auquel il ressemble étroitement, un arbre de taille moyenne. « Ses feuilles, longues de 3 à 4 centimètres, sont luisantes et d'un vert foncé en dessus, un peu glauques en dessous. Ses cônes sont longs de 20 centimètres, obtus au sommet... »

« Les gelées tardives lui nuisent souvent sous le climat de Paris. » (Dubois, *Conifères de pleine terre*, p. 49.)

Nous devons cependant dire que ce sapin a été trouvé rustique aux froids dans les pépinières des Barres.

413. — Le Mélèze (*Larix Europœa*). — M. de Chambray (*Traité des Conifères*, Paris, 1845) observe que le mélèze est très propre à être employé en allées par suite de la régularité de sa forme; on pourrait presque dire, continue-t-il, qu'il est nécessaire dans les massifs des parcs, où son vert clair tout particulier contraste avec celui des autres conifères. Il est surtout remarquable lorsqu'il porte des fleurs femelles; leur rouge violet éclatant mêlé avec le vert si tendre de ses feuilles est d'un effet très agréable.

Sa croissance se maintient particulièrement droite; nous en possédons quelques pieds dont la flèche a été cassée au moment de la sève; ils s'en sont refait une autre en huit jours et ne sont nullement déformés par suite de l'accident.

C'est surtout en mélange avec les conifères à feuilles persistantes que son feuillage léger, d'un vert clair et gai, produit un contaste agréable. D'ailleurs, sa parfaite rusticité, sa croissance vigoureuse et sa forme élancée le rendent éminemment propre à former, soit des bordures d'allées, soit une garniture pour les essences plus rares et plus précieuses dans les grands massifs.

Il se transplante assez facilement en motte, jusqu'à la hauteur de 2 mètres, mais ses plants *boudent* pendant un an ou deux après ce changement, avant de s'élancer avec leur vigueur habituelle.

Il existe plusieurs variétés de mélèze, originaires, l'un des Himalayas, les autres du Japon, de la Californie, de l'Orégon et du Canada (cette dernière s'appelle vulgairement Tamarac). La plus décorative de toutes est celle de Kæmpfer, native de la Chine; mais nous ne pouvons pas garantir sa rusticité.

LES CÈDRES

414. — Que pouvons-nous avoir à dire de ces patriarches des conifères qui ne soit déjà connu de tous nos lecteurs ? Signalons une particularité de leur organisation. Celle-ci ressemble d'une manière générale à celle du mélèze ; les feuilles des deux genres, contrairement à celles des autres conifères, sont portées en bouquets autour de l'axe des rameaux ; les cônes, sessiles, se dressent pareillement sur les branches, avec cette seule différence, que ceux des cèdres sont plus grands que ceux des mélèzes et que leurs écailles, comme chez les sapins argentés, se détachent et tombent, laissant l'axe se dresser tout nu sur la branche, tandis que les cônes du mélèze persistent tout entiers comme ceux des pins et des épicéas. On pourrait presque dire, en regardant leur conformation générale, que le cèdre est un mélèze à feuilles persistantes, ou le mélèze un cèdre à feuilles caduques.

Fig. 204.
Cône du Cèdre du Liban.

415. — Cependant, quelle différence de port et d'aspect entre les deux essences ! Tandis que le mélèze, comme le Wellingtonia, s'élève en cône régulier et serré et garde, jusqu'à son dernier jour, cette forme élancée, le **cèdre du Liban** s'étend en vaste pyramide étalée, dès sa jeunesse, et vieux, se dégarnit de la base pour porter en haut son énorme couronne de verdure. Tandis que les artistes et les poètes, qui aiment les contours hardis et irréguliers, méprisent le mélèze parce qu'« il n'a véritablement ni ramure ni feuillage » (Wordsworth), le cèdre, qui lui ressemble tant d'ailleurs, étend au loin ses membres robustes, souvent aussi forts que des arbres ordinaires ; il est, sous ce rapport, le *chêne* de la famille à feuilles persistantes.

Nous ne pourrons jamais assez admirer la diversité infinie de la nature; et nous devons en profiter en disposant chacun des sujets que nous plantons de manière à mettre ses mérites particuliers en pleine lumière.

Ainsi les cèdres, soit isolés, soit en ligne, demandent une large place pour étaler leurs belles proportions sur les pelouses; cet espace doit avoir un rayon de 10 à 12 mètres.

416. — **Le Cèdre de l'Atlas** (*Cedrus Atlantica*), qui ne semble être qu'une variété du prototype, celui du Liban, offre l'avantage d'une croissance très rapide; il a la verdure plus glauque, et le port, dans sa jeunesse, moins étalé. Sa flèche et les bouts de ses branches sont complètement droits, tandis que ceux de *C. Libani* s'inclinent légèrement. En Algérie, cette essence constitue de grandes forêts sur les montagnes, surtout dans la province de Constantine.

417. — **Le Cèdre déodar de l'Himalaya** (*Cedrus deodara*) (en sanscrit, arbre des dieux) a les feuilles plus longues, et ses branches, longues et grêles, pliant sous leur poids, lui donnent le port d'un arbre pleureur, au moins pendant sa jeunesse. Plus tard, dans sa station naturelle, il s'élargit, il s'étale, mais sa cime ne devient jamais si plate que celle de son congénère du Liban. Son bois est préféré à tout autre par l'habitant des Himalayas.

418. — Le déodar est beaucoup plus facile à transplanter que les deux autres cèdres, qui *boudent* pendant deux ans après la plantation, et cette qualité, avec sa rapidité de croissance et l'extrême élégance de son port, le recommandent comme arbre d'agrément de premier mérite.

Il vaut mieux planter les cèdres petits que grands. Les sols secs semblent leur être contraires; il leur faut une terre de pelouse, légère, mais fraîche et profonde.

419. — Les cèdres sont rarement atteints par les gelées du printemps. Ils ont souffert plus ou moins de l'hiver anormal de 1879-1880, où un magnifique centenaire, planté par Jussieu à Vrigné (Loiret), et qui avait résisté aux grands froids de 1788-1789, a succombé. Le déodar, qui a gelé dans le Centre et dans l'Est, a résisté,

dans le Bocage normand, à 14 degrés de gelée (1). Il a résisté, en Sologne, à 21 degrés en 1890-91.

Fig 205. — CÈDRE du Liban.

420. — Taxodier distique, Cyprès chauve ou de Louisiane (*Taxodium distichum*).

1. — C. Baltet, *l'Action du froid sur les végétaux pendant l'hiver 1879-1880.* Paris, 1882.

Fig. 206. — CÈDRE déodar.

Le taxodier qui, avec le mélèze et le gingko, est le seul des conifères ordinairement cultivés qui perde ses feuilles en hiver, est un arbre des climats chauds et humides; cependant il est parfaitement rustique dans toute la France. Dans la Louisiane et les États environnants, on le trouve dans d'immenses marais, où il occupe quelquefois des milliers d'hectares, et sur les bords de quelques rivières; dans bien des situations, son tronc est inondé pendant plusieurs mois, quelquefois jusqu'à la hauteur de 3 mètres à 3m25 au-dessus de ses racines ! Cet arbre aime les marais, les plus profonds, les plus inaccessibles; il prospère au milieu des eaux, surtout dans les terrains tourbeux-sablonneux; sa végétation est bien moindre dans les marais à base d'argile.

Il développe avec sa grande taille une très forte épaisseur. Certains sujets mesurent 120 pieds de haut et ont une circonférence de 40 à 45 pieds, ou plus du tiers de la hauteur, proportion extraordinaire.

Les feuilles du taxodier, placées en rangs opposés comme celles de l'if, sont du vert le plus tendre et, à l'automne, avant de tomber, elles deviennent de rouge brique, contrastant d'une façon remarquable avec la verdure des autres conifères. Cet arbre porte des fleurs mâles et des fleurs femelles disposées en chatons; ses cônes, qui ont de 2 à 3 centimètres de diamètre, sont durs, presque ronds, et leur surface est d'un brun rougeâtre.

421. — Dans les lieux qui lui sont les plus favorables, il acquiert, selon Michaux (1), 40 mètres de hauteur sur 8 à 12 mètres de circonférence au-dessus de sa base conique, dont la grosseur à la surface du sol est toujours trois ou quatre fois plus considérable que celle du corps de l'arbre. En raison de ce fait, les nègres chargés d'abattre ces cyprès sont obligés d'élever des échafaudages pour les couper à l'endroit où le tronc commence à prendre une grosseur uniforme. De la surface des racines des plus gros arbres, *surtout de ceux qui sont les plus exposés aux inondations*, naissent des espèces

1.—*Histoire des arbres forestiers de l'Amérique septentrionale. Paris*, 1813, 1814.

d'exostoses ou protubérances coniques qui ont jusqu'à 1ᵐ30 à 1ᵐ60
de hauteur, mais communément 40 à 60 centimètres. Ces exostoses,
toujours creuses à l'intérieur, et dont le sommet est lisse, sont cou-

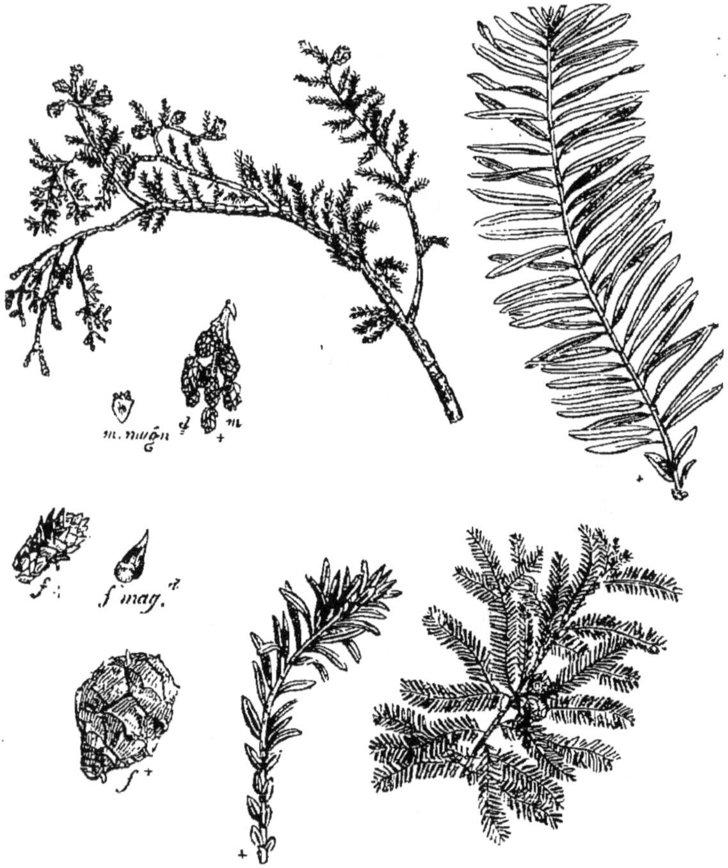

Fig. 207 à 215. — CYPRÈS de Louisiane (*Taxodium distichum*).

vertes d'une écorce rousse comme celle des racines, auxquelles elles
ressemblent par leur texture ligneuse, mais tendre.

Ces excroissances bizarres sont bien connues, sous le nom de *cypress knees* (genoux de cyprès), des malheureux voyageurs, aux-quels elles rendent difficile et pénible la circulation dans les forêts marécageuses où elles se trouvent. Leur raison d'être a toujours été pour nous un problème. Nous avons observé qu'en France, comme en Amérique, elles ne semblent exister que sur les bords des cours d'eau qui sont sujets à être inondés, et qu'elles ne paraissent pas en terre saine quoique fraîche. Faut-il voir là, de la part de la nature, une tentative de drageonnage avortée, ou bien une provision pour l'aération des racines lorsque la terre où elles se développent est couverte d'eaux stagnantes; ou bien encore, un simple gonflement des racines par suite d'un excès de sève aqueuse?

422. — Le taxodier, par son port gracieux et par les nuances de son feuillage, qui diffèrent de celles de tout autre conifère, se désigne comme un excellent arbre d'agrément. Son tempérament rustique résiste aux plus grands froids; nous avons pourtant quelquefois vu sa pousse, mal mûrie, rabattue par les gelées de l'automne.

423. — Comme arbre utile, il peut être avantageusement cultivé sur les bords des rivières où, avec son réseau de racines extrêmement puissant, il sert à consolider les berges et à en prévenir l'érosion par les courants. Peut-être pourrait-il aussi rendre service dans les tourbières sablonneuses, mais nous croyons que dans nos climats, où la stagnation des eaux entretient une température très basse dans le sous-sol, défavorable à toute végétation, il est nécessaire d'assainir les marais avant d'y planter quoi que ce soit. Toujours est-il que nous n'avons jamais vu en France une végétation forestière satisfaisante dans une tourbière non assainie.

424. — La réussite du taxodier, comme celle du pin Weymouth, dans nos climats, est sûre; cela est prouvé par son développement dans bien des localités et à bien des expositions différentes. La pièce d'eau du jardin de Trianon, devant le hameau de Marie-Antoinette, est entourée de beaux pieds de cette essence; il s'en trouve d'également beaux dans le parc anglais de Fontainebleau. On en cite, dans la vallée du Loiret, des sujets de première grandeur, et nous en connaissons nous-même, dans le jardin potager du château de La Ferté-

Imbault, en Sologne, dans la vallée de la Sauldre mais non pas sur ses bords, deux pieds vénérables ayant une hauteur d'environ 30 mètres, avec une circonférence de 3m70' et de 4 mètres chacun. C'est donc un arbre qui peut être planté hardiment partout en terrain convenable, ce qui n'est pas le cas, entendons-le bien, pour toutes les belles nouveautés dont la culture n'est encore qu'à l'état d'expérience.

Les jeunes plants du taxodier sont rustiques et se transplantent assez bien, quoiqu'ils aient le pivot très fort, jusqu'à ce qu'ils subissent le premier repiquage.

LES ESQUOIAS

425. — **Le Wellingtonia** (*Sequoia gigantea*, *Sequoia Welling-gtonia*, *Washingtonia gigantea*) le plus grand des conifères, quoique son aire soit extrêmement restreinte (il n'a été trouvé que dans deux massifs californiens, *Calaveras* et *Mariposa groves*), est pourtant d'une grande rusticité. Son mérite extraordinaire comme arbre d'ornement est trop connu pour que nous ayons besoin de le décrire; quiconque a vu une fois ce superbe cône de verdure claire ne peut plus l'oublier.

Isolé sur une pelouse, il produit un effet unique ; réuni à d'autres arbres dans les massifs d'ornement, sa nuance particulière, qu'il conserve tout l'hiver, est très décorative, et ses branches, courtes, serrées contre le tronc, empiètent aussi peu que possible sur les autres végétaux.

Sa croissance se dirige en ligne droite avec une telle puissance que si, par accident, sa flèche se trouve cassée au moment de la sève, en huit jours elle est refaite, et l'arbre n'en est nullement déformé. Nous avons observé le même fait chez le mélèze.

Si une double flèche se produit par suite d'un tel accident, il faut avoir soin d'en retrancher une pour ne conserver qu'une seule tige.

426. — Le développement du Wellingtonia est tellement rapide dans les terres légères et saines où il demande à être planté, que, même dans des sables très maigres, nous avons trouvé son acroissement annuel en bois supérieur à celui du pin sylvestre. Un pied, planté par nous dans un terrain aride, en 1870, avait, lorsqu'il fut tué par les gelées de 1879, un mètre de circonférence tout près de terre. Cette largeur, il est vrai, ne se soutient pas, le tronc, comme le reste de l'arbre, s'élançant en cône régulier, mais le développement supérieur est bien proportionné.

427. — Malheureusement, en 1879, tous les très jeunes sujets succombèrent aux grands froids, mais beaucoup de pieds qui avaient alors atteint l'âge de quinze, de vingt et trente ans, subsistent encore et ont parfaitement recouvré leur vigueur momentanément compromise par cette rude épreuve. Dans les jardins de Tours, on peut voir des échantillons superbes qui, étant alors en âge de résister, n'ont pas souffert ; à Trianon et dans les jardins de particuliers de Versailles, les Wellingtonias, qui ont aujourd'hui environ 15 mètres de haut, ont, il est vrai, perdu leurs branches inférieures, jusqu'à 3 mètres au-dessus du sol, mais, à part cela, leur développement est aussi beau que jamais.

Nous pensons donc, comme à l'égard du pin laricio et du sapin pinsapo, que nous pouvons continuer à planter cet arbre magnifique sans crainte de le voir détruire par les froids, car il est peu probable que des gelées d'une telle rigueur se représentent avant qu'il ait pris assez de force pour pouvoir y résister. Cette espèce, d'ailleurs, a résisté à 21° de gelée en 1890-1891.

Le Wellingtonia préfère, nous l'avons dit, les terres légères, saines, et, dans sa jeunesse au moins, il végète vigoureusement dans les sables les plus maigres, pourvu qu'ils ne soient pas complètement dépourvus de fraîcheur et qu'ils soient profonds. Dans les terres fortes et humides, sa croissance est moins vigoureuse.

Sa transplantation n'étant pas facile, il est généralement élevé et vendu en pots. Cette précaution étant observée et suivie d'une plantation soigneuse, sa reprise est assez sûre.

C'est uniquement comme arbre d'agrément que le Wellingtonia est digne de nos soins. Sur les routes forestières, il peut former des bordures d'un superbe effet, mais son bois, même dans sa patrie, est peu estimé.

428. — **Sequoia toujours vert ou à Feuilles d'If**, *Sequoia sempervirens*, plus proprement *taxifolia* (Kirwan). *Californian Redwood* — Sans l'existence de son congénère, encore plus gigantesque, cet arbre, avec le sapin de Douglas, serait considéré comme le colosse des conifères ; on l'a vu, très rarement il est vrai, atteindre la hauteur de 90 mètres. Son aire est beaucoup plus étendue que celle du Wellingtonia ; il forme, dans sa terre natale de Californie, d'immenses forêts, et son bois, des plus utiles, n'est que trop convoité par le colon, qui gaspille à cœur joie les belles ressources que la nature a mises à sa disposition. Il est fort à craindre que dans un siècle il ne reste absolument rien des immenses forêts de l'Amérique, et même on a calculé qu'avec l'exploitation annuelle qui se poursuit dans les massifs les plus accessibles, avant ving-cinq ans, la hache et la scierie n'auront plus rien à y détruire.

Le sequoia toujours vert a reçu le nom qu'il porte dans les premiers jours qui ont suivi sa découverte, lorsqu'il fut improprement classé comme taxodier, et que cette appellation lui fut donnée pour le distinguer de l'espèce *distique*, le cyprès chauve dont nous avons déjà parlé. Notre sequoia serait bien mieux désigné par le nom de *taxifolia* que lui donne M. de Kirwan. Ses feuilles sont distiques, comme celles de l'if, et ont presque la même couleur ; mais, sur les vieux pieds, elles prennent souvent une second forme, devenant presque imbriquées comme celles du Wellingtonia. Comme chez ce dernier, le tronc, énorme, est couvert d'une écorce spongieuse extrêmement épaisse. Le bois est léger, fin, très facile à travailler et d'une belle teinte rouge, d'où l'arbre a reçu le nom de *red wood* ; sa durée, dit-on, n'est que médiocre. Nous avons vu, à l'exposition internationale forestière d'Édimbourg en 1884, de beaux et grands

Fig. 216 — WELLINGTONIA.

échantillons de menuiserie faite de ce bois admirablement veiné.

429. — « Le sequoia, planté en Provence, dit M. de Kirwan, même

Fig. 217 et 218. — CRYPTOMERIA.

sur des bords tourbeux, marécageux, a parfaitement réussi ; sous le
ciel clément de la Bretagne et des départements maritimes du Nord,
il doit également prospérer ; mais, dans le Centre et sous le climat
de Paris, il craint les gelées du printemps et de l'automne.

15

430. — « L'exubérance de sa végétation est telle qu'une fois lancée, elle ne s'arrête plus qu'avec peine ; vienne une de ces gelées matinales d'octobre qui surprennent la terre encore tiède, nos jeunes sequoias, qui auront indéfiniment et étourdiment allongé leurs pousses printanières, sans songer à les aoûter, seront pris par ces gelées traîtresses : ils y perdront souvent leur croissance de plusieurs mois. Heureusement que de nombreux bourgeons adventifs couraient sur ces pousses nouvelles ; l'un d'eux, au printemps suivant, reprendra et dépassera bientôt l'essor interrompu (1). »

On peut essayer de prévenir cet inconvénient, comme nous l'avons indiqué à propos des sapins argentés, en plantant l'arbre aux expositions abritées du soleil levant.

431. — Mais le sequoia à feuilles d'if a d'autres titres à l'attention du sylviculteur que cette excessive vigueur de végétation mal réglée. Mieux que tout autre conifère, mieux même que le sapin, il supporte l'ombrage et le couvert sous lequel il pousse rapidement ; nous l'avons planté dans ces conditions, où il n'est pas susceptible à la gelée. De plus il a, seul de tous les conifères, du moins de ceux que nous connaissons, excepté, dit-on, *Pinus rigida*, la propriété de repousser de souche jusqu'à un âge assez avancé, et de se multiplier par drageons. Ainsi, à Cheverny, chez M. le marquis de Vibraye, a-t-on pu voir, sous une futaie résineuse, un taillis vigoureux de cette essence. Cette qualité singulière, et qui peut être précieuse pour fournir du couvert au gibier dans les parcs, suffirait pour attirer sur cet arbre l'attention du propriétaire planteur (2).

Le sequoia à feuilles d'if se contente de tous les terrains et, en raison de la facilité avec laquelle il se multiplie, il doit être d'une reprise très sûre.

---

1. — M. de Kirwan, *les Conifères*. Paris, 1868, déjà cité.
2. — Son confrère, le gigantesque, paraît jouir, à un degré rudimentaire, de cette faculté. Un pied que nous avons planté, à l'âge de six ans, a eu sa tige ligneuse cassée net par le passage d'une charrette ; des bourgeons adventifs ont parfaitement reconstitué le jeune arbre. Lorsqu'en 1880 nos Wellingtonias ont été tués par la gelée, nous avons à moitié espéré une pareille résurrection ; mais nous avons eu beau relever des branches basses restées vertes sous la neige, les souches étaient mortes.

LES CRYPTOMÈRES

432. — Le *Cryptomeria elegans*, originaire du Japon, est plus rustique dans nos pays, dit-on, que son congénère *C. Japonica* ; ce sont des arbres d'une grande utilité dans leur patrie, où leur bois est d'excellente qualité. Le *C. elegans* se fait surtout remarquer par son changement de couleur en hiver ; il passe à un beau rouge bronzé. On doit le planter dans un sol frais et riche en humus, et l'abriter des vents froids et du soleil levant en le plantant auprès des massifs existants, ce qui aura cet autre avantage de mettre en relief son principal mérite, qui consiste dans le contraste de sa couleur avec celle des autres conifères. Il lui faut pourtant, pour développer ses belles proportions, un espace ayant un rayon d'au moins 5 mètres, longueur que ses branches sont capables d'atteindre.

Il s'accommode peu du climat du Centre ; nous n'en avons vu de beaux spécimens qu'en Normandie et en Bretagne.

433. — **Araucaria du Chili, imbriqué** (*Araucaria Chilensis imbricata*).

Nous avons longtemps hésité à comprendre cette espèce singulière dans notre liste sommaire d'arbres rustiques cultivables, avec des soins ordinaires, par les sylviculteurs. Mais sa bizarrerie et aussi l'histoire de sa race plaident pour lui. Les araucarias sont une relique de l'immense et monstrueuse végétation qui couvrait la terre à une époque reculée, antérieure à la formation des gisements de houille ; ceux-ci sont formés en grande partie de leurs troncs enfouis, associés avec ceux de prêles gigantesques et de cypéracées aujourd'hui inconnues. De nos jours, ce genre est relégué dans l'hémisphère austral ; il y forme, à la Nouvelle Zélande, au Chili, et surtout au Brésil, des forêts immenses.

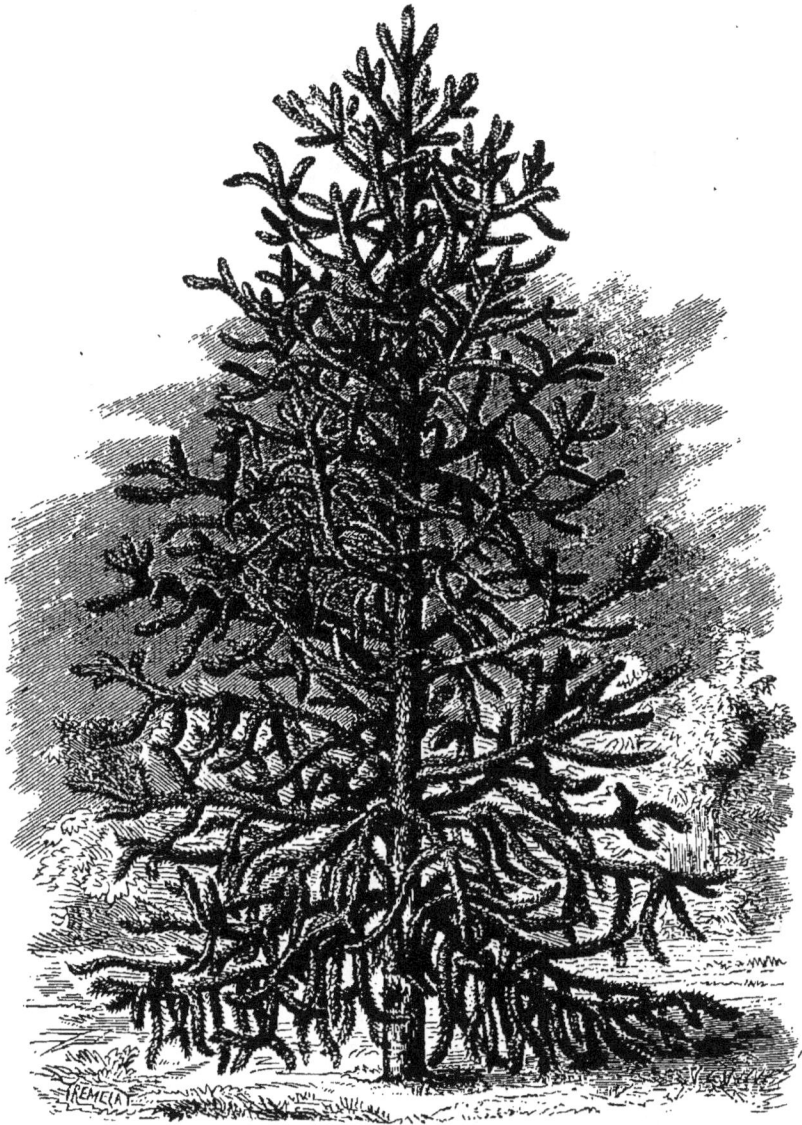

Fig. 219. — ARAUCARIA IMBRIQUÉ.

434. — L'*Araucaria imbricata* est la seule espèce à peu près rustique sous le climat de Paris, encore faut-il le cultiver dans un sol frais contenant une bonne proportion d'humus, mais très sain, et le mettre à l'abri des vents froids. On dit pourtant qu'en Bretagne, où le climat lui convient, et où l'on en rencontre de très beaux spécimens, il végète assez bien dans les terrains mouillés; quoi qu'il en soit, le sylviculteur fera bien de ne pas le planter ailleurs dans les mêmes conditions, car les meilleures autorités sont d'accord sur ce point qu'en général l'humidité lui est très dangereuse; elle le rend maladif et l'expose à être atteint par les gelées.

L'araucaria s'élève, au Chili, à la hauteur de 50 mètres; son bois, un peu lourd, est de belle qualité. Ses cônes, très forts, hérissés de soies, très curieux, mesurent quelquefois 18 à 20 centimètres de diamètre; leur graine est une amande comestible. La disposition des branches, le peu de développement des feuilles (larges, raides, pointues, imbriquées autour des jeunes tiges et des branches jusqu'à ce que le bois ait vieilli), « la parfaite rectitude du tronc, et jusqu'à la couleur verte, uniforme, sauf à l'extrémité des jeunes bourgeons..., donnent au jeune araucaria du Chili un faux air de candélabre en bronze à plusieurs rangs de bras superposés (1) ». Cette disposition des feuilles piquantes, embrassant presque toute la surface du jeune arbre, lui a valu, aux États-Unis, le nom topique de : *monkey puzzle*, embarras du singe; on comprend, en effet, que cet arbre déjoue complètement les efforts des grimpeurs.

Les plants de l'araucaria, d'un élevage difficile et lent, se vendent en pots; n'ayant pas encore été propagés sur une grande échelle, ils sont d'un prix assez élevé.

LES CUPRESSINÉES

435. — Nous ne traiterons, dans cette section, que de quelques espèces, les mieux connues et les plus rustiques, telles que : les cyprès, les retinosporas, les thuyas et les genévriers.

1. — De Kirwan, ouvrage cité.

Fig. 220. — CYPRÈS DE LAWSON.

436. — **Cyprès de Lawson** (*Cupressus Lawsoniana*). — Arbre forestier de grande taille de la Californie septentrionale et de l'Orégon, où il atteint la hauteur de 30 mètres. Sa tige est svelte, élancée, et ses branches légères, couvertes de petites feuilles imbriquées, pendent gracieusement à la façon des fougères. Sa flèche est inclinée comme chez le déodar. Le feuillage, d'un vert foncé, glauque, est relevé au printemps par des chatons mâles d'un beau rouge cramoisi très nombreux. Les strobiles, nombreux aussi, paraissent même sur de très jeunes sujets.

C'est l'un des arbres d'agrément les plus élégants et les plus rustiques, qu'il soit planté isolé, en avenue ou en groupe. Résistant à tous les froids, il s'accommode aussi de presque tous les sols, pourvu qu'ils soient frais sans être trop humides. Il est facile à planter, et sa croissance est rapide et vigoureuse; bref, c'est une des espèces les plus belles et les plus recommandables.

437. — Il existe beaucoup de variétés de fantaisie de cette charmante espèce, l'une dorée, l'autre argentée, d'autres panachées ou pleureuses, etc., etc. Nous nous méfions beaucoup de toutes ces variétés, pour la plupart artificiellement obtenues et plus ou moins délicates; mais il y en a une dont nous pouvons garantir la rusticité, au moins dans son jeune âge. C'est celle qui porte le nom d'*erecta viridis*; ses rameaux, en effet, se dressent en masse compacte autour de la tige, et conservent pendant tout l'hiver une teinte claire particulièrement gaie. Nous avons un pied de cette variété qui, en terre sableuse et sèche, a résisté, non seulement aux grandes gelées, mais à la dent du lapin qui l'avait horriblement mutilé dans son enfance; sa croissance, à la vérité, est moins rapide que celle du type ordinaire, et sa taille sera probablement moins forte.

438. — Le **Cyprès de Noutka** (*Cupressus Nutkaënsis*, Lambert), mieux connu dans les jardins sous le nom de *Thuyopsis borealis*, a beaucoup de rapports avec son congénère dont nous venons de parler; il ne s'en distingue guère que par ses chatons jaunes et non pas rouges, ses rameaux plus pendants et son feuillage d'un vert plus clair. Natif de latitudes encore plus septentrionales, entre les 45e et

.55ᵉ degrés, dans l'Orégon, la Colombie britannique et l'île de Vau-
couver, il est à l'épreuve de tous les froids possibles, et il prospère
dans la plupart des sols, pourvu qu'ils soient frais.

Dans sa station naturelle, cet arbre est connu des colons sous

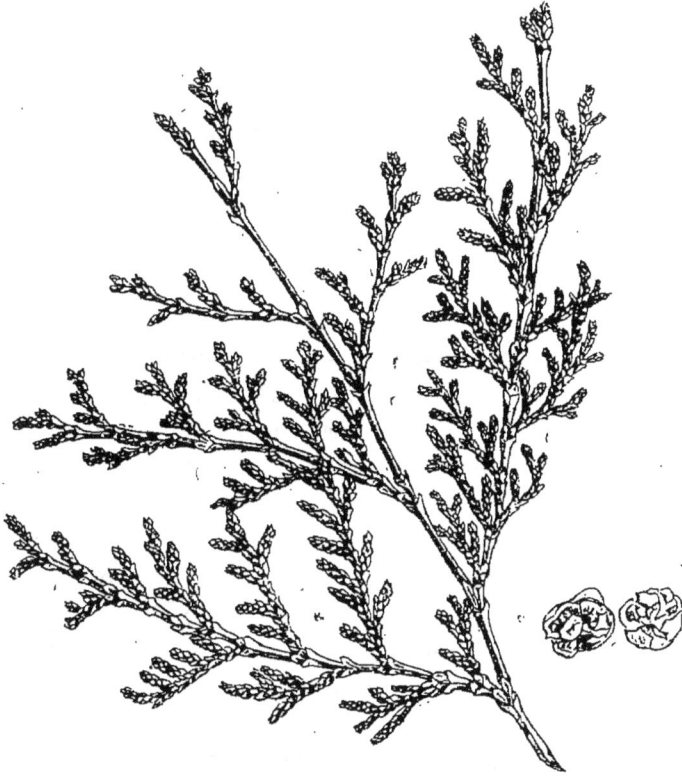

Fig. 221. — CHAMACCYPARIS OBTUSA. Rameau et Fruit.

le nom de cyprès jaune, en raison de son bois, d'un blanc jaunâtre,
agréablement parfumé. Ce bois est léger, élastique, durable,
presque indestructible ; il sert aux Indiens des territoires du Nord-
Ouest à confectionner leurs ustensiles de ménage, de chasse et de
pêche.

La croissance de ce cyprès en pyramide, étroit, allongé, le rend
propre à planter dans les jardins.

439. — Cyprès de Lambert, à gros Fruits (*Cupressus Lambertiana macrocarpa*). — Cette essence est originaire, comme le pin remarquable, de la région de Monterey en Californie, où l'on en signale deux formes différentes, l'horizontale et la pyramidale. L'arbre à forme horizontale a été découvert par Lambert, en 1839, et a reçu son nom ; ensuite Hartweg, faisant le même voyage, en 1846, trouva à son tour le type pyramidal, et, croyant avoir découvert une nouvelle espèce, le nomma *macrocarpa*, de ses cônes ou strobiles plus grands que chez la plupart des cyprès. La forme de l'arbre prend assez souvent des variations intermédiaires entre les deux types, et cette particularité, observe très bien Veitch, le rend peu propre à former des avenues ; il vaut mieux le planter isolé ou en groupes.

Cette espèce croît plus rapidement que tous les autres cyprès ; il se distingue par ses rameaux grêles et ses feuilles aciculées ressemblant à celles de quelques retinosporas et genévriers, et d'un vert particulièrement clair et brillant. Il ressemble, sous ce rapport et aussi par la rapidité de sa croissance, au pin remarquable, et on peut supposer que le climat de leur région natale, celle de Monterey, est de nature à donner aux arbres une sève particulièrement vigoureuse. Comme lui aussi, le cyprès de Lambert est susceptible aux fortes gelées, surtout à l'état de jeune plant ; il prospère sous les climats maritimes, et nous le voyons sous le ciel brumeux de la Normandie atteindre, dans une trentaine d'années, les grandes dimensions d'un vieux cèdre. Il ne supporte pas les hivers de Paris et du Centre.

440. — Les Retinosporas ou Cyprès du Japon, autrement dits *Chamaecyparis*. — Ce groupe ne présente pas de véritable différence générique avec les cyprès, dont on ne les a distingués qu'en raison de leur origine japonaise et de leurs aspects variés souvent curieux.

Deux retinosporas, le *R. obtusa* et le *R. pisifera*, sont des arbres importants dans leur pays natal. Le dernier tire son nom de ses strobiles menus ressemblant à de petit pois. Le *R. plumosa* est un petit arbre robuste ; les autres, *R. filicoïdes* (à port de fougère),

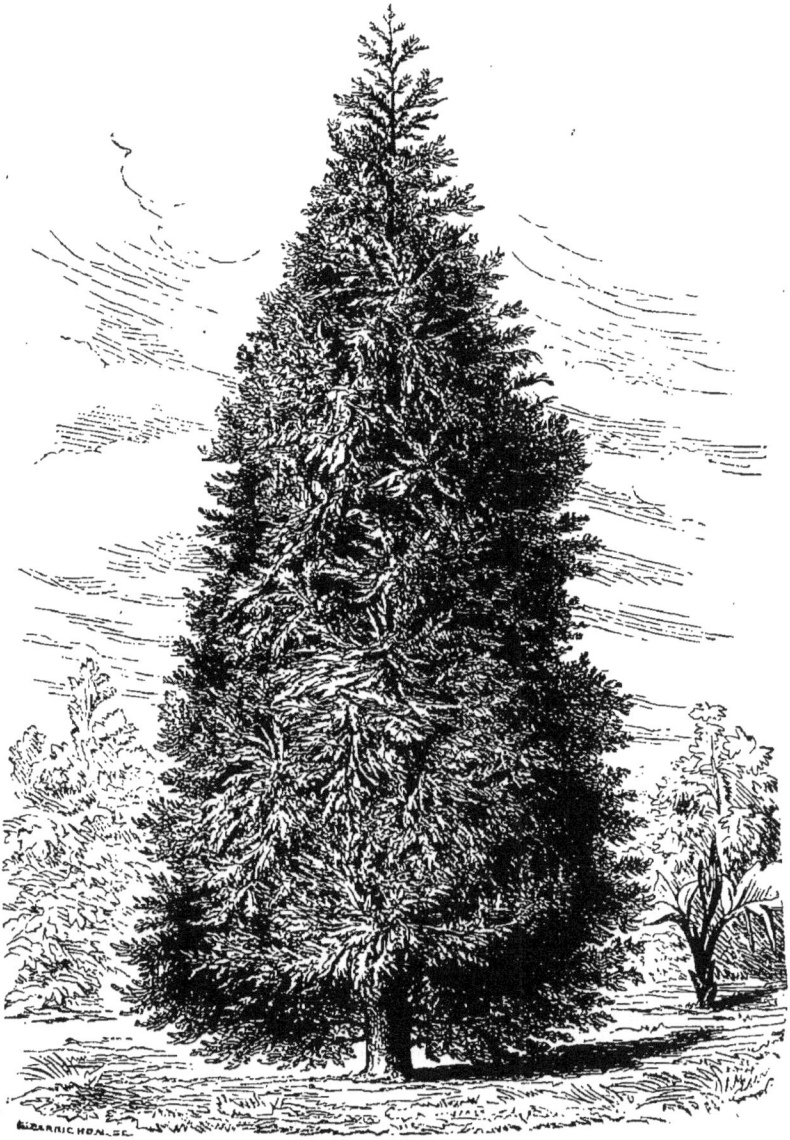

Fig. 222 — THUYA GIOANTEA.

filifera (à rameaux filiformes), *squarrosa* (à branches écartées), *éricoïdes* (à feuilles de bruyère), etc., sont de gracieux arbrisseaux dont le feuillage, passant chez quelques-uns à un beau rouge brun en hiver, est d'un effet original.

Ce sont des végétaux de terre de bruyère, résistant parfaitement à tous les froids, mais qui, à l'état de jeunes plants, redoutent la chaleur et la sécheresse. Ainsi, placé comme nous le sommes sur un terrain sec, nous n'avons pu sauver qu'un petit nombre des spécimens de plusieurs espèces, que leur beauté particulière nous avait engagé à planter autour de notre habitation.

Leurs jeunes plants prennent toutefois facilement, et nous ne voyons aucune difficulté à les élever en terrain frais contenant une certaine dose d'humus. Il faudrait avoir soin de planter les variétés qui changent de couleur en hiver de manière à contraster agréablement avec les autres conifères.

LES THUYAS

441. — *Thuya gigantea Lobbi, v. Menziesii.* — Celui-ci est en effet le géant de sa tribu, atteignant, dans la vallée du fleuve Columbia, la hauteur de 50 mètres.

Les branches sont nombreuses, courtes relativement à la hauteur de l'arbre, de sorte que sa pyramide reste étroite ; les rameaux s'étendent élégamment comme des fougères, de même que ceux du cyprès de Lawson, mais elles portent des feuilles plus coriaces et d'une nuance plus claire, qui se maintient sans altération tout l'hiver, sauf chez les jeunes plants, dont le feuillage est tendre.

Son port est plus svelte, sa tige plus élancée, son feuillage moins épais que ceux de *C. Lawsoniana*, et sa flèche se maintient droite.

La parfaite rusticité de cet arbre, sa croissance extrêmement rapide et la belle qualité de son bois le rendent très propre non seulement à tous les emplois d'une essence d'agrément, mais aussi à former, comme le sapin de Douglas et le cyprès de Lawson, des

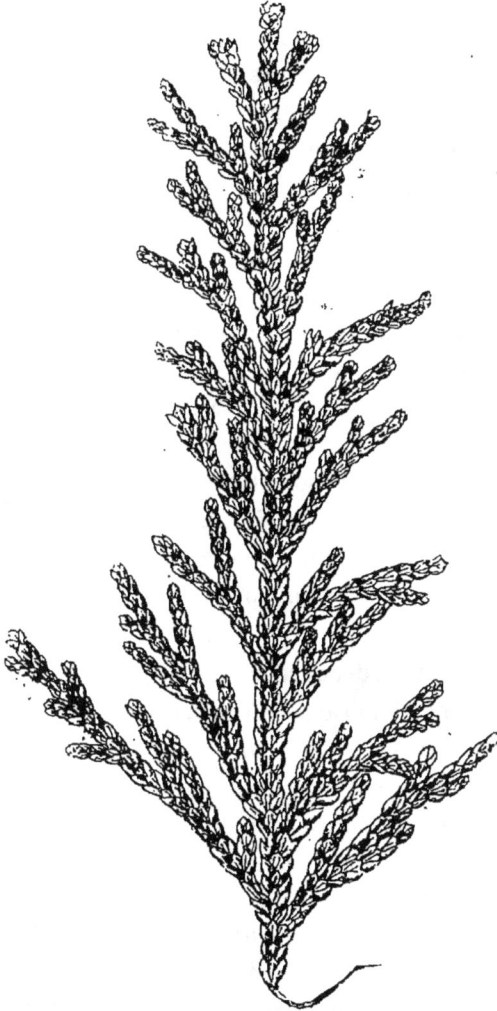

Fig. 223. — RAMEAU de Thuya Biota.

bordures forestières en vue d'élever des porte-graines pour sa reproduction naturelle.

442. — Nous n'avons guère à nous occuper ici de la culture des

Thuyas ordinaires, d'Occident et d'Orient (*Thuya occidentalis*, et *Thuya* ou *Biota orientalis*). Le premier est un arbre utile dans sa région natale, le Canada et le nord-est des États-Unis, où il occupe des marais rebelles à toute autre végétation, et où il atteint quelquefois la hauteur de 15 à 18 mètres ; son bois, d'ailleurs, est de bonne qualité et d'une très grande durée. Dans nos climats, sa croissance est moindre, et le changement de couleur de son feuillage, qui devient d'un jaune roussâtre en hiver, le rend peu recommandable comme arbre d'agrément. Il n'est guère employé que pour former des abris, comme son congénère le thuya de Chine ou Biota, et cette culture est connue de tous les jardiniers. Nous ne traiterons pas non plus des variétés de fantaisie du Biota, qu'elles soient argentées, dorées, panachées ou en boule ; elles ne sont que trop connues. Ce sont, à notre avis, de véritables types d'insignifiance et de banalité.

Fig. 224. — RAMEAU et Cône du Libocèdre.

443. — Libocedrus decurrens (*Thuya gigantea de Carrière*). — Native de la même région que le Thuya géant de Lobb, cette espèce, quoique d'une forme très différente, reçoit à tort, dans bien des jardins, le même nom. Elle est classée pourtant comme faisant partie d'un groupe, les Libocèdres, ou cèdres à encens, ainsi nommés de leur résine très aromatique, dont toutes les espèces, sauf celle-ci, habitent l'hémisphère austral ; cette espèce se distingue par cette particularité, que ses feuilles ont de longues bases *décurrentes*, c'est-à-dire se prolongeant, avec adhérence, sur les rameaux. Ceux-ci, au lieu de s'étaler en larges surfaces comme les fougères, se développent à peu près verticalement de la même façon que les feuilles du tremble et de l'eucalyptus, dont les limbes n'ont pas la force de les soutenir horizontalement ; c'est ainsi que nous pouvons facilement distinguer cette espèce du vrai *Thuya gigantea* et du cyprès de Lawson. Cependant, le feuillage, supporté par des branches fort courtes, est

tellement épais, que l'arbre forme une pyramide de verdure bien
fournie.

Cette disposition rend le libocèdre précieux pour les petits jardins;
poussant presque en colonne, il occupe fort peu de place. Sa belle
verdure persiste, inaltérable, pendant tout l'hiver.

Très rustique, il exige pourtant un terrain frais et fertile pour
prendre un développement satisfaisant, et sa croissance, bien qu'elle
soit régulière et qu'elle accuse de la vigueur, est peu rapide.

Le libocèdre se transplante facilement, comme presque toutes les
cupressinées.

LES GENÉVRIERS

444. — Ces espèces sont intéressantes pour le sylviculteur,
non pas en raison de leur taille ou de leur valeur, qui n'est jamais
que secondaire, mais par leur extrême rusticité, leurs formes
élégantes et leurs singulières diversités de feuillage et de couleur. Nous suivrons la classification de Veitch, qui divise leur groupe
en trois sections :

1. — Les oxycèdres, aux feuilles toutes aciculées, rangées par trois,
glauques sur la surface supérieure, et dont le type est le genévrier
commun.

2. — Les sabines, aux feuilles pressées contre les rameaux, squammeuses et imbriquées, comme chez les thuyas. Type : sabine ordinaire.

3. — Les cupressoïdes, aux feuilles souvent dimorphes, aciculaires
dans la jeunesse de la plante, squammeuses et imbriquées sur les
vieux rameaux. Type: le genévrier de la Chine.

445. — **Genévrier commun** (*Juniperus communis*). — Aucun mem-
bre du groupe n'est plus intéressant que le type commun.

« Avez-vous vu parfois, demande M. de Kirwan, dans vos promenades champêtres, un petit buisson d'une verdure pâle et terne recou-

vrir de loin en loin les fissures d'un aride rocher, ou croître par bouquets sur la lande déserte et parmi les bruyères du versant exposé à tous les soleils? »

Nous l'avons vu en effet, dans ces conditions, sur des landes de la Sologne, non seulement se maintenir en buisson, mais quelquefois atteindre de belles proportions, une taille de 5 ou 6 mètres, avec des formes variées, soit en pyramide large, soit en pain de sucre ou presque en colonne, selon qu'il a été plus ou moins taillé par la dent des bestiaux.

« Fuyant les ardeurs du jour, continue M. de Kirwan, vous gagnez la forêt voisine, et, sous l'abri bienfaisant de la voûte feuillue, vos yeux, bientôt accoutumés au demi-jour qui règne dans les hauts taillis, ne tardent pas à rencontrer encore le même arbrisseau que sur le coteau dénudé ou dans la plaine en friche; mais il est d'une forme différente : au lieu de buissonner, il file droit comme une colonnette légère et ne paraît pas plus souffrir de l'ombre épaisse qui le surplombe que ses pareils du soleil ardent. »

Le genévrier commun forme un trait caractéristique et pittoresque de la forêt de Fontainebleau, où il atteint une taille assez forte pour que son bois serve à fabriquer de nombreux *souvenirs* de la forêt, petite industrie assez florissante dans la ville; la teinte foncée, quelquefois violacée, du bois de cœur tranche curieusement avec celle de l'aubier, qui est blanchâtre.

En raison de ces qualités incontestables, nous croyons que, lorsque les syviculteurs trouveront sur leurs terres, en plaine ou sous bois, des genévriers en nombre plus que suffisant, ils feront bien de transporter dans leurs parcs les pieds qui leur paraîtront d'âge et de taille convenables. Il est essentiel de les lever avec une bonne motte adhérant aux racines, car la reprise en est assez difficile, les plants sauvages un peu forts n'étant plus très jeunes. C'est sur un terrain léger pourvu d'humus que le genévrier commun réussit le mieux.

446.—La variété d'Irlande (*J. hibernica*) se distingue par sa croissance extrêmement lente, sa forme en colonnette, et sa verdure in-

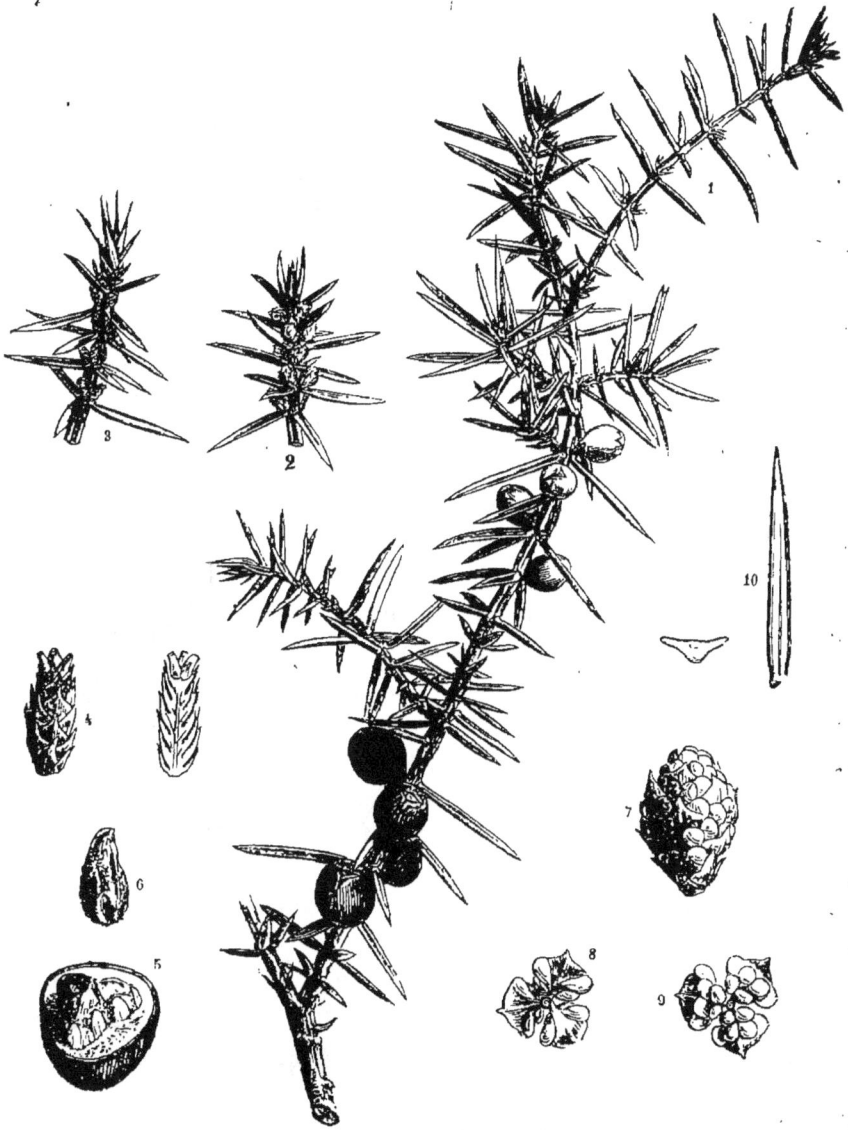

Fig. 225 à 236. — Genévrier commun.

Explication de la Gravure : 1, rameau avec fruits (de l'année) et fruits mûrs ; — 2, jeune pousse, avec fleurs mâles ; — 3, id., avec fleurs femelles ; — 4, fleur femelle terminale (grossie) ; — 5, fruit ouvert transversalement ; — 6, graine contenue dans le fruit ; — 7, chaton de fleurs mâles ; — 8, anthère triloculaire, vue par en bas (grossie) ; — 9, id., vue par en haut (grossie) ; — 10, feuille aciculaire (coupe transversale).

tense, qu'elle garde encore mieux en hiver que l'espèce ordinaire

447. — **Juniperus rigida** est une espèce japonaise, rustique et gracieuse, à feuillage très coloré; ses feuilles sont d'un beau jaune au printemps, vert clair en été, et les jeunes plants prennent un ton chaud, rougeâtre, en hiver. Il semble s'accommoder de tous les sols légers.

448. — Dans le second groupe de genévriers, les sabines, le seul arbre important est **le Genévrier, improprement Cèdre de Virginie** (*J. Virginiana.*)

C'est un conifère des plus recommandables; même dans sa première jeunesse, en attendant qu'il devienne un arbre, il fait un charmant arbuste, aux formes élégantes et aux tons légèrement violacés en hiver.

Son feuillage est polymorphe; pendant sa jeunesse il porte des feuilles aciculaires et piquantes, prenant, nous l'avons vu, des reflets colorés en hiver; au bout de quelques années succèdent des feuilles squameuses, imbriquées comme celles des cyprès.

Fig. 237.
RAMEAU de Genévrier Sabine.

Sa floraison, particularité rare chez les genévriers, est généralement monoïque, et par exception seulement dioïque.

Natif des États-Unis et du Canada, où il végète, sous des températures extrêmes, sur des coteaux arides, il atteint, aussi bien en Europe que dans la station naturelle, une hauteur de 15 mètres et plus, en sol favorable.

Son bois, de qualité excellente à fibre fine, est généralement employé à la fabrication des crayons.

Sa croissance fort rapide et sa complète rusticité, outre son aspect décoratif et la valeur de son bois, le rendent propre à faire part des plantations d'agrément et des avenues forestières.

Il en existe quelques variétés très gracieuses: *pendula, glauca,*

16

dont les noms s'expliquent, *Schottii*, au feuillage vert tendre, et *tripartita*, une variété rampante à croissance assez vigoureuse. Toutes sont d'une parfaite rusticité, se transplantent facilement et ne semblent pas difficiles à l'égard du terrain, qui doit cependant, autant que possible, être léger et frais.

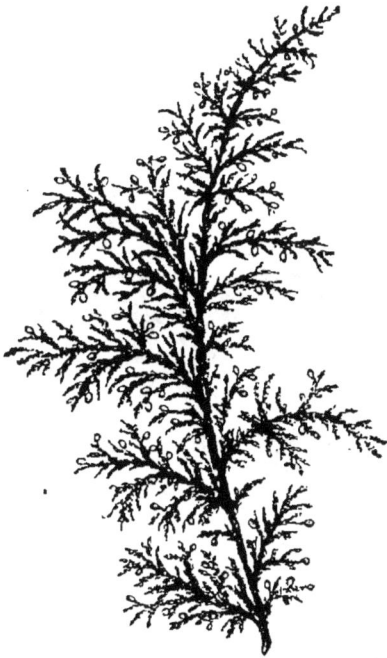

Fig. 238.

RAMEAU de Genévrier de Virginie.

448 *bis*. — Dans le troisième groupe, les cupressoïdes, nous ne connaissons bien que le **Genévrier de la Chine** *(J. Sinensis)*.

Les genévriers sont pour la plupart dioïques, et les deux sexes présentent souvent une différence d'aspect très importante. C'est le genévrier mâle de la Chine qui est généralement cultivé; il est pyramidal, d'une belle teinte verte, et se couvre à l'automne de fleurs staminées, d'un jaune orangé. Comme *Virginiana*, il porte des feuilles tantôt aciculées, tantôt imbriquées.

Nous en possédons plusieurs pieds qui font une assez bonne contenance en terrain très aride; ils ont résisté, comme tous les genévriers d'ailleurs, aux grands froids de 1879-1880.

449. — **Ginkgo du Japon et de Chine** *(Ginkgo biloba, Salisburya adiantifolia)*.— Nous comprenons dans notre liste cet arbre bizarre (classé comme conifère, quoique son fruit soit une drupe), parce que, *dans les terrains qui lui conviennent*, il pousse rapidement et atteint une belle taille. Ce sont, croyons-nous, les bonnes terres

d'alluvion, saines, mais riches en humus, qui lui conviennent; pour notre part, nous voyons ordinairement les plants de cette espèce végéter très lentement, même dans des terrains où les autres plants résineux ont une croissance vigoureuse.

Cette curieuse espèce accuse, pour ainsi dire, une étape de transition entre les feuillus ordinaires et les conifères, dont, à le

Fig. 239 à 244. — GINKGO de Japon (*Salisburya adiantifolia*).

regarder superficiellement, il ne présente aucun trait, sauf la disposition verticillée de ses branches. La feuille, profondément lobée, ressemble absolument à celle, grossie, de la gracieuse fougère **Capillaire**, *l'adiantum* des botanistes ; de cette particularité vient le nom spécifique de notre arbre, *adiantifolia*. Signalons, à propos de cette feuille, l'observation ingénieuse et juste de M. de Kirwan (ouvrage déjà cité).

« Assurément, cette forme s'éloigne autant qu'il se puisse imaginer de la forme aciculaire, la plus fréquente chez les conifères ; et

cependant elle peut s'y rattacher. Ce limbe élargi n'offre pas sur
son tissu, comme la feuille de n'importe quel autre arbre non conifère de nos climats, un réseau de vaisseaux entre-croisés, ramifiés
et subdivisés à l'infini : ses vaisseaux, à peu près parallèles dans le
pétiole, s'écartent à partir du point où ce pétiole devient limbe, mais
sans se ramifier ni s'entre-croiser ; on dirait qu'un faisceau de fibres,
primitivement destiné à former une feuille aciculaire, a rompu le
lien qui les réunissait par l'une de leurs extrémités, pour leur permettre de s'étaler en éventail. »

M. de Kirwan, nous sommes heureux
de le constater, est de notre avis sur
les exigences du ginkgo bilobé à
l'égard du terrain et de la culture.
« Dans une terre fraîche, légère et suffisamment profonde, car les racines du
Salisburya sont pivotantes, à une exposition abritée contre le souffle glacé du
Nord, mieux encore dans un climat
un peu chaud, comme celui de nos
départements du Midi, le ginkgo croît
avec vigueur et rapidité et se comporte comme un arbre d'avenir. »

Fig. 245.

FEUILLE de Salisburya.

« ... Le professeur Bunge dit avoir vu près d'une pagode, à Pékin,
un ginkgo encore plein de vigueur, et qui, d'une hauteur prodigieuse,
ne mesurait pas moins de 40 pieds de tour. »

Nous devons ajouter que nous en avons vu de beaux sujets, poussant très vigoureusement, dans les jardins particuliers de Versailles
et aussi dans le jardin botanique de Tours. Dans les circonstances
favorables, le ginkgo résiste aux plus grands froids. Cependant les
pousses des jeunes plants, mal aoûtées, sont quelquefois rabattues
par les gelées dans les terrains froids.

CHAPITRE X

FAMILLES DES CUPULIFÈRES

450. — **Les Chênes.** Le chêne ordinaire est certainement le plus beau de nos arbres feuillus, et nous n'avons pas besoin d'insister sur sa haute valeur décorative.

En cherchant le site d'un parc projeté, il est de la plus grande importance de pouvoir trouver, soit de beaux sujets isolés, soit des groupes ou des massifs de cette espèce, et l'on obtiendra toujours les plus heureux effets en les dégageant des rideaux qui les masquent ordinairement plus ou moins.

Mais la croissance du chêne est lente, et son aspect, dans sa première jeunesse, insignifiant; il est donc très rarement *planté* comme arbre d'ornement ou d'alignement.

Il arrive souvent, cependant, qu'en défrichant une haie ou un buisson, on trouve un jeune chêne vigoureux qu'on hésite à sacrifier et qu'on aime mieux transplanter et mettre à une place d'honneur.

Mais il ne faut pas se dissimuler que cette opération est délicate; nous-même, qui l'avons pratiquée, nous y avons rarement réussi, du moins quand il s'agissait de chênes ayant déjà 3 mètres de haut, avec un pivot en proportion, ou plutôt hors de toute pro-

Fig. 246.— LE CHÊNE (D'après un fusain d'Allongé.)

portion, avec cette taille. Il est indispensable, dans ce cas, de
cerner le jeune arbre, c'est-à-dire de lui couper toutes les racines
latérales en cône renversé, de trancher le pivot, et de laisser le sujet

en place jusqu'à l'automne suivant, où il aura poussé assez de racines fibreuses pour supporter la transplantation avec sa motte de terre.

451. — **Le Chêne pyramidal** (*Q. fastigiata*), variété du chêne commun pédonculé, est un grand arbre à rameaux dressés, à feuilles allongées, découpées; son port rappelle celui du peuplier d'Italie, mais la pyramide qu'il forme est plus large.

Originaire des Pyrénées, il supporte pourtant tous les froids du Nord, et il paraît vigoureux et rustique. Il se développe bien dans les mêmes terrains que le chêne commun, c'est-à-dire frais et un peu substantiels; nous ne l'avons pas vu planté sur les sols maigres.

Aux Barres, en 1878, un pied de cette variété avait 17 mètres de hauteur.

452. — **Le Chêne chevelu ou de Bourgogne** (*Q. cerris*), est propre aux plantations d'agrément, en raison de sa croissance rapide et de ses feuilles élégamment découpées. Dans sa situation naturelle, il parvient à la première grandeur. Il demande un sol profond et frais avec une exposition abritée des coups de vent, qui cassent quelquefois ses branches lorsqu'elles ont une sève trop vigoureuse.

Il est rustique aux froids, mais souffre quelquefois de la gelivure, dans les climats rigoureux. Cet inconvénient, qui affecte peu sa santé, est moins grave dans les plantations d'agrément qu'en forêt.

453. — Mais c'est en Amérique que le chêne déploie le plus grand luxe d'espèces et de variétés. Un grand nombre de celles-ci sont très décoratives, grâce à leurs feuilles, qui prennent les teintes les plus vives, généralement rouges, à l'automne, comme d'ailleurs un grand nombre d'autres arbres américains. Aussi les forêts qui bordent la chaîne des grands lacs présentent-elles, dit-on, vers l'été de la Saint-Martin, ou *Indian summer*, comme l'appellent les Américains, un de ces spectacles féeriques que l'on ne peut plus oublier.

Des très nombreuses variétés de chênes américains, nous choisi-

rions quelques-unes qui, à notre connaissance, poussent vigoureusement sous le climat du Centre. Élevées en pépinière, elles se
transplantent toutes facilement.

454. — **Chêne rouge** (*Q. rubra*). — Cette espèce est la plus
répandue et la mieux connue, et, selon le Catalogue du domaine des
Barres, c'est celle qui réussit le mieux dans nos climats ; nous

Fig. 247. — CHÊNE CHEVELU (*Quercus serris*).

devons pourtant dire que, quant à nous, nous avons vu le chêne
des marais, dont nous nous occuperons ensuite, se comporter aussi
bien dans nos sables maigres à l'état de jeune sujet.

Le chêne rouge, avec sa tige droite et lisse, ses feuilles larges et
luisantes, très grandes, élégantes, avec leurs lobes pointus, présente l'apparence d'une vigueur supérieure même à celle du chêne
commun, et sa croissance, en terre profonde et fraîche, est beaucoup plus rapide. C'est l'un des plus beaux arbres d'ornement, soit

isolé, soit en avenue ou en bordure, soit mélangé dans les massifs
des parcs, où son feuillage, tournant à un beau rouge foncé, ton
auquel il arrive par une série de gradations successives, est d'un
superbe effet en automne.

Aux Barres, en 1878, cette espèce avait atteint jusqu'à 15 mètres
de hauteur, avec une circonférence de 1ᵐ60.

Fig. 248. — CHÈNE ROUGE (*Quercus rubra*).
1/4 grandeur naturelle.

En raison de sa croissance rapide et de sa rusticité, il paraît expédient de le propager au moyen de porte-graines disséminés dans les
forêts.

Son bois jusqu'à présent a été considéré de qualité médiocre,
mais tout récemment M. Cordier, député de Nancy, qui possède d'importantes plantations de cette espèce, a fait exploiter des arbres de
cinquante-cinq ans qui ont fourni un bois fort, dur, promettant
une durée considérable.

Les jeunes plants de chêne rouge sont aujourd'hui assez répandus; ils se transplantent facilement.

455. — **Le Chêne rouge des Marais, palustre** (*Q. palustris*). —

Fig. 249. — CHÊNE DES MARAIS (*Quercus palustris*).
1/2 grandeur naturelle.

Le chêne palustre n'est nullement inférieur, à notre avis, au chêne rouge en beauté. Comme lui, il est d'une rusticité à toute épreuve ; comme lui, il a une végétation rapide, et, dans sa jeunesse au moins, il se contente peut-être mieux que lui d'un sol très maigre, et, pourvu qu'il y trouve un peu de fraîcheur, il s'y élance avec rapidité et vigueur. Plus tard, dit-on, sa croissance ne se maintient belle que dans les sols profonds et frais. Il présente sur *Q. rubra* l'avantage de la qualité supérieure de son bois.

Son port est aussi élégant que celui de son congénère est robuste; nous en emprunterons la description à l'excellent Catalogue raisonné des Barres.

« La ramification consiste en branches principales assez nombreuses qui s'étagent avec une certaine régularité les unes audessus des autres, et donnent à l'arbre, surtout dans la jeunesse, une forme pyramidale. De chaque côté des branches principales se trouvent des rameaux de petite dimension, disposés en peigne et portant des feuilles placées horizontalement, de sorte que, bien que le feuillage ne soit pas très fourni,

Fig. 250 et 251.

CHÊNE DES MARAIS (*Quercus palustris*).
Premières feuilles, 1/2 grandeur naturelle.

le couvert de l'arbre est suffisamment épais. Les feuilles, élégamment découpées et très minces, sont presque transparentes quand on les regarde du pied de l'arbre, et elles forment alors comme

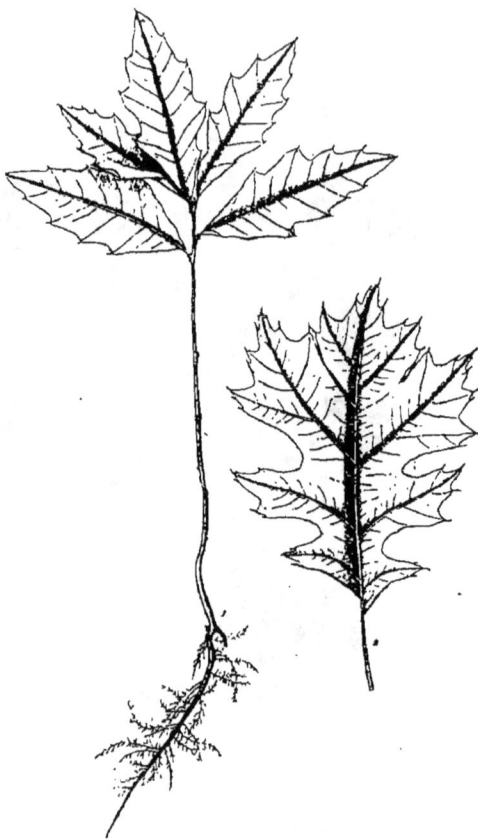

une élégante broderie découpée à jour et d'un vert tendre très
agréable à l'œil. »

Fig. 252. — CHÊNE à feuilles en faux (*Quercus falcata*).
1/2 grandeur naturelle.

Nous ajouterons seulement à cette description, aussi exacte que
pittoresque, que tous les sujets que nous avons plantés ont le port
plus ou moins pleureur, la flèche poussant inclinée comme celle
du déodar et de plusieurs cupressinées, et, comme elles, se redres-

sant à mesure que l'arbre grandit, de sorte que sa croissance reste droite, avec la forme pyramidale déjà signalée.

Ajoutons aussi que les feuilles prennent en automne une belle teinte écarlate, passant souvent par une série de tons intermédiaires diversement bronzés.

En résumé, le chêne rouge des marais est certainement l'un des plus élégants de tous les arbres feuillus. Il mérite donc une place d'honneur dans les plantations d'agrément.

Son bois, en outre, aux Barres, a été trouvé de bonne qualité, fin et dur. Sa croissance, en 1878, y avait atteint la hauteur de 17 mètres.

Les plants de chêne des marais sont aussi faciles à se procurer que ceux de l'espèce précédente, et leur reprise est aussi sûre.

456. — **Chêne à Feuilles en Faux** (*Q. falcata*). — Cette espèce, autant que nous avons pu l'observer, ne diffère guère du *palustre* que par sa croissance plus trapue et par la forme de sa feuille. Celle-ci, également légère et découpée, et qui tourne également au rouge vif en automne, présente la forme arquée d'où l'arbre a reçu son nom.

Le catalogue des Barres, où, en 1878, il avait atteint une taille nullement inférieure à celle du précédent, l'apprécie ainsi : « Si l'on juge de cet arbre d'après la manière dont il végète dans le sol pauvre des Barres, on peut conjecturer que dans des terrains riches il deviendrait magnifique. Déjà recommandable par sa beauté, qui le rend propre à l'ornementation des massifs, il l'est davantage encore par la qualité de son bois.

« ... Malheureusement, il ne fructifie pas très abondamment. » Les jeunes plants de cette espèce sont donc assez rares, et nous n'avons pu en trouver dans le commerce.

457. — **Le Chêne écarlate** (*Q. coccinea*) se distingue du chêne rouge (*Q. rubra*) par ses feuilles plus découpées, à lobes plus pointus, et par son écorce, qui devient plus vite rugueuse. Son aspect général est intermédiaire entre ceux de *Q. rubra* et *palustris*. Dans les terrains qui lui conviennent, frais, profonds, riches en humus (nous croyons

qu'il est plus exigeant à cet égard que les espèces précédentes), il
atteint une belle taille et forme un magnifique arbre d'ornement.

Fig. 253 et 254. — CHÊNE ÉCARLATE (*Quercus coccinea*).

1/2 grandeur naturelle.

Ses feuilles, découpées comme celles du palustre, mais plus
grandes, prennent une teinte très riche, plutôt cramoisie qu'écarlate, plus complète, plus uniforme que chez les autres espèces, et
cette teinte persiste longtemps, quelquefois jusqu'en hiver.

Ses plants sont assez répandus, et, comme ceux des précédentes espèces, se transplantent facilement.

Aux Barres, en 1878, un chêne écarlaté avait la hauteur de 15 mètres.

458. — **Le Chêne quercitron** (*Q. tinctoria*), ainsi nommé d'une couleur jaune qu'on peut tirer de son bois, ne semble différer du

Fig. 255. — CHÊNE QUERCITRON (*Quercus tinctoria.*) Feuilles de première année.

Q. rubra que par son écorce noire et crevassée et ses feuilles pétiolées, d'abord larges, presque entières, et qui deviennent plus tard profondément découpées ; car il faut observer que, chez la plupart des espèces américaines, la forme et la grandeur des feuilles sont peu constantes ; elles varient selon la force et l'âge de chaque sujet et les conditions où il se trouve.

Le feuillage du quercitron rougit à l'automne comme celui de la plupart de ses congénères du même pays ; aux États-Unis, le quercitron s'élève jusqu'à la hauteur de 30 mètres.

Peu cultivé jusqu'à présent en Europe, il végète vigoureusement aux Barres, où en 1878, quelques sujets avaient une taille
de 17 mètres.

Fig. 256 à 259. — CHÊNE SAULE (*Quercus phellos*).
1/2 grandeur naturelle.

Son bois est sans valeur, mais il porte une grande quantité de
glands qui se resèment naturellement.

459. — **Chêne à Feuilles de Saule.** (*Q. phellos.*) Cette espèce
curieuse se distingue par la conformation particulière de ses feuilles,
qui tournent d'ailleurs, au moins en quelques cas, à un blanc pur en
automne.

Dans la variété ordinaire, elles sont longues, étroites, ensiformes comme chez le saule blanc.

Le chêne saule réussit aussi bien, nous dit le catalogue des Barres,

Fig. 260. — CHÊNE à feuilles de laurier (*Quercus imbricaria*).
1/2 grandeur naturelle.

en terrain sec que dans les sols humides, et son bois est de bonne qualité. Un pied de cette espèce s'était élevé, en 1878, à la hauteur de 30 mètres, dans le jardin du Trianon.

Comme cette essence est d'introduction récente, la végétation du

17

sujet a dû être très rapide, comme l'est d'ailleurs celle de tous ceux que nous avons vus.

460. — **Le Chêne à Lattes, à Feuilles de Laurier** (*Q. imbricaria*), est quelquefois classé comme une variété de la précédente espèce. Sa feuille, plus large, obovale, ressemble plutôt à celle du laurier (tout en étant un peu moins large, moins épaisse et moins luisante) qu'à celle du saule: elle tourne, en automne, à un beau rouge violacé.

Nous n'en avons élevé que de jeunes plants, dont la croissance paraît très vigoureuse. Ce chêne avait atteint aux Barres, en 1878, 13 mètres de hauteur; son bois y a été trouvé inférieur; il n'est recommandable que comme arbre d'ornement. En cette qualité, la forme et les nuances de ses feuilles le rendent très remarquable.

Nous terminerons notre choix des chênes américains par le plus petit d'entre eux:

461. — **Le Chêne de Banister ou « Scrub Oak »** (*Q. Banisteri*).— Ce petit chêne ne dépasse pas, même dans sa patrie, la hauteur de 5 mètres; mais il a une aptitude spéciale à former des fourrés presque impénétrables. Il fructifie tous les ans de très bonne heure, (dès quatre ou cinq ans) avec une abondance extraordinaire; ses glands sont petits, à chair jaune, et paraissent très appréciés par les oiseaux, qui les disséminent très loin...

Il croît dans les plus mauvais sols, et semble particulièrement propre au repeuplement des coteaux arides, où son maintien serait assuré par le grand nombre de glands qu'il produit chaque année. » Ses feuilles prennent en automne la même teinte que celles du chêne rouge.

Enfin, dans les pays de chasse, les massifs de chêne de Banister formeraient d'excellents tirés, car ils sont très bas et très fréquentés par le gibier.

En définitive, les espèces américaines que nous venons de décrire sont de la plus haute valeur pour les plantations d'ornement. Leur croissance rapide et vigoureuse ne souffre jamais, en aucune saison, de la gelée, privilège que ne possède pas le chêne commun, malgré toute sa rusticité. Leur feuillage, toujours joli, est superbe en automne. Enfin quelques-unes de ces espèces, propagées par des porte-graines judicieusement distribués, pourraient plus tard ser-

Fig. 261 à 263. — CHÊNE DE BANISTER (*Quercus Banisteri*).
Première feuille, 1/2 grandeur naturelle.

vir à former des taillis forestiers, usage auquel leur rusticité et leur croissance rapide les rendraient très propres.

Nos figures de ces espèces sont gravées d'après une collection de dessins originaux, qu'a bien voulu mettre à notre disposition M. Gouët,

Conservateur des Forêts, Directeur de l'École des Barres-Vilmorin (Loiret). Nous adjoignons les figures des espèces suivantes : *Q. alba*, chêne blanc; *prinos*, à feuilles de châtaignier; *aquatica*. Nous

Fig. 264 et 265. — CHÊNE BLANC d'Amérique (*Quercus alba*).

n'avons pu nous-même étudier ces chênes; le premier est, dit-on, un très bel arbre, mais dont il est difficile d'obtenir de bons glands; les deux autres demandent un bon sol et un climat doux, pour fournir une belle végétation.

462. — Nous ne nous étendrons pas longuement sur les chênes verts, qui ne sont bons à cultiver que dans le Midi et sous le cli-

mat de l'Ouest ; nous nous bornerons à une notice sommaire sur les_deux espèces principales.

Le Chêne vert ou **Yeuse** (*Q. ilex*) est un arbre à tige tortueuse et

Fig. 266. — CHÈNE à feuilles de Châtaignier (*Quercus prinos*).
1/2 grandeur naturelle.

à cime arrondie, portant des feuilles persistantes, ressemblant un peu et sans les piquants à celles du houx, dont il a tiré son nom spécifique. Il végète bien sur les bords de la mer, où nous l'avons rencontré, tout près de la plage, en Angleterre ; il prospère dans la région méridionale de ce pays et jusque dans les parcs de Londres.

Le chêne liège (*Q. suber*) ressemble beaucoup, par le port et le feuillage, au chêne yeuse; il s'en distingue par son écorce épaisse, subéreuse. Il n'habite que la région méditerranéenne et ne peut pas supporter les froids des hivers dans le Centre.

Fig. 267 et 268. — CHÊNE AQUATIQUE (*Quercus aquatica*).

463. — **Le Châtaignier**, tout en étant, dans les sites qui lui conviennent le mieux, comme par exemple le coteau de Royat, en Auvergne, un des arbres les plus imposants qu'on puisse voir, a plusieurs inconvénients qui, à notre avis, le rendent impropre à être propagé sur une grande échelle comme espèce d'agrément ou d'alignement. Son feuillage se développe très tard au printemps et tombe néanmoins très tôt à l'automne, de sorte que l'arbre donne peu d'ombrage pendant ces deux saisons, où il survient quelquefois de fortes chaleurs, d'autant plus désagréables qu'on y est peu habitué. En outre, dans le climat du Centre au moins, les lignes de châtaigniers sont très infestées par les taons ou mouches plates, qui ont une prédilection toute spéciale pour cet arbre ; elles sont donc plutôt gênantes qu'utiles au malheureux voyageur obligé de suivre les routes qu'elles bordent. Ajoutons que leurs fruits sont souvent récoltés par les passants avant que le propriétaire puisse les faire cueillir. Les fleurs mâles du châtaignier, qui paraissent au mois de juin, quelquefois en juillet, sont d'un blanc verdâtre qui contraste très joliment avec le vert foncé et luisant des feuilles, mais elles exhalent une odeur fade, désagréable.

Nous pensons donc que, lorsqu'on veut cultiver le châtaignier pour ses fruits, il vaut mieux le planter en quinconce ou en bordure dans des champs écartés, que de le multiplier sur une grande échelle auprès des habitations ou le long des chemins.

464. — Nous n'avons jamais vu de variétés décoratives de cet arbre ; il en existe pourtant une à feuilles dorées (*C. chrysophylla*) qui, dans son pays natal, l'Orégon, atteint, dit-on, la hauteur de 20 à 25 mètres. Il demanderait probablement, comme son congénère le châtaignier commun, un sol frais, profond, peu calcaire, avec une exposition fraîche.

465. — **Le Hêtre.** — Nous n'avons pas besoin de rappeler les superbes proportions qu'atteint cet arbre dans sa station naturelle, sur les côteaux et montagnes, calcaires ou granitiques, de la France. Dans les parcs anglais aussi, surtout dans le Nord, et jusqu'en Écosse, on peut en admirer de superbes spécimens isolés, dont le tronc, d'un gris clair et luisant, l'immense ramure, le feuillage élégant quoique épais, constituent un incomparable ornement dans le paysage.

En Bretagne, les bords des rivières sont souvent garnis de hêtres, dont la ramure, s'allongeant en couches superposées d'une verdure brillante, d'un côté sur les eaux, de l'autre côté sur les prairies, ne font pas le moindre charme des paysages de cette jolie région.

Son couvert épais le rend très propre à former des bordures de chemins et d'avenues, et un beau pied séculaire isolé est du plus bel effet dans un parc ; il faut pourtant éviter de le planter dans des sites où il est désirable de conserver le gazon, à moins que l'on ne veuille modérer son couvert par des élagages hâtifs ; car l'herbe périt étouffée et disparaît complètement sous son épais couvert.

Le hêtre exige un sol sain, granitique ou calcaire, et un climat un peu frais. Il se transplante assez facilement, mais il supporte mal la taille et le récépage ; on doit donc choisir des sujets trapus et bien équilibrés, dont la sève peut nourrir tous les organes aériens, et les planter soigneusement, de sorte que l'arbre puisse pousser vigoureusement et se passer de taille.

466. — De toutes les variétés ornementales du hêtre, la seule vraiment belle et d'une rusticité éprouvée est la pourpre (F. purpurea), variété constante, originaire, croyons-nous, de la Norvège ou de la Suède. Autant nous aimons peu les variétés de fantaisie obtenues en perpétuant un premier état maladif du pied-mère, autant nous apprécions hautement les variétés franches dont le beau feuillage coloré tranche admirablement sur la verdure monotone des massifs. Le hêtre pourpre est au nombre de ces dernières. Son feuillage, d'un rouge orangé au printemps, mais qui prend graduellement une teinte de pourpre presque noire, verdissant cependant vers la fin de l'été, fait de lui un arbre incomparable dans un parc ou dans un grand jardin d'agrément. Dans les terres fraîches, profondes et riches en humus, qui conviennent le mieux à tous les hêtres, il atteint une belle taille. Il vaut mieux, à notre avis, planter le hêtre pourpre isolé sur les pelouses, où ses teintes contrastent toujours heureusement avec celle des gazons et celle des autres espèces d'arbres, que d'en former des lignes continues dont la couleur foncée pourrait paraître trop sombre et monotone.

467. — On connaît la variété cuivrée (F. cuprea), intermédiaire entre l'ordinaire et la pourpre ; il y a également deux types pleu-

reurs, très beaux, des hêtres ordinaire et pourpre. Toutes ces variétés, croyons-nous, sont assez rustiques, pourvu que le terrain soit de nature à leur convenir. Nous pouvons faire la même observation à l'égard de la gracieuse variété à feuilles laciniées, ressemblant aux frondes de la fougère (*F. asplenii folia*), dont nous connaissons un beau pied dans le jardin du petit Trianon.

Enfin, deux variétés de l'extrême sud de l'Amérique *(Terra del Fuego)*, nommées *F. antarctica* et *F. Patagonica*, ont été introduites en Angleterre, où elles semblent rustiques et vigoureuses. Au moment actuel, elles doivent être encore trop coûteuses pour être vulgarisées.

468. — **Le Charme.** — Tout le monde connaît l'aptitude spéciale de cette espèce à former des avenues, des abris, des *charmilles*, pour tout dire. C'est une anomalie assez curieuse, que le charme supporte aussi bien la taille que son propre parent le hêtre y est rebelle.

L'espèce commune présente deux types dans les bois du Centre, l'un qui tend à buissonner partout où il ne se trouve pas en massif serré ; l'autre dont la croissance, même à l'état presque isolé, est droite et pyramidale. C'est ce dernier type, que nous n'avons jamais vu classer comme variété distincte, mais dont nous possédons plusieurs sujets extraits tout simplement des bois voisins, qu'il est préférable de cultiver comme arbre d'ornement.

469. — **Le Charme d'Amérique** (*C. Americana*), plus petit que la variété commune, en diffère par ses feuilles plus aiguës et à dents simples, à pétiole plus ou moins velu. Il est encore peu répandu en France. Le **Charme d'Orient** (*Carpinus orientalis*), a des rameaux plus nuancés, des feuilles petites et très élégantes. Ces variétés diffèrent peu, comme aspect général, de l'espèce ordinaire.

Selon M. Dupuis, le charme présente des variétés à rameaux pendants, à feuilles profondément lobées, rouge foncé, panachées de jaune ou de blanc. Ne connaissant pas ces variétés, nous ne sommes pas à même de nous prononcer sur leur degré de rusticité

ou de vigueur; tout ce que nous pouvons affirmer, c'est qu'en terre
légère et fraîche le charme commun est d'une rusticité incroyable,
ce qui est de bon augure pour la qualité de ses variétés.

470. — **Le Noisetier** (*Corylus avellana*). — Le noisetier est intéressant par sa floraison, qui est la première à nous annoncer que
les jours les plus sombres de l'hiver sont passés, et qui se montre

Fig. 269 et 270. — LE NOISETIER.

intrépidement malgré les gelées et les neiges. Il mérite donc une
place dans les massifs d'arbustes et d'abrisseaux; il faut surtout en
chercher les types à gros fruits, les vrais *aveliniers*. Il croit dans
tous les sols et à toute exposition; mais il se plaît particulièrement
dans les terrains légers et frais; il préfère ceux calcaires. On peut
le multiplier, mais peu sûrement, de drageons séparés au mois de
février du pied des vieux plants.

471. — Le noisetier présente des variétés à feuilles pourpres
panachées de jaune ou de blanc, sinuées ou laciniées. Elles ne sont

capables d'une végétation vigoureuse qu'en terre fraîche, fertile et cultivée; car, rappelons-le toujours, les variétés de fantaisie conservent très rarement la rusticité de l'espèce originale.

FAMILLE DES JUGLANDÉES

472. — **Noyer commun** (*Juglans regia*). — Nous n'avons pas besoin de décrire le noyer, dont le nom botanique est une corruption de *Jovis glans*, fruit du maître des dieux. L'épithète spécifique, *regia*, est également flatteuse. Son port ressemble assez à celui du chêne, et l'effet qu'il produit comme arbre isolé, à grosseur égale, est aussi beau. Malheureusement, il est susceptible aux grands froids, étant natif de l'Orient comme presque tous nos arbres fruitiers. Deux fois nous l'avons vu très éprouvé : dans l'hiver de 1871, où une très grande quantité des pieds qui couvraient les riches vallées du Bourbonnais ont gelé, et ensuite en 1879.

Sous le couvert du noyer, la végétation herbeuse se maintient difficilement, quoique nous ayons vu en Touraine des avoines assez vigoureuses dans ces conditions.

Les jeunes plants du noyer étant très pivotants, on ne doit employer que des sujets qui ont subi un repiquage préalable.

473. — **Le Noyer noir** (*J. nigra*), espèce américaine de première taille, natif des États-Unis du Nord et du Nord-Est, est, comme tous les arbres de cette région, complètement insensible à tous les froids d'hiver. Mais nous ne l'avons jamais vu montrer en Europe la grande vigueur et l'extrême rapidité de croissance qui, avec la qualité de son bois, font de lui un arbre forestier d'une haute valeur dans sa station naturelle. Aux Barres, un pied de cette espèce avait pourtant atteint, en 1878, une hauteur de 23 mètres avec 80 centimètres seulement de circonférence. Cet individu a dû être serré dans un massif, car, à côté de lui, il existait une ligne de sujets de

la même espèce, qui, à 10 mètres de hauteur, avait 70 centimètres
de circonférence. Les plants ont un pivot d'un développement extraordinaire, qui rend la transplantation difficile, s'il n'est pas sup-
primé dès le premier automne de sa croissance.

Fig. 271 à 274. — NOYER NOIR.

474. Le Noyer cendré. (*F. cinerea*, var, *cathartica*) est moins
pivotant et par conséquent plus facile à transplanter que l'espèce
précédente. On le dit moins rustique, ce qu'expliquerait son origine, car il appartient à la région méridionale des États-Unis, mais

il a traversé les grandes gelées sans autre atteinte qu'un peu de fatigue. Aux Barres, sa végétation est vigoureuse.

Mais, en résumé, la culture des noyers américains, en France,

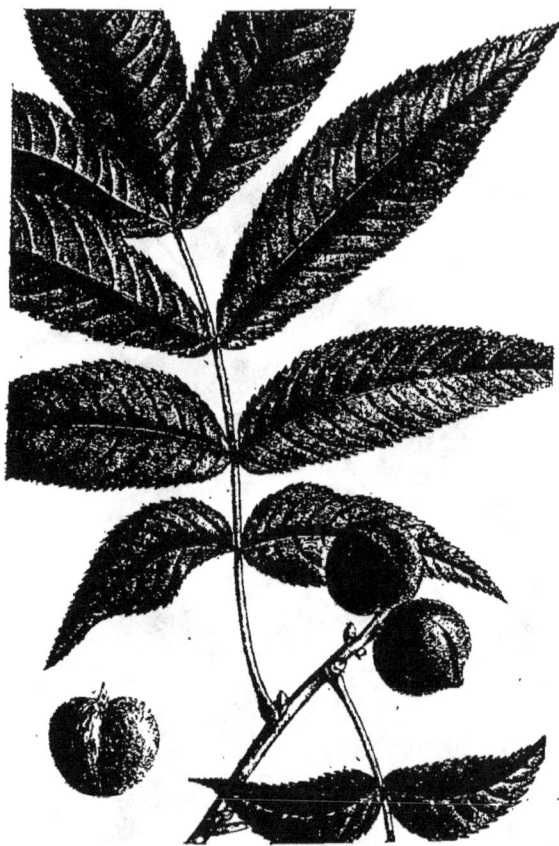

Fig. 275 et 276. — PACANIER AMER (*Carya amara*).

est encore à l'état d'expérience et, dans ces conditions, nous ne pouvons pas les recommander pour occuper une place importante dans les massifs ou les alignements.

Les noyers ont besoin, pour prendre un beau développement, d'un terrain riche et profond, avec une exposition chaude et abritée.

475. — Les Caryers, Pacaniers, ou Hickorys d'Amérique. —
Il y a plusieurs espèces de ce genre, distingué récemment du noyer,
avec lequel il est souvent encore confondu, en raison de son fruit petit,
lisse et anguleux. Ce sont les *hickorys* qui fournissent à la carros-
serie américaine ce bois dur, fin et élastique dont elle confectionne
les *araignées* de course auxquelles s'attellent les grands trotteurs, et
les *buggies* dans lesquels les colons traversent les montagnes sur
des chemins de chèvre.

Les espèces les plus importantes sont : *Carya alba*, *C. amara* et
C. porcina. C'est ce dernier qui, en France, a montré la végétation
la plus active ; en 1878, aux Barres, on le voyait mesurer 13 mètres de
haut. Mais la culture

Fig. 277 à 279. — PACANIER BLANC (*Carya alba*).

du caryer est difficile, surtout dans les commencements ; il exige,
pour prospérer, un sol frais et riche, et sa croissance est très lente
pendant les premières années. L'expérience seule démontrera s'il
y a utilité ou agrément à le cultiver.

476. — Platanées. — Le Platane d'Orient (*Platanus orientalis*)
est trop connu comme arbre d'ornement et d'alignement pour que
nous ayons besoin de nous étendre sur ses qualités.

C'est un arbre de première grandeur, qui peut atteindre des proportions gigantesques. Le platane est fort docile à la taille, et
prend aisément toutes les formes désirées ; il possède encore une
qualité précieuse pour les plantations d'ornement ; les insectes n'attaquent jamais ni sa tige ni ses feuilles. Son feuillage est beau et

fournit, lorsqu'il est vigoureux, un ombrage épais ; malheureusement, il est quelquefois atteint par les gelées du printemps, ce
qui retarde son développement et le rend irrégulier. Il pousse très
rapidement; il émet ses feuilles de bonne heure au printemps et
les garde longtemps à l'automne ; et son écorce verte, qui se renouvelle tous les ans, est par conséquent toujours fraîche et lisse.

Fig. 280. — PLATANE D'ORIENT.

477. **Le Platane d'Occident** (*P. occidentalis*) est aujourd'hui
regardé comme une variété constante de la même espèce. Il ne
peut en être distingué que par son écorce plus grise, et aussi par
ses feuilles pubescentes. Il résiste mieux, dit-on, à l'excès d'humidité dans le sol, tandis que son congénère supporte mieux la
sécheresse.

Cependant, pour élever des platanes de belles dimensions, il faut
absolument un sol profond et frais. C'est en plaine ou en vallon,
aux bords des cours d'eau et dans les bonnes prairies fraîches, que
cet arbre réussit le mieux. Il ressemble, à cet égard, au peuplier
et, comme lui, il est d'une propagation facile.

478. — La plantation du platane s'opère en général au moyen de boutures. Elles sont prises, sur le bois de l'année bien aoûté, à trois ou quatre yeux, dont deux sont enterrés ; on taille le bout inférieur en biseau un peu au-dessous d'un œil. Ces boutures ne peuvent commodément être élevées qu'en pépinière. Inutile de dire que les plants reprennent avec la plus grande facilité.

479. — **Acérinées.** — **Les Érables.** — Cette famille se recommande par sa rusticité et aussi par l'élégance de son feuillage, toujours élégamment découpé et souvent richement coloré.

Le plus utile et le plus répandu de ce groupe est, sans contredit, le sycomore (*Acer pseudo-platanus*), ainsi nommé à cause de sa ressemblance avec le platane.

480. — **Le Sycomore,** très rustique, peut être planté dans presque tous les terrains,

Fig. 281. — PLATANE D'OCCIDENT.

et sa croissance est rapide. Nous l'avons élevé avec succès dans les sols les plus ingrats ; il n'y a que les eaux stagnantes qui lui soient contraires. Il est probable pourtant que le sycomore ne pourrait pas, dans les sols médiocres et secs, atteindre toute sa taille ni sa plus grande longévité, car les forestiers remarquent qu'il ne se dissémine naturellement que dans les meilleures parties de la forêt, celles où se plaisent le frêne et le hêtre.

C'est isolément ou en groupes que le sycomore fait le plus bel effet dans les parcs. Très disposé à pousser de fortes branches latérales, il arrondit bientôt sa cime et forme dès lors une imposante masse de verdure. Son tronc se fait remarquer plutôt pour sa force que pour sa hauteur. En massif, pourtant, le sycomore

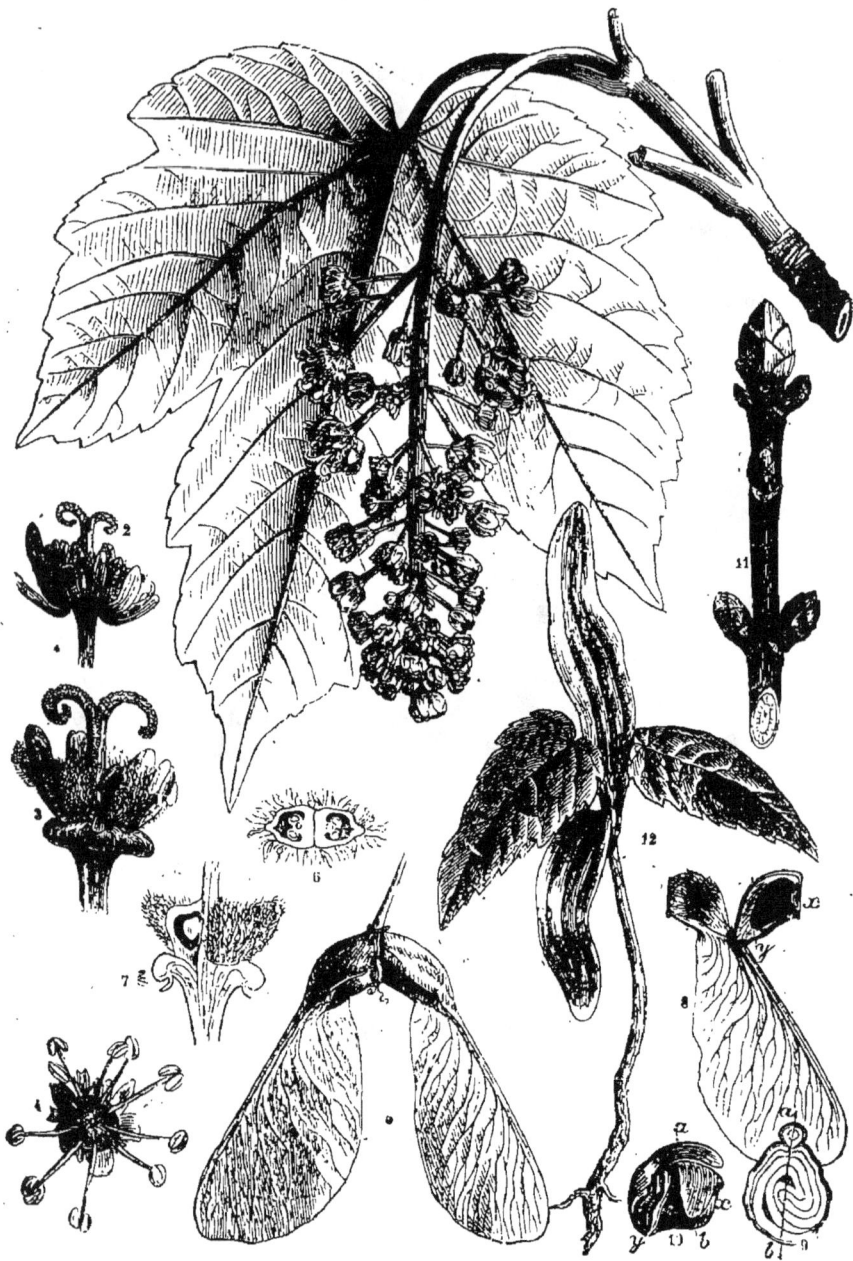

Fig. 282 à 293. — SYCOMORE (Organes reproducteurs).

Érable-Sycomore (*Acer pseudo platanus*).

Explication de la Gravure : 1, rameau à fleurs ; — 2, fleur hermaphrodite ; — 3, *id.*, moins le calice et la corolle ; — 4 fleur mâle, moins ses enveloppes ; — 5, fruit à deux coques membraneuses ; — 6 et 7. *id.*, coupes transv. et longit. ; — 8, coque à aile membraneuse, ouverte pour montrer la graine *x*, *y* ; — 9, graine coupée dans la direction de *a b* de 10 ; — 10, graine avec embryon isolé ; — 11, pousse à bourgeons — 12, plantules.

peut atteindre une grande taille ; quelques sujets mesurent de 25 à 30 mètres de haut. A trente ans, dit M. Mathieu (*Flore forestière*), sa hauteur est double de celle d'un hêtre de même âge.

Le sycomore est fort estimé pour la formation des bordures de chemins et de promenades ; il donne de bonne heure un ombrage épais, et son tempérament supporte bien la fumée des villes, aussi est-il très communément planté sur les avenues et les cours publiques.

C'est au printemps, lorsque la feuille est encore d'un vert tendre, que le sycomore revêt son aspect le plus séduisant ; plus tard, les feuilles prennent une teinte foncée. Elles sont blanches et cotonneuses en dessous, et finement dentelées au bord. Leur teinte sombre est agréablement relevée par celle du pétiole, d'un rouge assez vif, et la longueur de ce pétiole leur donne beaucoup de mobilité ; aussi l'arbre, malgré ses formes massives, ne manque pas de gaieté, surtout en automne, lorsque les samares élégantes qui renferment les graines prennent une teinte rouge qui gagne aussi le feuillage. Ces samares, en raison de leurs grandes ailes, volent loin, de sorte que cet arbre se dissémine avec une grande profusion, et les jeunes plants qui proviennent de ses semis naturels sont rustiques.

Il en résulte que le sycomore peut se planter avec la plus grande facilité et que ses plants se vendent à très bon compte.

Cette espèce a produit plusieurs variétés à feuilles panachées, les unes de blanc ou de jaune, les autres de pourpre. Les deux premières sont, croyons-nous, assez rustiques.

481. — **Érable plane**, de Norvège (*Acer platanoides*).— Cette espèce est très répandue dans tout le nord de l'Europe, notamment en Russie, où elle est, dit-on, la plus commune de toutes, après le bouleau et le tremble. On le trouve également à l'état épars dans les forêts des Alpes et du Jura sur roche calcaire. C'est un gracieux arbre d'ornement et d'alignement, qui atteint une grande taille ; son aspect général est plus léger que celui de son congénère le sycomore. Il s'en distingue par ses feuilles à lobes aigus, non découpées en dents de scie, et d'une consistance plus fine.

Originaire de pays froids, nous croyons que l'érable de Norvège
doit être planté dans les sols profonds et aux expositions fraîches.
Il supporte bien le proche voisinage de la mer ; sur les fiords de
son pays natal, il pousse vigoureusement ; il s'avance même jus-

Fig. 294 à 295. — ÉRABLE PLANE (*Acer platanoïdes*).

qu'à la grève, et contribue à donner un charme tout particulier à
ces beaux paysages maritimes.

482. — **L'Érable des Champs** (*Acer campestre*) est une petite
essence de troisième taille, qui trouve sa place plus souvent dans
les haies que dans les futaies. Elle est pourtant, à notre avis, très
gracieuse par la forme de ses feuilles, qui sont découpées de la
même façon que celles des espèces précédentes, mais dont les cinq
lobes sont plus petits, plus étroits et moins pointus au bout. Elles
prennent, dès la fin de l'été, une teinte rouge qui est un des principaux éléments de la beauté des haies en cette saison.

Le bois de l'érable champêtre, fin et agréablement marqué dans les parties noueuses, est très recherché par le tourneur et le menuisier.

Nous n'avons jamais vu croître cet arbre que dans les sols frais et un peu substantiels ; nous ne savons donc pas s'il s'accommoderait des terres ingrates. Comme tous ses congénères, il résiste parfaitement aux gelées.

Fig. 296 et 297. — ÉRABLE DES CHAMPS (*Acer campestre*).

Outre les essences indigènes, le genre érable présente des espèces nombreuses dans les États-Unis et au Japon. La plus belle espèce américaine est l'**Érable à Sucre** (*Acer saccharinum*). C'est le plus coloré de tous ; ses fleurs sont jaunâtres, ses fruits et, dès l'automne, ses feuilles, sont d'un beau rouge, ce qui fait de cet arbre un des ornements les plus remarquables des paysages boisés qui entourent la grande chaîne de lacs entre les États-Unis et le Canada.

Il est en outre l'un des arbres les plus utiles au colon, qui tire sa provision de sucre de sa sève abondante et savoureuse.

Les espèces japonaises (*palmatum*, *trifidum*, etc.), présentent des feuillages colorés et découpés, d'un effet extraordinaire, que nous avons pu admirer, en 1884, à l'Exposition forestière d'Édimbourg. Elles sont encore rares et peu connues.

483. — L'Érable blanc (*A. eriocarpum* ou *dasycarpum*) se distingue par ses fleurs et ses fruits blancs. Il est aujourd'hui introduit dans les forêts de l'État, en Prusse, probablement à cause de sa vigueur et de son effet décoratif, car son bois est peu estimé.

Les érables américains, comme presque toutes les essences du même continent, demandent un .sol frais pour atteindre de belles dimensions.

Fig. 298 à 301. — ÉRABLE A SUCRE (*Acer saccharinum*)

484. — Les Negundo : Negundo à Feuilles de Frêne, Érable negundo, (*N. fraxinifolium, Acer negundo*).

Le negundo, naguère classé comme érable, vient d'être élevé par quelques botanistes au rang d'un genre distinct, en raison de ses feuilles composées, imparipennées, et de ses fleurs toujours en grappes pendantes.

Originaire des États-Unis du Centre et de la Californie, il se plaît dans les terrains profonds et frais, où il peut atteindre la hauteur de 15 mètres. Isolé, il tend à buissonner; il est donc préférable de l'élever en bordure de massif ou en groupe.

Il se propage avec la plus grande facilité, soit par boutures élevées en pépinières, soit par plants, mais dans les terrains secs sa croissance est nulle. Son tempérament est très rustique, et nous ne l'avons jamais vu attaqué par les insectes. Dans les massifs d'ornement, on élève assez communément le negundo pour son feuillage, qui, lorsqu'il est souvent recépé, pousse avec une belle exubérance.

485. — Ce traitement s'applique surtout à la variété panachée de blanc, qui est la plus répandue dans les jardins. Elle est décorative quand elle est placée devant des végétaux de teinte plus foncée, mais elle manque, comme presque toutes les variétés panachées, de rusticité et de vigueur.

486. — Il existe une espèce ou une variété constante, se reproduisant de graine, à écorce violacée (*N. violaceum*). Son tempérament paraît rustique, et sa croissance encore plus rapide, au moins dans sa première jeunesse, que celle de la variété ordinaire.

487. — **Ulmacées.** — **L'Orme champêtre** (*Ulmus campestris*). — Dans les pays à climat frais, les beaux ormes éparpillés au milieu

Fig. 302. — NEGUNDO à Feuilles de Frêne.

des champs verts forment un des traits les plus remarquables du paysage. Dans le sud de l'Angleterre, où la plus grande partie du sol est couverte de prés et de pâturages, ornés d'arbres, soit isolés, soit en bouquets, la plupart des patriarches feuillus qui étendent leur forte ramure au-dessus de l'herbe d'un vert intense sont des ormes.

Comme arbre d'avenue, l'orme est extrêmement utile. Sa croissance est rapide, son ombrage épais, et ces branches se ramifient et s'entrelacent de façon à former un délicat réseau des plus gracieux. Ses fleurs, très nombreuses, paraissent avant les feuilles et laissent après elles des fruits qui présentent un aspect curieux. Ce sont des capsules qui occupent seulement le centre d'une grande aile membraneuse ; de loin, celle-ci ressemble à une petite feuille, de sorte qu'on pourrait prendre cette végétation pour un feuillage naissant. (P. 78, fig. 121 à 129.)

La fécondité de l'orme est telle, observe à ce sujet M. Mathieu (*Flore forestière*, p. 361), que parfois cet arbre ne se feuille qu'à la seconde sève, parce que ses fruits ont absorbé toute celle du printemps. Il est vrai que ces fruits, de consistance foliacée, remplissent les fonctions des feuilles et concourent à l'élaboration de la sève ; aussi l'arbre ne paraît-il pas épuisé par cette grande fécondité.

L'orme demande un terrain frais et franc pour [bien végéter ; à cette condition près, il est rustique ; il se transplante très facilement, comme toutes les essences qui se propagent par drageons dans les bois.

Il supporte bien la taille (à laquelle il n'est que trop souvent assujetti), tant que les rameaux à enlever sont petits et n'ont pas mûri leur bois. Mais le tempérament de l'orme souffre de toute lésion faite à ses grosses branches ; aussi, sur les avenues et les boulevards des villes, voit-on souvent des chancres, de grosses excroissances, suite de plaies causées par des accidents ou par l'enlèvement irréfléchi de fortes branches rez-tronc.

488. — L'Orme à grandes Feuilles (*Ulmus montana*) n'a pas le grand développement ni la valeur forestière de son congénère, le *campestris*, mais il est intéressant à cultiver par sa rusticité, qui s'accommode mieux des terrains inférieurs, par sa végétation très rapide et par ses belles feuilles, qui sont trois ou quatre fois plus grandes que celles de l'espèce ordinaire.

Il y a quelques variétés de l'orme champêtre qui ont l'écorce plus ou moins subéreuse sur les jeunes branches, mais nous les croyons toutes inférieures au type commun.

Tous les ormes se transplantent avec une très grande facilité ; on peut les multiplier par drageons, à condition de choisir des sujets bien enracinés ; ils peuvent se transplanter jusqu'à un âge assez avancé.

Le semis de l'orme est une opération délicate. La graine, qui est fine, mûrit au mois de juin, époque où elle doit être semée immédiatement, car elle se conserve difficilement. Il est évident que ce semis fin, en plein été, demande des soins assidus pour résister aux chaleurs et à la sécheresse.

488 *bis*. — L'Orme d'Amérique paraît avoir, dans ses premières années, la croissance plus rapide et plus élancée, la feuille plus claire et plus fine.

489. — Les Planères. — Le Planère crénelé (*Planera crenata*), improprement appelé : Orme de Sibérie, est natif de la région du Caucase. Il doit son nom spécifique à la manière particulière dont ses feuilles sont dentées. Ressemblant à l'orme par son port et son aspect général, il n'en diffère que par son écorce lisse, d'un vert grisâtre, qui se détache par plaques comme celle du platane, et par son fruit, une capsule globuleuse.

C'est un bel arbre, d'une croissance rapide et d'une grande rusticité. Nous en avons vu de beaux pieds dans les jardins particuliers de Versailles, où l'on dit qu'il n'est jamais attaqué par les insectes.

Le Planère aquatique, qui croît aux Etats-Unis, outre qu'il est moins beau, est aussi moins rustique et supporte difficilement le climat de Paris.

490. — Légumineuses. — Le Robinier, ou **Acacia commun**, se recommande par sa belle floraison, qui tranche gaiement sur la verdure des massifs au commencement de l'été, et qui répand une odeur des plus suaves.

La rapidité extrême de sa croissance, dans les terres légères et franches qui lui conviennent, est également précieuse ; elle permet au planteur de former des massifs d'agrément dont il ne tardera pas à jouir.

Lorsqu'on veut planter l'acacia isolé, il convient de lui choisir un site abrité des grands vents, dont la violence casse souvent ses branches, d'une sève trop vigoureuse, trop lourde. Il produit un bon effet en petits groupes ou en bordure sur les massifs composés d'autres essences ; il les égaye par ses grappes de fleurs blanches et aussi par la gracieuse légèreté de son feuillage.

Fig. 303 à 305. — FEVIER D'AMÉRIQUE (*Gleditschia triacanthos*).

En futaie, l'acacia ne réussit guère ; il y perd toute sa vigueur ; il semble avoir besoin du grand air et de la lumière pour se bien porter et prendre tout le développement dont il est capable. Il ne convient guère non plus, en raison de son couvert trop léger et de la fragilité de ses branches sous les coups de vent, pour former des avenues.

Il ne faut pas croire, rappelons-le encore, que l'acacia se plaise partout, même dans les terrains les plus arides. Il peut, à la vérité, croître assez bien dans des sols très légers, mais *francs* et *meubles;*

or il ne faut pas oublier que *de tels sols ne sont jamais secs.* Les bruyères acides, l'humidité stagnante, les sous-sols caillouteux lui sont absolument contraires. En général, tous les arbres feuillus de l'Amérique sont avides de fraîcheur, et le robinier, quoi qu'on ait pu en dire, n'est nullement une exception à cette règle.

Si, dans le site que l'on se propose de planter, il se présente des terres mouvantes ou tellement inclinées qu'on y craint le ravinement, l'acacia sera précieux pour les fixer au moyen de ses nombreuses racines traçantes.

491. — **Le Robinier visqueux** (*R. viscosa*) (la particularité indiquée par ce nom spécifique se présente sur ses rameaux) porte des fleurs rose pâle, à calice d'un rose vif, disposées de la même façon que celles du précédent. Elles paraissent en juin, puis quelquefois à la fin de l'été.

Cet arbre peut atteindre une hauteur de 15 mètres ; son tempérament est assez vigoureux. Ses fleurs, d'une nuance très agréable, forment des grappes plus volumineuses, moins cachées par le feuillage, que celles de l'espèce ordinaire, et produisent plus d'effet. Ce joli arbre est donc très propre à orner les parcs et les jardins, pourvu qu'il soit planté dans un terrain frais et léger.

492. — **Le Robinier hispide** (*hispida*), vulgairement acacia rose, aux jeunes rameaux hérissés de poils qui paraissent formidables mais qui ne piquent pas, n'est qu'un buisson de 2 mètres au plus ; mais, comme il est rustique, facile à élever et très ornemental, nous nous permettons de le citer à la suite de ses congénères arborescents. Il se couvre en même temps qu'eux d'abondantes fleurs d'un rose vif, qui remontent pendant les mois de juin et juillet.

Les variétés d'ornement peuvent se propager par la greffe sur l'espèce ordinaire.

493. — **Le Févier à trois Épines.** (*Gleditschia triacanthos*). — Le février se rapproche de l'acacia par son aspect général et aussi par la vigueur de sa croissance, mais il présente beaucoup de traits nettement distincts. Son écorce est grise et lisse ; ses feuilles pennées sont souvent doublement composées (l'axe porte des folioles

qui sont elles-mêmes pennées). Elles sont d'une gracieuse légèreté et d'une rare élégance. Son fruit, grande gousse aplatie, brunâtre, pulpeuse à l'intérieur, longue de 40 à 50 centimètres, rappelle les énormes fruits sauvages des tropiques. Les fleurs, verdâtres, se distinguent difficilement. Le févier est hérissé de très fortes épines, souvent à trois piquants en forme de croix, particularité qui lui a valu en Amérique le nom de « l'Épine du Christ ». Le tronc seul se dépouille de ces épines à mesure que l'écorce se renouvelle, mais les branches en restent si bien couvertes que cette armature justifie pleinement l'observation d'un de nos amis : « Si j'étais oiseau, c'est là que je ferais mon nid ; je n'aurais à craindre ni les gamins ni les chats. » En revanche, la pie-grièche y trouverait aisément de quoi établir son étal de boucherie.

194. — On utilise cette particularité de l'arbre pour la création des clôtures. A cet effet, on plante de jeunes sujets (âgés d'un an ou de deux) dans une rigole préalablement ouverte, en quinconce, à 20 centimètres l'un de l'autre, sur deux rangs espacés de 10 centimètres seulement. Les plants de chaque rang sont un peu inclinés les uns vers les autres, de sorte que leurs bouts se touchent ; on soutient ceux-ci par un fil de fer ou une série de petites perches de hauteur suffisante. Aussitôt que les plants ont fait une pousse vigoureuse et se sont allongés, on les tresse en treillis, en évitant soigneusement de les casser ; bientôt ils se soudent ensemble aux points de contact, et la clôture, qui pousse rapidement, se développe raide, continue, impénétrable.

Le févier, pour cet usage comme pour tout autre, ne doit être planté que dans des terrains légers et profonds, par conséquent sains et frais. Il faudrait au besoin protéger les jeunes plants contre les lièvres et les lapins, qui en sont très friands, avec une garniture provisoire d'épines.

495. — Il existe plusieurs autres espèces de ce genre, dont une seulement, *G. Monosperma*, originaire aussi des Etats-Unis, atteint une taille égale à celle du triacanthos ; nous ne pouvons pas affirmer qu'elle soit douée de la même vigueur. La feuille de cette espèce,

doublement composée, comme celle de la précédente, en diffère en
ce qu'elle est imparipennée ; c'est-à-dire que l'axe de la feuille,
portant sur chaque côté des folioles pennées elles-mêmes, se pro-
longe gracieusement en foliole terminale.

Fig. 306. — FÉVIER DU JAPON (*Gloditschia Japonica*)
D'après un dessin japonais.

Celle du Japon est une jolie espèce dont les rameaux, d'après
le croquis que nous reproduisons, semblent pendre gracieusement.

496. — Le Sophora du Japon (*Sophora Japonica*). — Le sophora
du Japon est un grand arbre à cime large et arrondie, portant de

grandes feuilles composées de 7 à 13 folioles. Les fleurs, d'un blanc jaunâtre, groupées en panicules terminales, se montrent au mois d'août.

Fig. 307 et 308. — SOPHORA JAPONICA.

Le sophora est en général très rustique ; il est pourtant exposé, dans son jeune âge, à ce que ses pousses, trop tardives, soient rabattues par les gelées d'automne ; il demande donc un abri contre le soleil levant. Planté, il prend assez bien, mais *boude* pendant quelques temps ; ensuite, en terre légère et franche, il pousse très vigoureusement. Il existe un magnifique spécimen de cet arbre auprès du petit château de Trianon.

La variété à rameaux pendants (Sophora pleureur, *S. pendula*) est extrêmement pittoresque ; on doit la planter isolée.

497. — Cytice faux Ébénier (*Cytisus laburnum*). — Ce gracieux petit arbre est justement estimé pour la beauté de ses fleurs et pour l'odeur suave qu'elles répandent. Il est indigène en France, où il se trouve disséminé dans les forêts, sur les collines et les montagnes calcaires de l'Est. Sa taille varie de 5 à 40 mètres ; son écorce est verte et lisse. Son bois, de très bonne qualité, est recherché par les tourneurs et les ébénistes. Sous l'aubier blanchâtre, qui est peu abondant et nettement limité, le bois de cœur est fortement coloré, variant du jaune brunâtre au brun verdâtre et au brun noirâtre ; c'est cette coloration du bois qui l'a fait comparer à l'ébène.

Fig. 300. — CYTICE FAUX ÉBÉNIER (*Cytisus laburnum*).

Ses feuilles sont longuement pétiolées, composées, comme chez presque toutes les légumineuses arborescentes ; elles ont trois folioles ovales. Les fleurs, papilionacées, d'un beau jaune d'or, disposées en longues grappes pendantes, s'épanouissent en mai.

Les cytises sont très rustiques, peu exigeants à l'égard du sol, mais c'est sous les climats frais et dans les terrains légers et profonds qu'ils prospèrent le mieux, et nous croyons que les chaleurs leur sont contraires ; les sols calcaires leur sont pourtant favorables. Le gibier en est très friand, et, s'ils doivent être plantés dans un parc giboyeux, il sera indispensable de les entourer de grillages ou d'épines. Le *C. laburnum* a produit de nombreuses variétés : à rameaux pleureurs, — à feuilles panachées de blanc, — à fleur et d'un jaune pâle, ou plus tardives que chez la variété commune, ou se montrant de nouveau à l'automne, etc.

498. — L'une des plus remarquables, selon M. Dupuis, est une hybride, le cytise d'Adam (*C. Adami*), qui porte souvent sur le même rameau des feuilles de deux formes différentes, et des fleurs, les unes jaunes, les autres pourpres, les autres lie de vin.

Le cytise des Alpes, *C. Alpinus*, est tellement semblable au faux-ébénier, qu'il est souvent confondu avec lui. Il ne s'en distingue que par ses fleurs plus petites et plus foncées, plus tardives, en grappes plus longues et plus grêles.

TILIACÉES

499.— **Le Tilleul commun** (*Tilia Europœa*) étant universellement connu et apprécié, nous ne ferons que rappeler le parfum délicieux que répandent ses fleurs, fréquentées par des milliers d'abeilles, dont on entend de loin le joyeux et incessant bourdonnement. Les pédoncules des fleurs sont, comme chacun sait, soudées à la nervure médiane d'une bractée ovale allongée, qui a l'apparence complète d'une feuille, quoique d'une forme toute différente de la véritable ; celle-ci est lisse, large, cordiforme, dentée ; à l'automne, elle prend une belle teinte jaune d'or.

L'espèce commune présente deux types, *C. parvifolia*, l'essence des bois, et *T. grandifolia* ou *platyphylla*, arbre généralement planté dans les alignements. Ces deux types ont le même tempérament et les mêmes qualités ; nous croyons donc inutile d'en parler séparément.

500. — **Le Tilleul à Feuilles variables** (*T. heterophylla*), l'une des plus belles espèces du genre, est un arbre de la même taille que

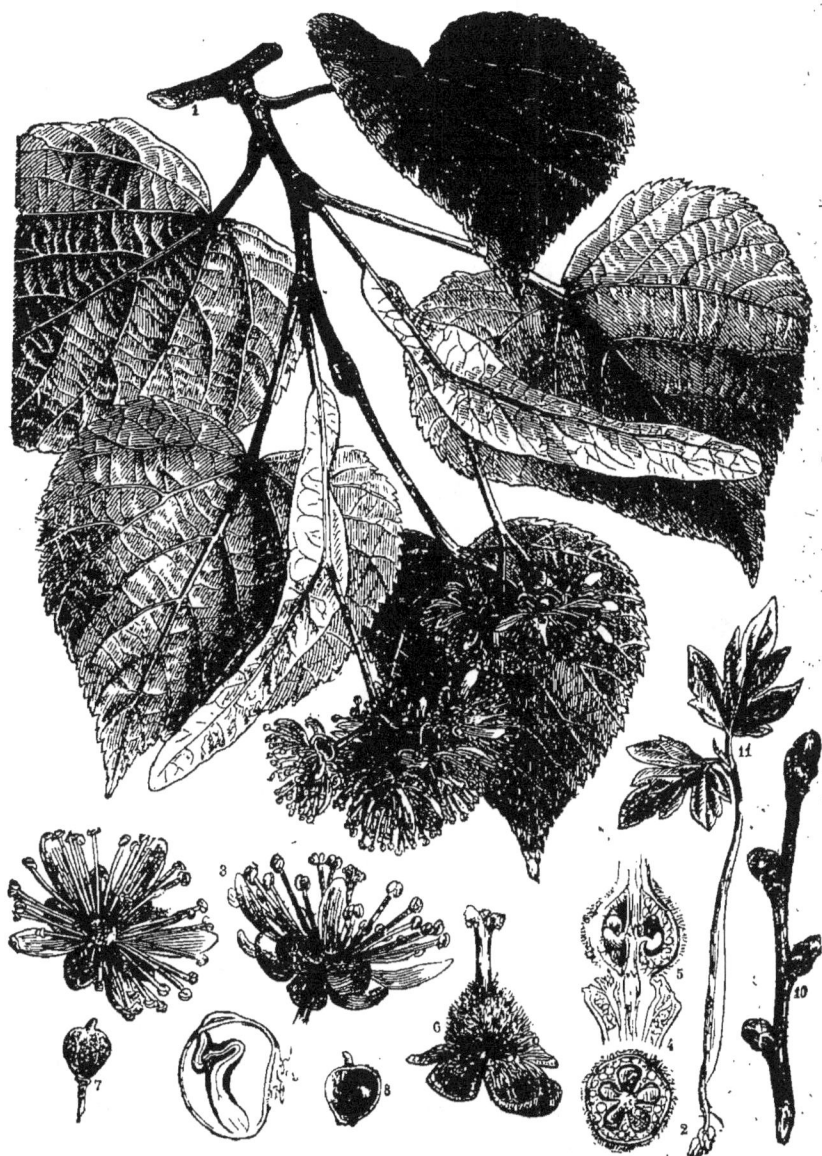

Fig. 310 à 320. — TILLEUL A PETITES FEUILLES (organes reproducteurs).

Explication de la Gravure : 1, Rameau à fleurs ; — 2. Fleur, vue de différentes faces ; — 3, 4 et 5, Ovaire, coupes transv. et longit. ; — 6, Pistil ; — 7, Fruit ; — 8,Id., coupe longit. ; — 9, Graine, coupe longit. ; — 10, Pousse à bourgeons ; — 11, Plantule.

les précédentes, à feuilles très grandes, vert foncé en dessus, tomenteuses et munies de poils roux le long des nervures en dessous; ses fleurs blanchâtres, odorantes, se montrent en août. Il croît aux États-Unis.

501. — Le Tilleul argenté (*T. argentea*) se distingue par ses feuilles très grandes, blanches et cotonneuses en dessous, persistant plus longtemps, et par ses fleurs tardives, mais d'une odeur plus agréable. Il est originaire de la Hongrie (Dupuis, ouv. cité), mais il est actuellement très répandu en France. C'est un très bel arbre.

Gardons-nous de planter des tilleuls dans une terre sèche : leur tempérament robuste leur permettra d'y subsister, mais ils resteront presque stationnaires et n'atteindront jamais une taille satisfaisante.

Ils se transplantent avec la plus grande facilité, et se propagent au besoin par boutures.

L'utilité des fleurs du tilleul, dans la pharmacie, s'explique par leur composition, qui est riche en sucre, tanin, acides malique et tartrique, avec une huile essentielle.

ROSACÉES

502. — Dans cette famille, nous trouvons tous les types sauvages des arbres fruitiers. Nous nous occuperons seulement de quelques espèces des plus rustiques, et qui peuvent avantageusement être plantées dans les massifs d'agrément, laissant de côté celles qui, comme le pommier et le poirier sauvage, l'épine noir ou prunellier, etc., doivent être soigneusement respectées lorsqu'elles figurent dans un paysage naturel, mais qui, vu la lenteur de leur croissance ou la petitesse de leur taille, ne sont pas ordi-

19

nairement plantées par la main de l'homme. En tête des espèces vraiment forestières de cette famille, nous placerons :

503. — Le Merisier ou Cerisier sauvage (*Cerasus avium*). — Cet arbre mérite, à notre avis, d'être propagé sur une bien plus grande échelle qu'il ne l'est ordinairement. Il se recommande par sa croissance rapide et droite et par sa rusticité. Tout en lui est élégant et gai ; son écorce lisse, luisante, gris brunâtre, se détachant souvent par lames transversales ; ses feuilles d'un vert clair, longuement pétiolées, par conséquent mobiles, luisantes en dessus, pubescentes en dessous, prenant une belle teinte rouge en automne ; ses fleurs blanches, abondantes, qui paraissent de bonne heure en avril ; ses fruits plus petits que ceux du type cultivé, mais qui leur ressemblent comme forme et comme teinte, changeant du rouge au pourpre noir à mesure qu'elles mûrissent.

Fig. 321 et 322. — MERISIER (*Cærasus avium*).

Le merisier fait donc un effet charmant, soit isolé ou en groupes sur les pelouses, soit en bordure sur les massifs, soit enfin lorsqu'il forme de longues avenues. On ne doit l'employer à ce dernier usage, que lorsqu'on tient à jouir d'un joli coup d'œil plutôt que d'un ombrage épais, car son couvert est léger, et il atteint rarement une très grande taille ; sa hauteur varie ordinairement de 15 à 20 mètres. Il y a une belle variété à fleurs doubles.

Comme le cerisier Sainte-Lucie, le merisier se plaît dans les terrains calcaires et s'accommode même de ceux qui sont arides.

504. — Le Merisier à Grappes (*C. padus*) n'est qu'un arbrisseau dont les fleurs blanches, en longues grappes pendantes, paraissent en juillet et août, et se détachent sur un feuillage d'un vert gai, souvent lacinié ou panaché. Cette espèce est particulièrement recherchée par les papillons, c'est-à-dire dévorée par les chenilles, inconvénient dont on aurait ingénieusement tiré parti en Bavière, au dire d'un rédacteur du *Journal agricole* de ce pays : deux ou trois pieds de cette espèce, plantés dans chaque verger, sont l'objet de la prédilection de ces insectes. Ces pieds sont bientôt mis dans un état pitoyable, mais tous les autres arbres fruitiers sont épargnés.

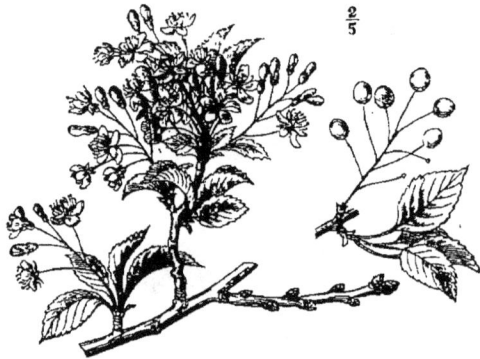

Fig. 323 et 324. — Cerisier Sainte-Lucie (*Cerasus mahaleb*).

505. — Le Cerisier de Sainte-Lucie. (*C. mahaleb*) est un grand arbrisseau buissonneux, originaire d'Autriche et indigène dans quelques parties de la France; il fleurit en mai et juin, et produit de petits fruits noirs. Il réussit fort bien, où presque toute autre essence périt, en terrain calcaire ingrat.

506. — Le Cerisier de Virginie (*C. Virginiana*) est, selon M. Dupuis, un superbe arbrisseau, remarquable par ses fleurs en grappes dressées, ses fruits d'un rouge noirâtre, mais surtout pour son beau feuillage, qui devient rouge à l'automne.

Les cerisiers, très rustiques, se contentent de sols forts médiocres, pourvu que ceux-ci aient un peu de fraîcheur. Leur croissance, dans les terrains francs et profonds, est extrêmement rapide.

507. — Le Prunier de Pissard (*P. Pissardii*), arbrisseau à feuilles blanches, à grandes feuilles d'abord rouges, ensuite pourpres, est

un des plus beaux végétaux d'introduction récente. Les fruits
sont noirs dès leur formation et rentrent dans le groupe des myro-
bolans. Ce prunier paraît rustique et d'une belle vigueur.

508. — **Le Sorbier domestique ou Cormier** (*Sorbus domestica*) est
un arbre touffu de 12 à 15 mètres de hauteur, que l'on rencontre le
plus souvent à l'état isolé, auprès des habitations champêtres. Ses
feuilles sont pennées, à 7 ou 9 folioles dentelées, velues en dessous;
ses fleurs sont blanches,
disposées en corymbes; ses
fruits, pyriformes, d'un
jaune rougeâtre. Il demande,
pour prospérer, une terre
franche et substantielle, mais,
comme son proche parent,
le sorbier des oiseleurs, il
végète même dans les fentes
des rochers, pourvu que ses
racines puissent descendre
jusqu'à une certaine profondeur. Il peut donc servir à
orner les rocailles. Le calcaire lui est favorable. Son
ombrage épais le rend propre à former des avenues;

Fig. 325 et 326. — Sorbier des Oiseleurs
(*Sorbus aucuparia*).

malheureusement, sa croissance est lente.

Le bois du cormier est prisé, en raison de sa dureté et de sa solidité, par les graveurs sur bois, les sculpteurs, les ébénistes et les
menuisiers. Le fruit, brun, est comestible lorsqu'il a bletti.

509. — **Le Sorbier des Oiseleurs.** (*Sorbus* v. *Pyrus aucuparia*).
— Cet arbre est un habitant des pays froids et montagneux; c'est
là qu'il atteint sa plus belle taille (de 10 à 12 mètres). Il est parfaitement rustique aux froids, et, en raison de la beauté de son feuillage, de ses fleurs et de ses fruits, il est toujours très décoratif,
même dans nos plaines, où sa croissance est moins vigoureuse, soit

isolé sur les pelouses, soit en bordures. Par ses fruits il attire les oiseaux, qui égayent les jardins de leurs chants et les défendent contre les insectes nuisibles.

Pour obtenir une bonne végétation dans nos climats, il est indispensable de borner la culture du sorbier des oiseleurs aux terrains frais, mais sans humidité stagnante. Il se plait dans le calcaire.

540. — **L'Aubépine.** (*Cratœgus oxyacantha*). — L'aubépine, dans nos régions tempérées, devient un arbre d'environ 8 mètres. Selon M. Mathieu (*Flore forestière*), c'est la variété *monogyne* (dont le pistil n'a qu'un style) qui atteint les plus belles dimensions.

Ce petit arbre, si commun qu'il soit, n'est nullement à dédaigner. Ses feuilles, délicatement découpées, d'une jolie nuance vert tendre au commencement du printemps, ses charmants bouquets de fleurs à étamines roses, qui répandent une odeur délicieuse, enfin ses baies d'un rouge vif qui égayent les jours sombres d'automne et d'hiver, tout recommande l'aubépine à l'attention du planteur.

Dans les parcs et les jardins, on peut tirer de très heureux effets du rapprochement de l'espèce blanche ordinaire avec les variétés roses ou rouges, à fleurs doubles ou simples, qui, greffées sur le type sauvage, prennent son tempérament et parviennent au même développement que lui.

L'ombrage de l'aubépine est très favorable à la croissance des fleurs des champs. C'est sous son abri que la perce-neige se montre le plus tôt, et la primevère, la violette, la petite véronique bleue, lui succèdent chacune à leur tour.

La croissance de l'aubépine, son port et la forme de ses feuilles, présentent de nombreuses différences selon la nature et la force du sujet. Certains pieds maladifs, comme chez quelques autres espèces, émettent d'épaisses touffes de petits rameaux ressemblant de loin à des nids d'oiseaux. M. Anderson, conservateur du Jardin botanique à Chelsea (Londres), eut la fantaisie de greffer quelques-uns de ces rameaux sur des sujets sains de la même espèce ; il en obtint

des arbres pleureurs, type qui peut se rencontrer, mais rarement,
dans la nature (1).

Nous ne nous étendrons pas sur la plantation de l'aubépine en
haie, opération connue de tous les jardiniers. On creuse, en terrain
frais et franc, une rigole (à la terre qu'on extrait on peut au besoin
mêler du terreau), et on y place les plants sur deux rangs, à 20 centimètres environ l'un de
l'autre en tous sens. A la fin
de la première année on les
recèpe, et, si le sol a été
entretenu net de mauvaises
herbes, ils produisent de forts
rejets qui supporteront bien
la taille et fourniront une
épaisse clôture.

Ajoutons que l'aubépine se
transplante avec une grande
facilité, qu'elle n'est jamais
atteinte par la gelée, que son

Fig. 327. — ALISIER (*Sorbus torminalis*).

tempérament est rustique et sa longévité très grande.

511.— L'Alisier des Bois (*Pyrus* v. *Sorbus torminalis*). — Cet arbre,
indigène dans nos bois et très rustique, atteint la taille d'environ 15 à
20 mètres. Il fait bon effet dans les massifs, en raison de ses feuilles
lobées, finement découpées, blanchâtres en dessous, et de ses fruits,
petites pommes rouges qui ne deviennent comestibles, comme les
nèfles, que lorsqu'elles ont bletti. La croissance de l'alisier est lente ; il
conviendrait donc de le placer à l'extérieur des massifs où il peut servir
à faire valoir d'autres arbres plus élevés et à feuillage plus foncé.

L'alisier demande un sol léger, frais, sans excès d'humidité ; il
végète assez bien dans les fentes des rochers. Il est insensible à
toutes les intempéries ; son bois est recherché par les mécaniciens
et les menuisiers.

1. — Johns. *The Trees of Great-Britain*. — Londres, *Society of Christian Know-
ledge*, p. 38.

BÉTULACÉES

512. — Bouleau blanc (*Betula alba*). — Si cette espèce était moins commune, moins rustique, elle serait, à juste titre, la plus recherchée des essences d'ornement. Chez le bouleau, tout est élégant, gracieux, et justifie pleinement le nom poétique que lui a donné Coleridge : *the lady of the woods*, « la demoiselle des bois ». Son feuillage, aux premiers jours du printemps, est d'un vert tendre et délicat qui se détache sur les ramures dénudées et encore noires des autres arbres à feuilles caduques, et se marie d'une façon charmante aux teintes sombres des conifères. A l'automne, il se pare d'un manteau d'or qui, lorsque cette saison est calme et qu'il n'est pas emporté par les pluies et les vents, forme l'un des principaux attraits de l'été de la Saint-Martin. Enfin, même dépouillé de son feuillage, le bouleau reste toujours charmant, par la sveltesse et la souplesse de ses formes, par la blancheur de son écorce, par la teinte pourprée de ses rameaux et de ses bourgeons. Comme essence forestière, le bouleau est certainement inférieur au chêne ; mais, au point de vue décoratif, il convient d'observer que, lorsque, dans une coupe, on a laissé des baliveaux réservés, le jeune chêne, noir et informe, *ressort* peu sur le fond monotone de la coupe, tandis que le bouleau, petit arbre déjà bien fait, se détache nettement et charme les yeux par son élégance.

Comme arbre d'agrément, il a tous les mérites. Il pousse très tôt au printemps et n'est pourtant jamais atteint d'aucune façon par les gelées. Doué de la plus grande rusticité, il prend partout et se dissémine naturellement ; il n'y a lieu d'éviter pour sa propagation que les terrains naturellement très secs, et ceux qui sont occupés et desséchés par de fortes bruyères. Les racines du bouleau, qui courent dans la couche superficielle de la terre, ne peuvent pas soutenir la concurrence avec celles de ces végétaux lorsqu'ils sont nombreux, et son couvert léger ne suffit pas pour les étouffer.

Le bouleau, nous devons le rappeler, a une croissance des plus

Fig. 328. — LE BOULEAU. — (D'après un fusain d'Allongé).

rapides, surtout dans les sols frais, et l'humidité même ne lui est pas contraire.

Au point de vue décoratif, il est essentiel de se procurer, autant que possible, les sujets pleureurs ; ils sont assez communs dans les bois.

513. — En fait de variétés de fantaisie, nous n'avons cultivé que

Fig. 329. — BOULEAU A CANOT (*Betula papyracea*).
1/2 grandeur naturelle.

celle **à feuilles de peuplier** (*B. populifolia*), espèce américaine qui paraît avoir, avec toute la rusticité de son type européen, une croissance encore plus vigoureuse.

514. — Aux Barres, en 1878, le *B. papyracea*, le **Bouleau à Papier, Bouleau à Canot**, avait atteint une hauteur de 13 mètres

avec 60 centimètres de circonférence, et un massif provenant d'un semis naturel avait 7 mètres de hauteur avec 40 centimètres de circonférence. Sa feuille est très grande, pubescente.

« La tige du bouleau à canot est très élancée, et, comme son écorce, du moins sur les jeunes arbres, est d'une blancheur éclatante, cet arbre n'est pas à dédaigner pour l'ornementation. Quant à son bois, il est exactement semblable à celui de notre bouleau blanc. C'est avec l'écorce du *B. papyracea* que les Indiens de l'Amérique du Nord construisent leurs légères pirogues qui, tout en étant capables de porter plusieurs personnes, ne pèsent que quarante ou cinquante livres. » (Catalogue des Barres.)

Il existe encore quelques variétés de fantaisie, ordinairement propagées par la greffe, notamment celles à feuilles laciniées, à feuilles plus ou moins pourpres, etc.

Toutes les variétés exotiques doivent être plantées, à notre avis, en terre très fraîche.

515. — Les Aunes. — Quoique l'aune commun (*Alnus glutinosa*) ait le feuillage moins léger, moins élégant que son proche parent le bouleau, son port est élancé, sa forme symétrique, et il a son genre de beauté dans la situation qui lui convient, c'est-à-dire le long des cours d'eau. Son fruit est assez curieux : c'est une sorte de petit cône qui rappelle celui de certains arbres résineux. (V. fig. 146 à 165, page 84.)

516. — L'Aune blanc (*Alnus incana*) se distingue du précédent par ses feuilles ovales, aiguës au sommet, finement dentées, glauques ou grisâtres en dessous. (V. fig. 166, page 85.) Il s'accommode mieux que son congénère des terrains maigres et des sites élevés.

L'Aune à Feuilles en Cœur (*A. cordata*) est une espèce élégante, à cônes assez volumineux, native du midi de l'Europe. Nous croyons pourtant qu'il résiste bien aux gelées ordinaires.

Il y a quelques jolies variétés de l'espèce commune : *A. aspleniifolia*, *laciniata*, *prunifolia*, *quercifolia*, etc. Nous connaissons au jardin public de Tours, sur un cours d'eau, deux fort jolis spécimens de la variété laciniée, qui paraissent pousser vigoureusement.

SALICINÉES

517. — **Les Saules.** — Comme nous l'avons déjà fait remarquer, au point de vue de l'ornement du paysage, il est surtout important de réunir une grande variété d'espèces, dont chacune a son heure de beauté particulière. Il ne faut mépriser aucune essence indigène et rustique. Les saules marceaux, qui n'occupent en général qu'un rôle bien modeste dans les plantations, ont le précieux avantage d'être, après le noisetier, ceux de tous les arbres qui fournissent la première végétation (celle de leurs fleurs) à la fin de l'hiver. On accueille cette floraison avec bonheur, comme indice de la fin de l'hiver, quoiqu'il doive s'écouler encore bien des jours rigoureux avant l'arrivée du véritable printemps.

Qui ne connaît, d'ailleurs, l'effet pittoresque du feuillage du saule blanc et des variétés voisines, quand il est relevé par les brises qui soufflent doucement le long des rivières ? Le paysagiste a tout intérêt à soigner, dans les conditions convenables de sol et de site, toute plantation de saules déjà existante, et d'en créer de nouvelles là où leur présence peut rompre des lignes nues, utiliser les fonds mouillés et égayer les vallons.

La classification des espèces et des variétés du saule, dont plusieurs viennent d'hybridation, est extrêmement compliquée, et nous nous contenterons d'adopter une division très pratique établie par M. Dupuis et d'appeler *marceaux* les saules à feuilles ovales et paraissant après les fleurs ; *osiers*, les espèces à feuilles lancéolées se développant en même temps que les chatons floraux.

518. — **Le Saule Marceau** (*Salix caprea*) est l'espèce la plus communément disséminée dans les bois ; c'est une essence des plus rustiques, qui végète même dans les sols secs et crayeux. Il peut, dans des conditions favorables, atteindre une taille de 15 à 20 mètres, mais c'est presque toujours à l'état de sous-bois qu'on le

Fig. 330 à 342. — SAULE MARCEAU. Organes de la reproduction.

Explication de la Gravure : 1, rameau avec chatons mâles ; — **2**, fleur mâle ; — **3**, *id.*, partie inférieure, insertion sur la bractée ; — **4**, rameau à chaton femelle ; — **5**, fleur femelle ; — **6**, stigmate ; — **7**, fruit fermé ; — **8**, *id.*, ouvert ; — **9**, graine avec aigrette ; — **10**, rameau à chatons fermés ; — **11**, *id.* ouverts ; — **12**, rameau à feuilles ; les ★★★ marquent les stipules.

rencontre. On ne peut le regretter au point de vue pittoresque, son principal attrait étant ses fleurs, les mâles d'un beau jaune d'or, les femelles ressemblant à des bouteilles minuscules d'un vert glauque, qui paraissent, les unes et les autres, nous venons de le faire observer, avant la printemps.

Les saules se propagent avec la plus grande facilité, soit par la dissémination naturelle de leur graine (dont le forestier est même obligé de corriger les excès), soit par la plantation de boutures ou celle de plants.

Le saule marceau végète partout, mais ce n'est que dans les fonds frais qu'il accuse une belle croissance. Les sols tourbeux lui sont défavorables.

Malgré sa taille généralement petite, le saule marceau est l'espèce forestière la plus importante du genre. Son bois est le plus durable ; il fournit des échalas et des perches à houblon estimés ; il pousse vigoureusement de souche, et il peut être propagé par boutures et par plançons.

Fig. 343.

SAULE BLANC (*Salix alba*).

Cette espèce présente des variétés à rameaux pendants, à feuilles dentées comme celles de l'orme, ou panachées de jaune.

Le saule marceau est la seule espèce de son groupe qui nous intéresse. Nous passons donc, sans nous y attarder, aux saules osiers (*angustifolia*).

519. — Saule blanc (*S. alba*). — Cette espèce est la plus intéressante du genre pour le planteur paysagiste, en raison de sa rapide végétation, de sa taille, qui peut atteindre 25 mètres, avec 1 mètre de diamètre, et aussi de sa longévité souvent séculaire.

Il réussit le mieux dans les terrains légers, frais et même humides où, lorsqu'il atteint un grand développement à l'état isolé, il se ramifie comme un vieux chêne. Son feuillage léger, lancéolé, pendant, sans cesse remué par les vents, de manière à montrer alternativement deux faces, l'une verte, l'autre blanche, est des plus pittoresques.

Son bois est d'un grain assez fin pour servir à la sculpture ; on en fait aussi des voliges qui ne sont pas inférieures en qualité à celles du peuplier.

520. — **Le Saule Osier jaune** (*S. vitellina*) est une variété de l'espèce précédente. Nous ne l'avons jamais vu à l'état d'arbre, probablement parce qu'il est plus avantageux, en raison de la qualité de ses osiers, de le receper continuellement. Mais, même à l'état de cépée, il est décoratif par la belle teinte dorée de son écorce.

521. — **Saule pleureur** (*S. Babylonica*).

Super flumina Babylonis, illic sedimus, et flevimus, dum recordaremur Sion.

In salicibus in medio ejus suspendimus organa nostra.

Ou selon une vieille traduction du xvie siècle :

« Auprès des fleuves de Babylone, nous nous sommes assis et, nous avons ploré en ayant souvenance de toy, Sion !

« Aux *saulx* au milieu d'elle, nous avons suspendu nos instruments de musique. »

Sans aucun doute, c'est à ce beau passage du 137e psaume que le saule pleureur doit son nom latin, qui est d'ailleurs assez juste, car l'espèce est originaire de l'Asie centrale. Le même arbre, toujours cher aux poètes, est célébré par Shakespeare, qui l'associe à deux de ses plus gracieuses figures, Ophélie et Desdémone. Et sur la tombe d'Alfred de Musset, selon son désir, ses « chers amis » ont planté un saule pleureur ; malheureusement, le sujet, s'il existe encore, est bien peu vigoureux et n'ombrage guère la dernière demeure du pauvre poète.

Malgré la tristesse de ces associations poétiques, l'aspect du saule pleureur n'a rien de lugubre. Ses feuilles, longues, presque linéaires, glacées et d'un beau vert, très tendre au premier printemps, habillent élégamment les rameaux qui sont minces, allongés, d'une végétation extraordinairement vigoureuse, et qui pendent verticalement en raison de l'impossibilité où se trouve leur bois grêle de soutenir leur grande longueur. Nous avons vu, dans un jardin de Versailles, très frais, un saule pleureur, étêté, élagué presque au ras du tronc, se garnir complètement, dans une seule saison, de rameaux ayant 3 et 4 mètres de longueur.

L'effet décoratif de cet arbre est dû à sa forme et à son feuillage ; ses fleurs, qui paraissent en même temps que les feuilles, sont insignifiantes. Sa hauteur ne va ordinairement que jusqu'à 10 ou 12 mètres ; mais, bien développé, son aspect est imposant ; il présente une masse de verdure à la fois compacte et gracieuse, qui retombe et a l'air de ruisseler jusqu'à terre.

Comme tous les saules, il est de la plus grande rusticité, et, quoique natif de l'Asie Centrale, il résiste à tous les froids. Il préfère, comme la dernière espèce, le bord des eaux, les sols légers, frais ou humides. On ne cultive en général que le pied femelle.

Pour conserver toute sa beauté, le saule pleureur doit être planté isolément sur les pelouse fraîches, ou, si plusieurs sujets sont alignés le long d'un cours d'eau, ils doivent être assez éloignés les uns des autres pour que la forme de chacun d'eux se distingue nettement.

LES PEUPLIERS

522. — Nous commencerons par le tremble ou peuplier sauvage (*Populus tremula*), comme étant le type naturel du genre ; c'est le seul peuplier indigène de nos bois.

Dans les fonds frais des bois, le tremble peut atteindre 25 et même 30 mètres de hauteur. Dans les sols qui lui sont favorables, ce n'est donc pas une essence à dédaigner ; l'extrême mobilité de de ses feuilles, suspendues par des pétioles très longs et très minces, donne à l'arbre une grande légèreté ; son tronc est généralement svelte et droit, son écorce lisse et nette. Ses feuilles sont arrondies, sinuées, dentées, d'un vert clair sur la face inférieure.

Il faut éviter de planter le tremble, qui drageonne beaucoup, en bordure sur les terres labourées.

Fig. 344. — TREMBLE (*Populus tremula*).

Comme l'observe M. Mathieu (*Flore forestière*, p. 424), cet arbre a peu de bourgeons proventifs, aussi repousse-t-il mal de souche ; même dans sa jeunesse, il ne répare pas les accidents survenus à sa cime et ne convient pas à l'exploitation en têtard. En revanche, il n'est pas exposé à garnir son fût de branches gourmandes. Sa longévité est peu élevée ; elle ne dépasse guère soixante-dix à quatre-vingts ans ; à partir de cinquante ans tout au plus, il commence à dépérir.

Le tremble se multiple moins facilement de boutures que ses congénères. La reproduction de l'espèce repose principalement sur le drag,eonnage, qui, nous devons le dire, suffit amplement à le propager. Le tremble, dans les sols frais, est tellement envahissant que les forestiers ont souvent de la peine à en défendre, au moyen de coupes de nettoiement, les essences plus précieuses.

Cependant il faut ajouter que, depuis que l'industrie de la pâte à papier s'est développée, le bois du tremble est recherché comme

345 à 348. — PEUPLIER BLANC (*Populus alba*).

étant le plus propre à cet usage; circonstance qui pourra obtenir pour cette espèce la faveur du sylviculteur.

Le tremble, essence sauvage répandue dans tous les bois frais, s'accommode mieux que toute autre espèce de peuplier des terres acides où se trouvent quelques bruyères, ou de celles qui sont légèrement tourbeuses.

523.—**Peuplier blanc**, de Hollande (*P. alba*). Cet arbre se distingue

20

facilement par le duvet blanc, cotonneux, qui, couvrant la face inférieure des feuilles, lui donne la coloration qui lui a valu son
nom spécifique. Il ne se distingue guère du tremble que par cette
particularité des feuilles, qui sont d'ailleurs plus longues et plus
cordiformes, par sa taille généralement plus grande, et par les
gerçures qui se montrent dans sa vieillesse sur son écorce d'abord
lisse et verte comme celle du type sauvage.

Le peuplier blanc, dit M. Mathieu, croît spontanément en Algérie
et dans les parties méridionales et moyennes de l'Europe; la culture l'a en outre propagé vers le Nord, jusqu'à la Suède méridionale.
C'est dans les terres d'alluvion, argilo-sablonneuses, profondes,
fraîches ou humides, des régions basses, qu'il réussit le mieux; il
s'élève peu dans les contrées montagneuses.

C'est un grand et bel arbre, de rapide végétation, longuement
soutenue, qui, vers quarante ans, dans des circonstances favorables,
atteint 30 mètres d'élévation sur 1 mètre de diamètre; il peut
vivre plusieurs siècles et parvenir aux plus fortes dimensions. La
tige, droite, cylindrique, élevée, peu sujette aux branches gourmandes, se ramifie en une cime ample, ovale-conique, assez fournie
en branches, d'un couvert moyen. Les plus grands arbres feuillus du parc de Versailles sont de cette espèce.

Drageonnant abondamment comme le tremble, le peuplier blanc
est peu propre à border les terres labourées.

524.—Le Peuplier grisaille ou grisard (*P. canescens*), d'un type intermédiaire entre le tremble et le peuplier blanc, est considéré comme
un hybride de ces deux espèces, bien qu'il soit fertile. Il a du peuplier blanc le duvet cotonneux qui couvre la face inférieure des
feuilles, mais, par son port général et la forme de ses feuilles, il
ressemble absolument au tremble; comme lui, il se propage par
ses drageons, avec une abondance extraordinaire; comme lui
encore, il se contente de tout sol où il trouve un peu de fraîcheur.
Il se trouve, dans le Centre et le Midi, principalement sur les bords
des cours d'eau ou des étangs, associé aux deux espèces alliées; il
est rarement cultivé.

Nous pensons que ces deux variétés, en raison de leur rapprochement du type sauvage du genre, doivent être les plus rustiques, les moins exposées à succomber aux attaques des insectes, qui, depuis plusieurs années surtout, déciment les peupliers plantés.

Nous passerons rapidement sur les autres espèces communes de peupliers, dont l'aspect est trop familier à tout le monde pour qu'il soit utile de le décrire.

525. — L'espèce la plus répandue est le peuplier noir (*P. nigra*). Ce nom, que ne justifie guère son apparence générale, lui a été sans doute donné par opposition à celui du peuplier blanc, et en raison de son écorce plus foncée. Ses feuilles cordiformes, dentées en scie, sont d'un vert très vif, et réjouissent l'œil surtout lorsqu'elles étincellent au soleil après une ondée. Ses graines sont couvertes d'un très léger duvet cotonneux ; en raison de la prise qu'offrent celui-ci aux vents, elles se disséminent au loin en grande abondance. On raconte que le Potager royal de Versailles, abandonné depuis la Révolution jusqu'en 1819, s'était, pendant ce laps de temps, couvert de peupliers ainsi propagés, qui avait déjà atteint une taille considérable. On dit également que, après l'incendie de Moscou, le peuplier noir avait levé dans les cendres en telle quantité que, si la ville avait été abandonnée, son emplacement serait bientôt devenu une forêt.

Le peuplier noir se plaît dans les sols frais, arrosés ou même submergés de temps en temps par les eaux courantes, mais la tourbe, l'humidité stagnante, avec l'acidité qu'elle engendre, lui sont tout à fait contraires.

Il est très sujet aux attaques de certains insectes, notamment des saperdes (*Saperda carcharias* et *S. populnea*), gros coléoptères qui élèvent leurs larves dans les tiges, et, en raison de ces ravages, aggravés probablement par les saisons d'une sécheresse exceptionnelle que nous venons de traverser, il a fallu, dans plusieurs régions, renoncer à le planter.

Le bois du peuplier noir, dont on fait ordinairement des voliges, est considéré comme inférieur à celui du peuplier blanc. Ses feuilles, à l'état vert ou sec, fournissent un fourrage médiocre au bétail, principalement aux moutons.

526. — **Le Peuplier pyramidal** (*P. fastigiata*), vulgairement peuplier d'Italie, n'est généralement regardé que comme une variété de l'espèce précédente. C'est le pied mâle, toujours propagé par boutures, qui est généralement cultivé ; il en existe néanmoins des pieds femelles, dont quelques-uns sont cultivés au jardin de l'École forestière depuis quarante ans environ. (Mathieu, *Flore forestière.*)

C'est l'arbre monumental par excellence, c'est la tour ou plutôt le clocher dont dispose l'architecte paysagiste ; mais il ne peut songer à l'élever dans tous les sols. C'est seulement dans les fonds très frais que le peuplier d'Italie acquiert la taille gigantesque qui le rend imposant. Planté en lignes, il dessine admirablement à l'œil d'un spectateur éloigné le cours sinueux d'une rivière serpentant dans une vallée.

Au point de vue utilitaire, c'est le moins avantageux des peupliers. Son bois est encore plus mou et plus poreux que celui de l'espèce précédente ; en outre, les profondes cannelures de son tronc réduisent considérablement la proportion du bois de travail qui, autrement, serait grande, par suite de sa forme parfaitement droite et de son épaisseur soutenue jusqu'à une hauteur considérable.

527. — **Le Peuplier du Canada** (*P. Canadensis*), l'une des plus belles espèces du genre, est d'une végétation extraordinairement rapide et longtemps soutenue ; il est remarquable par l'élévation, la forme régulière et cylindrique de son fût, que ne déforment ni côtes saillantes ni sillons, et par ses très grandes feuilles cordiformes. Il peut atteindre, en quarante ou cinquante ans, 30 mètres d'élévation sur 3 mètres de circonférence, et même, grâce à sa grande longévité, dépasser de beaucoup ces dimensions, au moins en grosseur. Les pieds mâles surtout sont d'une grande vigueur et atteignent une taille que n'égalent jamais les pieds femelles, fréquemment considérés, par ce motif, comme appartenant à une espèce différente, sous le nom de peuplier de Virginie ou de Suisse.

C'est un des arbres qui méritent le plus d'être cultivés en avenues ; il n'a pas de tendance très prononcée à drageonner et n'est point exposé à se garnir de branches gourmandes ; il se multiplie très aisément de boutures. (Mathieu, *Flore forestière.*)

Il existe de ce peuplier une variété régénérée (*P. Canadensis nova*), très recommandée par les pépiniéristes pour remplacer les espèces les plus exposées aux ravages des insectes. N'en ayant nous-même fait l'essai qu'en pépinière, nous ne pouvons pas la juger sous ce rapport en connaissance de cause ; mais nos correspondants qui l'ont planté assurent que, sans jouir d'une immunité absolue des attaques des insectes, elle y résiste avec succès.

Le peuplier du Canada, pour atteindre de belles dimensions, ne doit être planté que dans les vallons, à la hauteur de 60 ou 80 centimètres seulement au-dessus du niveau des cours d'eaux. Dans ces conditions, il se développera avec une extrême rapidité.

Fig. 349. — PEUPLIER DU CANADA
(*Populus Canadensis*).

528. — **Le Peuplier de la Caroline.** (*P. angulata*) est un arbre de 20 à 25 mètres, à rameaux olivâtres, fortement anguleux, subéreux sur les angles, portant des feuilles très grandes, plus larges que longues, cordées à la base, dentées, à nervures saillantes, la médiane rougeâtre. C'est une belle espèce aux caractères très distincts et à croissance rapide.

HIPPOCASTANÉES

529. — Le Marronnier d'Inde. (*Æsculus hippocastanum*). — Quoique le marronnier d'Inde soit, comme son nom l'indique, originaire de l'Asie (montagnes du Thibet), il résiste avec une parfaite rusticité aux plus grands froids de nos climats. Il mérite une place auprès de toutes maison de campagne, à cause de sa précocité à revêtir ses feuilles, d'un charmant vert tendre au printemps, et qui ne sont jamais atteintes par la gelée; dès l'hiver, on peut noter le gonflement graduel du bourgeon sous son fourreau visqueux, jusqu'à ce que la feuille palmée, s'élevant en petite masse conique et s'ouvrant comme un parapluie, fasse éclater la gaîne protectrice. Le feuillage, il est vrai, finit par prendre une teinte foncée et sombre en plein été; mais la belle floraison, qui a lieu en mai, pourrait racheter des défauts plus graves; les fleurs sont grandes, blanches, tachées de jaune ou de pourpre, réunies en thyrses élégants.

Cet arbre peut atteindre, dans les sols frais et un peu substantiels qui lui conviennent, une taille de 25 à 30 mètres.

530. — Le Marronnier rouge est originaire, croit-on, de l'Amérique; il atteint une taille moins élevée que l'espèce ordinaire. On peut obtenir de beaux effets en disposant les deux variétés, de façon à ce qu'elles se détachent, en s'opposant, sur un fond composé d'autres arbres.

Le jeune plant de marronnier développe, dès les premières années, une masse de racines fibreuses, de sorte qu'il se transplante avec une grande facilité.

531. — Les Paviers (*Pavia*), genre autrefois réuni aux marronniers, ne s'en distinguent que par leurs fleurs tubuleuses, leurs feuilles plus lisses et leurs fruits inermes.

Le pavia jaune (*P. flava*), arbre de 12 à 15 mètres, est l'espèce principale de ce genre. Il a les feuilles pubescentes en dessous ; les fleurs, d'un jaune pâle, lavées de rouge à l'intérieur, paraissent à la fin de mai. Cet arbre, originaire de la Caroline, selon M. Dupuis, est très beau et très rustique, mais il a l'inconvénient de développer ses feuilles tard et de les perdre de bonne heure.

XANTHOXYLÉES

532. — L'Ailante improprement **Vernis du Japon** (*Ailantus glandulosa*). — La signification de ce nom générique : arbre du ciel, indique une croissance très élevée dans la région natale de cette essence, l'Asie orientale. Cette croissance est des plus rapides, ce qui rend l'ailante, dans les climats qui lui conviennent, très propre à former des bordures et des avenues. En raison de l'odeur désagréable qu'exhalent ses fleurs, qui sont d'ailleurs verdâtres et insignifiantes, il ne doit pas être planté dans le proche voisinage des habitations ; mais dans les parcs et les grandes plantations d'alignement, il est décoratif.

Ses feuilles, très grandes, composées, imparipennées, rappellent par leurs dimensions l'exubérance de la végétation tropicale. Nous en avons recueilli sur de jeunes pieds provenant de drageons, qui mesuraient 1m10 de long ; sur les vieux sujets, elles sont moins grandes. Au printemps, les feuilles naissantes, bizarrement placées en touffes au bout des rameaux, et d'un ton chaud bronzé tout particulier, font un très joli effet.

L'ailante est rustique à l'égard des chaleurs et des sécheresses, mais il convient de le planter dans des sites abrités, en raison de la nature fragile de ses pousses, longues, lourdes, d'une sève trop puissante qui persiste jusqu'à la fin de l'automne et ne leur permet pas de s'aoûter. Elles risquent donc fort d'être cassées par les coups de vent, ou, ce qui est encore plus fréquent, d'être continuellement rabattues par les premières gelées. Dans les climats rigoureux du Nord et du Centre, il est donc nécessaire de planter l'ailante dans un site où il sera abrité longtemps des rayons du soleil levant.

L'ailante se propage avec la plus grande facilité, soit par plants, soit par boutures, soit par drageons. Il végète dans presque tous les sols, sauf ceux qui sont trop humides, mais il préfère, comme

Fig. 350 à 351. — AILANTE (*Ailantus glandulosa*).

l'acacia, les terrains profonds et meubles. Comme lui encore, il est très utile pour maintenir les terrains en pente, au moyen de ses vigoureuses racines traçantes.

SAPINDACÉES

533. — **Kœlreuteria paniculata.** — Le Kœlreuteria, originaire de la Chine, est un gracieux petit arbre de 6 à 8 mètres, aux feuilles

vert foncé, composées, imparipennées, et aux fleurs en grandes panicules jaunes, paraissant au mois de juin.

Nous ne l'avons cultivé qu'à l'état de jeune plant, mais il paraît rustique, résistant à des froids assez vifs. Il demande une terre

Fig. 352 à 355. — KŒLREUTERIA PANICULÉ.

légère et franche et une exposition abritée. Dans ces conditions, il se distingue par la beauté de ses feuilles et de ses fruits, ainsi que par l'élégance de son port.

BIGNONIACÉES

534. — **Le Catalpa** (*Catalpa speciosa*, var. *bignonoïdes*, selon quelques classifications : *Bignonia catalpa*) présente un aspect trop particulier et trop bien connu pour que nous nous étendions sur sa description. Cet aspect est plutôt bizarre que gracieux, et l'arbre atteint rarement de grandes dimensions dans notre pays ; mais, à notre avis, il mérite d'y être propagé, car toute espèce à floraison abondante et éclatante, qui tranche sur la verdure des massifs est recommandable dans les plantations d'agrément ; et les fleurs du catalpa ont l'avantage de paraître aux mois de juillet et d'août, époque où le feuillage de la plupart des arbres a déjà pris des teintes foncées et monotones.

Le catalpa est rustique à la transplantation et résiste bien aux froids, mais il demande un site chaud, abrité (sans ombrage direct, ce qui nuirait à sa floraison), dans une bonne terre meuble et fraîche.

Comme tout arbre cultivé pour ses fleurs, c'est à l'état isolé, se détachant sur un massif de verdure, que le catalpa produit son plus bel effet.

535. — **Le Paulownia.** — Nous ferons les mêmes observations à l'égard du paulownia (*P. imperialis*), qui, par son port et son feuillage, ressemble beaucoup au catalpa, quoiqu'il soit d'une autre famille, celle des personées. Il s'accommode mieux des terrains secs et chauds.

« Sa croissance, dit M. Dupuis, est rapide, et ses feuilles dépassent quelquefois 50 centimètres de diamètre ; on le cultive souvent pour son feuillage, et, dans ce cas, on a soin de le recéper tous les ans à la base, afin de lui faire produire des pousses vigoureuses. »

MAGNOLIACÉES

536. — **Le Magnolier** à grandes feuilles (*Magnolia grandiflora*) est le seul qui nous paraisse assez beau et assez rustique pour être employé avec confiance dans les plantations. Il est originaire de la Caroline.

Ses belles fleurs d'un blanc pur, à étamines d'un jaune brillant, se succèdent depuis juillet jusqu'en novembre ; elles sont fortement parfumées. Les fruits, à graines d'un rouge vif, contribuent encore à l'ensemble décoratif de l'arbre.

Ce magnolia supporte très bien la pleine terre dans le Midi et l'Ouest de la France ; il résiste même aux froids ordinaires dans le Centre, quoiqu'il y ait, en grande partie, succombé aux gelées anormales de 1879. Il demande une exposition abritée, surtout

Fig. 356 à 358. — TULIPIER DE VIRGINIE (*Liriodendron tulipiferum*).

dans le Nord et l'Est, et une terre franche, saine et profonde, allégée au besoin avec du terreau de bruyère.

537. — Le Tulipier de Virginie (*Liriodendron tulipiferum*). — Ce bel arbre est originaire de la Virginie et du Kentucky ; mais il est assez répandu aux États-Unis, depuis la région du Sud jusqu'aux limites du Canada. C'est donc, dans les terrains qui lui conviennent, un arbre rustique. Il atteint la belle taille de 30 à 40 mètres.

Il se distingue très facilement de toute autre essence par ses feuilles bizarrement tronquées au sommet, de sorte qu'elles ressemblent à une selle anglaise dont les côtés seraient étalés à plat. Elles sont grandes, d'un vert clair, luisant, qui tourne en automne à une belle teinte jaune.

Les fleurs, dont la forme ressemble à celles de la tulipe, sont nombreuses, grandes, d'un jaune pâle, portant au milieu une grande tache rouge ou orangée; elles paraissent en juin et juillet, et elles sont légèrement odorantes.

Comme les magnolias, le tulipier demande un sol franc, frais et sain, et un site abrité. Cependant, comme tous les arbres qui se recommandent par la beauté de leurs fleurs, il doit occuper une place libre pour étaler sa cime au soleil; ses fleurs seraient moins abondantes et on les verrait moins s'il était planté en massif.

Nous empruntons au *Catalogue des Barres* la notice suivante sur le tulipier: « Cet arbre, introduit en Europe depuis plus d'un siècle, est très répandu dans les jardins et les parcs; il mériterait de l'être dans les forêts. Il végète en effet très bien, non seulement dans les terrains frais, qu'il préfère, mais même dans les sols secs, où sa croissance est assez rapide. Son bois, quoique léger, est plus résistant que celui du peuplier, de l'aune, du tilleul, etc., et il est propre à une infinité d'usages. »

Aux Barres, en 1878, il y avait quatre pieds de cette essence, d'une hauteur variant de 14 à 19 mètres.

Il est évident que si le tulipier doit être cultivé pour son bois, il sera nécessaire de l'élever en massif. Nos observations précédentes ne s'appliquent qu'aux plantations d'agrément.

BALSAMIFLUÉES

538. — **Liquidambar copal** (*L. styraciflua*). — Cet arbre se recommande, comme plusieurs autres essences américaines, par ses tons très colorés. Ses rameaux sont rougeâtres, et ses feuilles, élégamment découpées, ressemblent un peu comme grandeur et comme forme à celles de l'érable champêtre, tournant à un beau rouge

foncé en automne. « Toutes les parties de cet arbre, dit M. Dupuis, exhalent, quand on les froisse, une odeur agréable. Ses fleurs, verdâtres, paraissent au printemps, avant les feuilles. »

Cette espèce est originaire de l'Amérique du Nord, où elle atteint une taille de 15 à 20 mètres. Sa croissance en pépinière, où nous l'avons élevée, est assez rapide. Elle ne réussit que dans un terrain frais, abrité ; dans ces conditions, elle est assez rustique ; mais à l'état de jeune plant les pousses s'aoûtent peu et sont souvent rabattues, dans le Centre, par les gelées d'automne.

539. — La Variété du Levant (*L. orientalis*), qui diffère très peu de la précédente, est plus rustique. Elle est originaire de l'Asie Mineure et de l'île de Chypre.

TAMARISCINÉES

540. — Tamarix de France (*Tamarix Gallica*). — Quoique ce végétal n'atteigne presque jamais que les dimensions d'un arbrisseau (excepté en Algérie, où l'on en rencontre des pieds ayan 10 mètres de haut), il est utilement employé comme abri pour les plantations basses faites sur les bords de la mer. C'est une des espèces qui résistent le mieux aux vents dans ces conditions ; on voit souvent des lignes ou des groupes de tamarix prospérer sur la grève même, où aucune autre plante ne pourrait croître.

Tout le monde connaît le port de cet arbrisseau, ses rameaux longs et grêles couverts de petites feuilles linéaires, glauques. Ses fleurs, en grandes panicules roses, paraissent pendant le mois de mai et produisent un très joli effet.

Le tamarix demande un sol frais et très léger ; il se plaît surtout dans les sables. A l'état de haie ou d'abri, il doit être planté très serré, et ses plants doivent être tenus courts, de manière à rester très fournis.

Il se propage par boutures en pépinière et se transplante avec
facilité. Arbrisseau du littoral du Midi, il peut être planté partout
sur les bords de la mer, mais nous doutons que dans le Centre et
dans l'Est, il puisse résister aux grandes gelées.

---

541. — Nous ne nous sommes occupé que d'un petit nombre
d'espèces, choisies parmi les plus méritantes, les plus rustiques et
les plus faciles à cultiver sans connaissances spéciales. Nous avons
pu négliger quelques arbres ou arbrisseaux dignes d'attention,
mais le cadre restreint de ce volume nous force à n'y admettre
que des espèces connues et éprouvées. Nous n'avons pas la prétention de faire un traité de botanique forestière ou d'arboriculture ;
nous n'avons cherché qu'à donner sur chaque espèce mentionnée
quelques conseils pratiques ou quelques renseignements intéres-
sants, tirés autant que possible de nos propres observations.

CHAPITRE XI

542. — Lorsque les sujets à planter sont petits, on procède à leur mise en terre selon les méthodes indiquées pour les plants forestiers, §§ 198 et suivants.

543. — Lorsqu'au contraire ils sont à haute tige ou qu'ils ont une taille considérable, leur plantation exige des précautions toutes spéciales.

Pour tous les conifères, il est nécessaire, et pour les gros sujets feuillus que le planteur prend dans ses propres pépinières ou plantations il est extrêmement utile, que la transplantation soit faite avec une bonne motte de terre adhérente aux racines, condition qui sera d'autant mieux réalisée qu'on aura, pendant la saison précédente, *cerné* le sujet (voir § 362). A cet effet, on opère l'extraction avec des bêches fortes et longues, en bon acier, bien affilées. Il faut au moins deux ouvriers pour exécuter ce travail ; ils tranchent nettement les racines qui dépassent la largeur de la motte, et, au besoin, le pivot qui retient l'arbre au sous-sol. Cette résection faite et le détachement complété, si le sujet est d'une grosseur modérée, l'un des ouvriers, employant sa bêche en guise de levier, soulève l'arbre suffisamment pour permettre à son camarade d'insérer, au-dessous de la motte, un gros sac ou un gros morceau de forte toile. Les deux opérateurs, au moyen de cette toile dont ils prennent chacun deux coins, enlèvent tout doucement l'arbre avec sa motte, dont la terre, soutenue par la toile qui se plie à ses formes, ne peut pas beaucoup s'émietter, et vont le déposer dans le trou déjà fait qui l'attend. C'est un excellent système pour les conifères (qui, pour la plupart, passé l'âge de deux ou trois ans, ne sauraient être transplantés qu'en motte), et aussi pour les feuillus à haute tige de dimensions modérées.

Si le sujet à transplanter est trop lourd pour être ainsi emporté par deux ou par quatre ouvriers, on doit, après avoir assujetti la motte au moyen de paillassons, ou de morceaux de paillassons, serrés avec des cordes, ouvrir une tranchée en pente douce, de largeur proportionnée à la grosseur de la motte, à partir du trou jusqu'au niveau du sol. On pose sur cette tranchée des planches, avec lesquelles on peut prolonger cette pente douce jusqu'au plancher de la voiture, ou de la brouette à bras, sur laquelle l'arbre doit être transporté. Arrivé à sa destination, on le descend en le faisant glisser sur les mêmes planches. Il se trouve ainsi déplacé sans avoir subi de secousse et sans que la terre, qui est solidement retenue autour de ses racines, ait même été ébranlée.

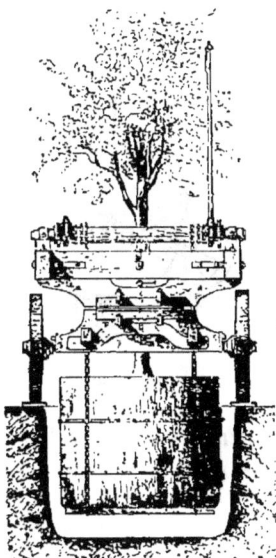

Fig. 359.

Chargement d'un gros arbre.

La ville de Paris emploie, pour l'enlèvement et le transport de ses pépinières, des arbres verts et autres d'espèces rares déjà forts un procédé simple et économique. Il consiste à entourer la motte de l'arbre d'une sorte de bac improvisé au moyen de planches légères ou voliges *cordées* autour de la motte avec une presse de tonnelier, ensuite cerclées. Cet appareil est complété par l'application d'un fond composé de planches semblables reliées entre elles par deux lames de *feuillard* de tôle dont les bouts dépassent de 20 centimètres; les bouts du feuillard sont percés de deux ou trois trous qui permettent de les clouer sur les douves verticales.

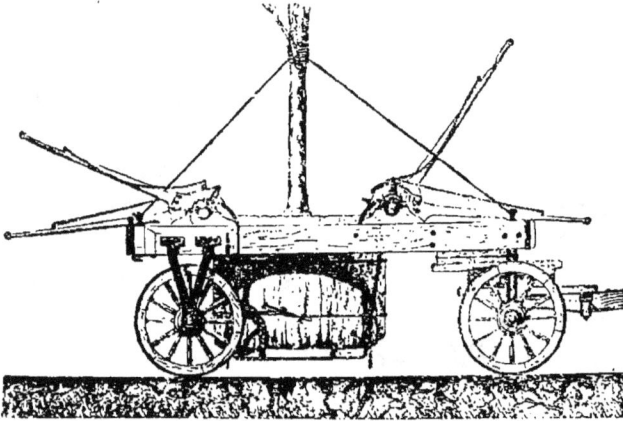

Fig. 360. — CHARIOT de la ville de Paris pour le transport des gros arbres.

L'arbre descendu à la place qu'il doit occuper, on retire le fond en le penchant légèrement sur le côté, puis on décloue les cercles, qui peuvent servir à un nouvel emballage.

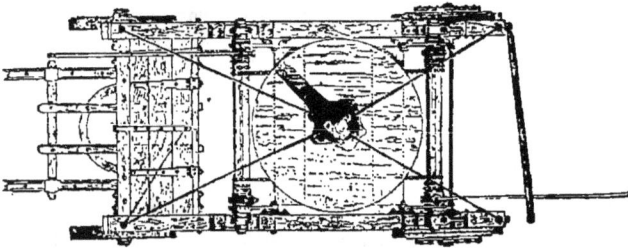

Fig. 261. — Même Chariot, plan horizontal.

On a calculé que cet appareil revenait à moins de 2 francs, non compris la main-d'œuvre, et 18 francs une fois payés pour la presse à cercler la motte, qui peut servir pendant de longues années.

21

Mais, si adroitement que l'on s'y prenne, des arbres *très forts*, transplantés, restent stationnaires pendant plusieurs années, et ne valent jamais, dans la suite, ceux qui ont été déplacés dans leur jeune âge.

Souvent, la suppression forcée d'une partie des racines provoque le dessè-chement de la sève. Pour éviter ce danger, on peut envelopper le tronc de l'arbre d'une plaque de mousse.

Il est utile de raccourcir les branches principales des sujets feuillus, pour maintenir l'équilibre entre celles-ci et les ra-cines, qui ont été forcé-ment plus ou moins mutilées par l'extraction. On enlève aussi les bouts de racines qui se trouvent cassés, ayant soin de les tailler de bas en haut, en

Fig. 362. — ARBRE cerné et entouré de planches (voliges), serrées à la presse, puis assujetties à l'aide de deux cercles.

bizeau, de façon que la coupe repose sur la terre.

544. — Après que les sujets ont été ainsi plantés dans de grands trous remplis de terre meuble, laquelle peut même être défoncée partout comme nous l'avons recommandé au § 354, il est indis-pensable de les assujettir solidement pour prévenir leur balance-ment sous l'action du vent, qui pourrait, soit les coucher, soit fatiguer leurs racines. Les tuteurs employés à cet effet doivent être longs, forts, profondément enfoncés dans le sous-sol ferme, pour

pouvoir maintenir les jeunes arbres violemment secoués en tous sens par les vents. Il faut que les ligatures qui les attachent aux arbres soient faites de manière à supprimer le frottement qui pourrait se produire par les mouvement de ceux-ci. Le bout supérieur du tuteur, s'il était laissé à l'état brut,

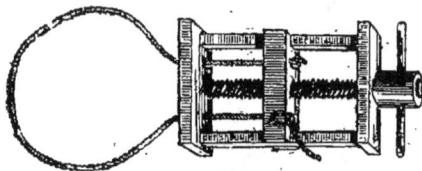

Fig. 363.

PRESSE de tonnelier pour serrer les planches.

c'est-à-dire inégalement tailladé par la serpe ou la scie, écorcherait l'arbre à l'endroit du frottement, comme cela se voit trop souvent dans les plantations faites sans soin. Pour éviter cet accident on emploie des liens de paille dont les bouts, après avoir fait plusieurs fois le tour de l'arbre et de son tuteur, sont passés verticalement retournés, serrés et noués entre ceux-ci, de manière à les relier étroitement sans leur permettre de se toucher. On nous recommande spécialement pour sa durabilité, une ligature qui nous semble fort pratique : un collier de bouchons reliés ensemble avec du fil de fer. Si la ligature doit durer plusieurs années, il faut qu'elle soit examinée à chaque saison de sève, et relâchée si l'on constate qu'elle serre l'écorce de l'arbre et s'oppose à la libre descente de la sève.

Fig. 364.— ARBRE enveloppé d'une plaque de mousse.

545. — Lorsque le sujet est gros et lourd, et qu'il est exposé au vent du sud-ouest, ou à tout autre vent sévissant en même temps que les pluies qui détrempent la terre, il sera prudent de l'étayer avec une fourche enfoncée en terre, en

biais comme une jambe de force, du côté opposé à celui d'où vient le vent dominant. Comme pour les tuteurs, on a soin d'assujettir la fourche, de manière à réduire au minimum le jeu et le frotte-

ment, et on doit fixer solidement une substance molle et élastique entre la fourche et l'écorce de l'arbre. On peut employer de préférence le liège.

546. — Un ou plusieurs fils de fer, attachés par un bout à l'arbre, par l'autre à un piquet ou à une pierre enterrée, pourront également soutenir le sujet du côté où cet appui lui est nécessaire.

547. — **Plantation des Arbres d'Alignement.** — Si on veut assurer les meilleures conditions aux arbres d'alignement, surtout dans les terres de médiocre qua-

Fig. 365.
Manière d'atta-
cher l'arbre au
tuteur.

lité, on doit ouvrir une tranchée d'un bout à l'autre de chaque ligne; en plantant les sujets, on garnit le fond sur lequel reposent les racines avec la terre végétale de la surface, et on remplit jusqu'aux bords avec celle de la couche inférieure; celle-ci, en contact avec l'air et les divers éléments atmosphériques, s'améliorera à la longue. On assure ainsi à tous les arbres de la ligne une libre circulation d'air et d'eau, dont leurs racines profitent, et leur croissance s'en trouve remarquablement améliorée.

548. — Quant à la taille des arbres d'alignement, il est bon d'y avoir recours le moins possible; cependant, elle peut devenir nécessaire pour rectifier leur croissance ou pour les empêcher de trop empiéter sur les chemins ou sur les champs qu'ils doivent border. On y procédera alors en se conformant à ces deux règles fondamentales :

1. — Il ne faut jamais dénuder un jeune arbre de ses branches en les supprimant rez-tronc au-dessus d'un tiers de sa hauteur;

2. — Les jeunes branches à enlever doivent être coupées avant qu'elles aient acquis toute leur consistance ligneuse, de sorte que la plaie soit insignifiante et facile à guérir.

L'ablation de branches fortes peut causer, surtout à certaines essences délicates telle que l'orme, et à un moindre degré, le chêne, des chancres qui épuisent le sujet et qui forment des gourmes du plus vilain effet. Ces plaies d'élagage appellent en outre les insectes, qui y font souvent des ravages irréparables. Voir, à l'article de l'élagage, § 581.

CHAPITRE XII

549. — Faut-il donner des Façons à la Terre ? — En règle générale, on doit, en n'employant que les essences les plus rustiques, les mieux appropriées au terrain, par conséquent capables de triompher de toute concurrence, supprimer la nécessité de donner des façons d'entretien, presque toujours trop coûteuses, eu égard à la valeur de la plantation.

Dans certaines plantations d'étendue restreinte, celles d'acacia ou d'autres essences qui ont un débouché rémunérateur, il peut être avantageux de cultiver entre les lignes, pendant les premières années, quelques récoltes améliorantes comme des pommes de terre, des haricots, etc. On peut aussi, lorsque l'utilité en est démontrée, ou tout simplement en vue de la propreté, faire entretenir de la même façon les petites plantations d'agrément. Dans ce cas, là où la nature du terrain le permet, on peut, pendant la première année, faire passer entre les lignes une houe à cheval, et ensuite, lorsque les plants seront plus grands, une butteuse.

Mais, à notre avis, toute culture qui n'est pas nécessaire peut devenir nuisible. En entretenant du guéret autour des jeunes plants, on peut les exposer à être soulevés par les gelées, ou mangés par le lapin, toujours attiré vers les terres légères et meubles. Ils peuvent encore être blessés par une façon peu soigneuse, ou souffrir de l'enlèvement de plantes qui les soutenaient ou qui les abritaient.

Il est quelquefois bon, après chaque coupe de taillis, de faire enlever les bruyères qui s'y sont développées, si on a lieu de croire que le couvert des jeunes cépées ne suffira pas à les tuer ou à les affaiblir. Ce travail d'entretien, pratiqué tous les ans sur une petite portion du domaine, est relativement peu onéreux, et le produit de la coupe vendue permet au propriétaire de l'opérer sans que sa bourse en souffre.

Mais la culture continue de sols boisés d'une grande étendue est impossible. L'entretien général des grands massifs dépend donc uniquement des coupes qui y sont opérées en temps utile.

530. — **Éclaircie des Taillis.** — Chez la plupart des particuliers, l'exploitation généralement adoptée pour les essences feuillues est celle du taillis, simple ou composé. Dans ce système, l'éclaircie est rarement pratiquée ; elle est ordinairement peu recommandable, car il est nécessaire de maintenir le couvert sur le sol aussi fort que possible. Il y a cependant des cas où il peut être utile de pratiquer des coupes de nettoiement, pour débarrasser les essences utiles des bois blancs et des morts-bois. Si l'on cherche à élever une futaie sur taillis, pratique qui prend faveur aujourd'hui, et très justement, les bois de feu étant dépréciés et les bois d'œuvre insuffisants pour notre consommation, il est également nécessaire de dégager les brins de semences, qui sont les plus propres à faire des sujets d'avenir, des brins de taillis, d'une croissance vigoureuse et envahissante.

L'éclaircie des taillis simples, selon M. Broilliard (1) n'est opportune que dans les massifs principalement composés, non plus de gaulis, mais de petites perches ayant au moins 0m10 de diamètre à hauteur d'homme. Pour qu'elle soit bien utile, il faut que le taillis ait encore environ huit ou dix ans pour se développer. L'éclaircie

1. — *Traitement des Bois en France.* 1881.

n'est donc à conseiller que dans les taillis destinés à être exploités vieux. Il ne faut pas la négliger quand la coupe du taillis ne doit avoir lieu que de trente à quarante ans ; c'est d'ailleurs une opération très délicate, et il serait préférable de s'en abstenir que d'y procéder, pour ainsi dire, au hasard.

531. — Éclaircie des Futaies : Conifères. — Les conifères, qui ne repoussent point de souche, doivent forcément être aménagés en futaie. Le système d'exploitation ordinairement suivi par les particuliers dans les futaies résineuses créées artificiellement, est celui des éclaircies successives, aboutissant à l'abatage à blanc étoc lors de la maturité des arbres.

Les éclaircies ne peuvent pas être dirigées avec trop de soin ni avec trop de discernement, car tout le secret de la culture des résineux consiste en une direction intelligente de ces travaux. Les arbres demandent absolument, pour vivre, une certaine proportion de jour et d'espace à chaque étape de leur croissance, et c'est au moyen des éclaircies qu'on leur procure et la place et la lumière indispensables.

532. — Les semis, étant forcément, par la nature de l'opération, plus ou moins irréguliers et excessifs, ont besoin d'être éclaircis bien plus tôt que les plantations, où les pieds sont également espacés dès le commencement. Il est impossible de fixer l'âge auquel on doit commencer l'opération ; il varie selon l'épaisseur du semis et la croissance des jeunes arbres.

Lorsque, au point de vue cultural, une éclaircie devient urgente, il faut y procéder immédiatement, sans tenir compte de la valeur des produits ; si ceux-ci sont rémunérateurs, tant mieux ; sinon, « ce serait mal entendre ses intérêts et compromettre l'avenir des semis, que de ne pas les débarrasser des sujets faibles et maladifs, sous prétexte que les frais du travail ne seraient pas entièrement couverts par le rapport de la première éclaircie. » (A. Boitel, inspecteur général d'Agriculture, *Mise en valeur des terres pauvres par le pin maritime*, 1857.)

Dans ces circonstances, sur des semis où le menu bois à enlever n'aurait pas rémunéré les ouvriers s'ils avaient été payés en raison de la quantité façonnée, nous avons, en plusieurs occasions, opéré une première éclaircie en les payant, selon le terrain parcouru, un prix débattu par hectare. Nous nous sommes bien trouvé de cet arrangement, car les ouvriers sont moins tentés ainsi de grossir leurs bourrées en abattant des sujets qui devraient être conservés.

Cette opération, indispensable au point de vue de l'avenir, est certainement coûteuse dans les localités qui manquent de débouchés pour les menus bois. Dans ces contrées, au point de vue économique, il vaut donc mieux procéder par la plantation, qui revient moins chère à la longue, que par le semis. Car l'éclaircie d'une plantation n'est jamais nécessaire avant qu'elle puisse fournir du bois marchand suffisant à couvrir les frais, ne fût-ce que de la charbonnette.

Avant de juger si une éclaircie est nécessaire, il faut examiner les semis dans toute leur étendue, car un semis, clair en général, peut être trop serré sur certains points, soit que la graine y ait mieux levé, soit que les jeunes arbres y aient crû plus rapidement. Il est donc utile, afin de corriger cette irrégularité, de visiter même les semis clairs, lorsqu'ils ont de dix à quinze ans, selon la croissance plus ou moins vigoureuse des sujets qui les composent. Rappelons en passant l'utilité des allées établies d'avance, sans lesquelles il serait bien difficile de pénétrer partout dans les jeunes semis pour en constater l'état.

553. — Dans les mélanges, on profite de cette première éclaircie pour dégager les sujets des meilleures essences, qui doivent occuper le sol en permanence, des envahissements de leur garniture d'espèce moins estimée. Cependant, lorsque ces sujets sont trop étirés, ce qui est toujours à craindre dans les mélanges, il faut prendre garde de les laisser sans soutien ; mais on doit faire l'éclaircie avant qu'ils soient réduits à cet état, lorsqu'ils ont encore la forme pyramidale de la jeunesse et qu'ils sont trapus, garnis sur toute leur hauteur de branches vertes; celles-ci les équilibrent et les nourrissent, et il faut bien se garder de les leur enlever, comme

les ouvriers sont trop souvent disposés à le faire. Dans cet état, on peut bien les espacer de 1 mètre à 1ᵐ50, selon leur grosseur, et, si le terrain est assaini, ils doivent parfaitement résister aux coups de vent et au poids des neiges.

554. — Périodicité des Éclaircies. — Le dépressage doit se renouveler tous les trois ou quatre ans en moyenne, selon la vigueur de la croissance des sujets, et jusqu'à ce que ceux-ci commencent à mûrir, en enlevant toujours les pieds faibles et déformés, pour ne laisser que des arbres droits, trapus, ayant de l'avenir.

555. — Surveillance. — Pour cette opération, une surveillance minutieuse est nécessaire. Pratiquée à la journée, elle serait trop lente et trop coûteuse. On est donc obligé de la faire exécuter à la tâche, et l'ouvrier est toujours tenté de grossir ses piles de bois en abattant des pieds qui mériteraient d'être réservés. Comme il est désavantageux pour lui d'aller chercher, de distance en distance, de mauvais pieds qui lui rapporteront peu, en épargnant les beaux qui se trouvent à sa portée, on peut généralement être sûr que, s'il est laissé à sa propre initiative, il ne le fera pas, quelque consciencieux qu'il soit. On ne peut demander à personne d'agir contre son propre intérêt.

Il est donc nécessaire, à partir de la seconde ou de la troisième éclaircie, c'est-à-dire aussitôt que la plantation est en âge de produire du bois vraiment marchand, de marquer soi-même ou de faire marquer par un garde tout pied qui doit être abattu.

556. — Espacement. — Quant à l'espacement à donner par les éclaircies, une bonne règle générale est: que chaque arbre doit avoir un espace à peu près égal au tiers de sa hauteur à chaque étape de sa croissance; c'est-à-dire qu'on doit espacer de 2 mètres les arbres hauts de 6 mètres, et ainsi pour les autres, proportionellement à leur taille. Nous disons: *à peu près*, car la régularité des distances est un point tout à fait secondaire, relativement à la vigueur des sujets à conserver; ainsi, par exemple, quand les deux meilleurs pieds d'un groupe d'arbres se trouvent rapprochés, il faut les laisser tous deux et leur donner la place nécessaire en coupant, de chaque côté, les arbres inférieurs.

557. — Mais en sylviculture, comme en tout autre travail, il n'y a point de règle absolue. Les conifères diffèrent beaucoup entre eux, tant par le port que par le mode de croissance. Les sapins et le mélèze, le pin laricio, se maintiennent parfaitement droits même dans les clairières, tandis que plusieurs espèces de pins, notamment la variété commune du pin sylvestre, et, à un degré moindre, le pin maritime, montrent une tendance à fourcher et à pousser en branches plutôt qu'en tige, partout où ils trouvent des vides.

Il est évident que, dans le premier cas, on peut éclaircir sans crainte de compromettre le maintien de la croissance droite ; que dans le second, il faut prendre beaucoup de précautions, ne diminuer que peu à la fois, *mais souvent,* la pression latérale qui, seule, peut forcer les arbres à monter droit.

Il faut également tenir compte des exigences particulières de chaque espèce. Le sapin argenté, arbre de couvert, peut avoir besoin, dans quelques circonstances, d'être cultivé en massif plus serré que les pins ou les mélèzes, essences de lumière. Mais nous pensons, fidèle à notre principe d'approprier toujours les essences à la nature du sol, qu'il vaut mieux borner la culture du sapin aux terres et aux expositions où l'on pourra, sans crainte, lui donner au bout de peu d'années sa pleine part de lumière.

L'épicéa, bien qu'il supporte le couvert jusqu'à un certain point, est plus rustique au soleil, et nous pensons, pour des raisons que nous donnons plus loin, au paragraphe 549, que des pieds de cette espèce doivent, en général, être au moins aussi largement espacés que ceux des pins.

Il est évident que les massifs d'essences de couvert, lorsqu'ils sont très serrés, ne doivent être éclaircis que peu à peu, à plusieurs reprises ; car les sujets, s'ils étaient trop subitement exposés au grand soleil, pourraient être frappés d'insolations.

Dans les terres arides, ordinairement plantées en pins, il est imprudent de trop découvrir le sol, de manière à l'exposer subi-

tement aux rayons desséchants du soleil d'été. Les arbres pourraient souffrir de cette sécheresse subite et seraient exposés à être
envahis par les insectes.

558. — Autant que possible, dans l'exécution des éclaircies
comme dans celle des coupes définitives, il faut observer l'excellente règle d'administration forestière donnée par MM. Lorentz et
Parade (*Cours de culture des bois*, § 432).

« Dans toute série d'exploitation, les coupes doivent être assises,
de manière que celles qui sont à exploiter au commencement de la
révolution se trouvent placées du côté du nord ou de l'est, et les
dernières du côtés du sud ou de l'ouest.

« Ce sont les vents soufflant de ces deux dernières directions qui,
en général, causent le plus de dégâts dans les forêts, parce que,
étant d'ordinaire accompagnés de pluies et très souvent d'orages,
ils détrempent la terre et déracinent facilement les arbres. Les vents
du nord et de l'est, au contraire, outre qu'ils sont ordinairement
moins violents, amènent presque toujours la gelée ou la sécheresse,
et, dans ce cas, les racines offrent plus de résistance. »

On peut, pour faire obstacle à la violence des vents, laisser les
arbres de bordure un peu plus serrés que ceux de l'intérieur du
massif, surtout sur les côtés sud et ouest. On s'abstient, comme de
raison, de les priver de leurs branches, dont le feuillage compact
forme un rideau protecteur.

En montagne, il faut couper (ou éclaircir) d'abord les parties
inférieures, et conserver les supérieures pour les dernières exploitations. Ce sont naturellement les hauteurs qui sont exposées aux
ravages des vents et, lorsqu'elles sont boisées, elles en diminuent
la violence.

Dans tous les cas, les coupes en montagne, autant que les locá-
lités le permettront, devront être longues et étroites et présenter
leur moindre profondeur aux vents dangereux.

Ces règles, que nous transcrivons également de l'ouvrage capital de Lorentz et Parade, s'expliquent et s'imposent d'elles-mêmes.

559. — Enfin, comme principe fondamental de l'exploitation par

éclaircies, on doit se rappeler que, surtout dans les sols pauvres et peu profonds, comme le sont la plupart de ceux affectés au reboisement, il faut que l'arbre puise une bonne part de sa nourriture, souvent la meilleure, dans l'atmosphère, au moyen de son puissant système de rameaux et de feuilles. C'est en raison du grand développement de la ramure et du feuillage chez les conifères que ces arbres sont si précieux pour le reboisement des terres stériles, où ils trouvent peu de ressources dans le sol.

Il faut donc à chaque arbre la place nécessaire pour développer abondamment ses feuilles, organes tout à la fois nourriciers et respiratoires, et le but qu'on doit se proposer dans les éclaircies est de favoriser autant que possible ce développement, sans risquer de porter atteinte à la bonne croissance du sujet, qu'il faut maintenir droite. C'est ainsi que nous obtiendrons des arbres forts, trapus, capables de résister à la force des vents et au poids des neiges, et qui fourniront un volume de bois bien supérieur à celui des sujets maigres, étiolés, si nombreux qu'ils puissent être; car, ne l'oublions pas, le volume du bois s'accroît en raison *du carré de l'épaisseur* de l'arbre. Un arbre qui a deux fois l'épaisseur d'un autre aura, les autres dimensions étant égales, quatre fois son volume de bois; *l'épaisseur est donc le facteur le plus important dans la production ligneuse*, surtout dans les terrains peu profonds, où les arbres peuvent rarement atteindre leur maximum de hauteur.

Il ne faut pourtant pas croire que, dans un massif régulier, ce qu'un arbre gagne en épaisseur, il le perde en hauteur. Les sapins et le mélèze, n'ayant pas de tendance à buissonner, n'ont pas besoin de la contrainte de la pression latérale pour allonger leur tige. Et chez les jeunes pins, nous avons presque toujours observé que les sujets les plus trapus, les plus régulièrement garnis de branches, poussaient aussi les flèches les plus longues; les rares exceptions à cette règle se trouvaient dans les parties claires, où la pression des voisins leur faisait défaut. Nous avons constaté cette vérité, en 1878, par des mesures répétées, sur des pins maritimes.

560. — Accroissement relatif à l'État serré et à l'État clair. —

Nous sommes très heureux de voir confirmer les vues que nous venons d'exprimer, par un article : « Expériences comparatives sur la production de l'épicéa à l'état isolé ou croissant en massif, » d'après l'*Allegemeine Forst und Jagd Zeitung*, traduit par M. Chavegrin dans la *Revue des Eaux et Forêts*, janvier 1886. »

Après avoir constaté, d'après une série d'expériences sur des épicéas occupant la même sorte de terrain, ce résultat très frappant, que leur accroissement annuel est, sur un hectare, de 6,3 mètres cubes pour les épicéas isolés, de 5,1 mètres cubes pour ceux en massif, l'auteur présente les observations suivantes, sur lesquelles nous appelons toute l'attention générale de nos lecteurs :

« C'est un axiome admis que, dans le massif, les arbres s'élèvent plus vite en hauteur et acquièrent une plus grande longueur de fût ; des recherches déjà anciennes ont démontré la fausseté de ce principe. Cette erreur a pour cause l'habitude que l'on a de comparer toujours des sujets de *même diamètre*. Il est connu que, dans ce cas, ceux qui viennent en massif sont plus élevés. Mais, si on établit le parallèle entre des sujets *de même âge*, ceux qui ont crû en massif restent de beaucoup en arrière. Ce fait ressort pleinement de toutes nos observations ; et, *plus le nombre de sujets sur l'unité de surface est considérable, plus s'accentue aussi leur différence de hauteur relativement à ceux qui ont vécu isolés.* »

Pour les essences qui ne peuvent pas, comme l'épicéa, supporter l'isolement, la différence est absolument la même entre les sujets en massif trop serré et ceux en massif suffisamment clair. Avec cette modification, le résultat de nos observations sur des pins maritimes et sylvestres a été absolument le même.

L'axiome trop généralement admis, mais que font toujours valoir les partisans du massif serré, et que réfute l'auteur, est une erreur funeste que nous avons longtemps combattue, mais avec peu de succès. En effet, l'excédent de hauteur que montre les sujets de massif serré sur ceux du massif clair ne se trouve qu'entre sujets *de même diamètre*, mais non pas *de même âge*. Nous le croyons bien !

561. — Voici ce que, pour notre part, nous avons constaté : Nous avons mesuré, en 1878, les meilleurs sujets d'une petite pineraie de huit ans, élevée en massif suffisamment clair et sur un sol favorable; ils avaient 5ᵐ50 de hauteur et 12 centimètres de diamètre, à 1 mètre du sol. Nous avons pu les comparer avec une perche de quatorze ou quinze ans coupée pour les mesurer, qui avait fait partie d'un petit massif serré placé sur un sol de même nature. Ce sujet n'avait que 5ᵐ75 de hauteur et moins de 5 centimètres de diamètre, c'est-à-dire la même hauteur à peu près que nos meilleurs pins de sept à huit ans, et les 2/5ᵉ seulement de leur épaisseur! Ces jeunes pins, qui n'avaient pas la moitié de son âge, avaient donc environ trois fois son volume de bois.

Si on avait cherché parmi les jeunes pins des sujets de diamètre pareil au sien, ils auraient été trouvés évidemment d'une moindre hauteur, et la comparaison aurait été à l'honneur de cette pauvre perche qui avait le double de leur âge et qui ne contenait que le tiers de leur volume respectif de bois.

Des observations prises avec une rigueur scientifique, d'un côté aux stations d'expérimentation forestière en Bavière, dont rendent compte MM. Reuss et Bartet (1), et d'un autre côté par M. Émile Mer (2), inspecteur adjoint des forêts, établissent sans le moindre doute, contrairement à certaines notions vulgaires, que la croissance en hauteur, chez les arbres convenablement espacés, est proportionnelle à celle en diamètre. Ces faits observés ne sont que conformes au sens commun, car, dans tout organisme jouissant de sa pleine santé, le développement en toutes les dimensions est harmonieux et bien proportionné.

Nous demandons pardon à nos lecteurs de nous étendre sur ces détails, mais il y a là une importante question d'administration forestière qui est trop souvent méconnue.

Il est donc évident que, plus on donnera de place aux arbres,

1. — *L'Expérimentation forestière en Allemagne*; Paris, 1885.
2. — *Revue des Eaux et Forêts*, 1890.

sans trop diriger la production ligneuse dans les branches, dont le bois est d'une médiocre valeur, et sans favoriser le développement des bruyères et des herbes sur le sol, plus on sera sûr d'obtenir des arbres vigoureux, trapus, épais, bien enracinés, résistant aux vents, et, en fin de compte, une abondante production de bon bois.

562. — Toutefois, il convient d'avouer que chez certaines essences, et surtout chez les variétés de pin sylvestre dont nous avons déjà fait mention, l'irrégularité du port, la tendance à buissonner, rendent difficile d'obtenir le maximum de production ligneuse en même temps que la croissance droite. Dans cette circonstance, comme d'ailleurs en toutes circonstances, c'est à chaque propriétaire d'étudier les habitudes de l'arbre qu'il cultive, les ressources de son sol, la facilité de ses débouchés pour chaque sorte de bois, et de modifier, selon ces données, les règles générales de la sylviculture, qu'il ne doit cependant jamais perdre de vue.

Pour prévenir cette irrégularité de croissance, il est très utile de bien choisir ses graines ou ses plants, de n'admettre, autant que possible, que les variétés qui forment les arbres les plus droits sans avoir besoin d'être maintenues en massif serré, ce qui est contraire à leur vigueur et à leur développement.

563. — Il va sans dire que les éclaircies doivent être régulièrement aménagées, de manière à obtenir une production soutenue. Si donc on éclaircit tous les trois ou quatre ans, on divise le bois en trois ou quatre parties, de *production* à peu près égale, et l'on traite tous les ans une de ces parties.

Si un petit massif se trouve en retard ou en avance d'un an ou deux sur les massifs à éclaircir, il vaut mieux retarder ou hâter son dépressage pour l'opérer en même temps que le leur (pourvu que sa croissance ne rende pas cette opération immédiatement nécessaire) que d'en faire une petite exploitation isolée de toute autre vente, par conséquent gênante et peu avantageuse.

564. — **Coupe définitive.** — Quant à la coupe à blanc étoc, elle ne doit avoir lieu qu'à maturité complète, lorsque les arbres ne prennent plus d'accroissement ni en hauteur, ni en grosseur, ni en

qualité de bois, ou si peu, que leur place serait plus utilement occupée par de jeunes repeuplements dont l'accroissement ligneux serait supérieur.

Nous avons quelquefois vu des propriétaires de pineraies maritimes devancer leur maturité et les faire abattre aussitôt qu'elles commençaient à avoir quelque valeur. C'était manger leur blé en herbe. En replantant un bois résineux, on obtient rarement un produit tant soit peu rémunérateur avant l'âge de dix-huit ou vingt ans au moins, et l'on a à supporter les frais et les risques du reboisement ; tandis que les arbres au-dessus de vingt-cinq ans, qui continuent à pousser, gagnent beaucoup tous les ans sans frais ni difficultés. Il faut donc continuer aussi longtemps que possible à pratiquer le système des éclaircies.

En opérant la coupe, il sera utile de laisser, dans les sols où la régénération naturelle est possible, des pieds-mères dont les graines se dissémineront d'elles-mêmes. Ces pieds doivent être bien clairsemés si ce sont des pins, dont les plants ne supportent pas l'ombre, un peu plus serrés s'il s'agit de sapins, car leur jeune plant demande un léger ombrage pendant deux ans. Ils doivent être placés, autant que possible, dans les parties les plus saines des bois, afin que le sol puisse soutenir leur racines ; ils doivent être bien faits, droits en même temps que vigoureux et trapus, pour avoir la force de résister aux coups de vent, et aussi pour assurer la reproduction de sujets de bonne race. Car les plants, provenant de graines portées par des sujets débiles, hériteront toujours plus ou moins de la faiblesse de leurs pieds-mères.

Nous n'avons pas la prétention d'expliquer à nos lecteurs le système de la régénération naturelle ni celui du jardinage. Ils peuvent consulter à ce sujet l'ouvrage de M. Bagnéris, *Manuel de Sylviculture*. Nancy, 1878.

Un forestier eminent, ancien élève de l'École de Nancy, M. Gurnaud, a découvert, après de longues recherches et des labeurs infatigables, un nouveau système d'exploitation de forêts, basé sur l'accroissement des arbres constaté au moyen d'inventaires pério-

22

diques et motivant des coupes fréquentes et régulières. M. Gurnaud
expose son système, nommé : Méthode du Contrôle, en y ajoutant
maint conseil utile, dans un livre : *Traité de Sylviculture pratique*,
publié à la Librairie agricole, à Paris. Les procédés de M. Gurnaud
sont spécialement applicables aux forêts de l'Est, mais il est facile,
en d'autres régions, de suivre ses principes tout en modifiant leur
application, et nous recommandons vivement son ouvrage à tous
les propriétaires de bois.

Dans un bois résineux exploité, où il ne reste que les pieds-
mères sans sous-étage feuillu, il peut être utile de faire passer,
avant la pousse du printemps, un troupeau de moutons, dont le
piétinement sur les herbes et les bruyères aura pour effet de mettre
en contact avec la terre les graines qui ont pu être interceptées
dans leur chute par ces végétaux, et qui risquent d'être retenues
par eux jusqu'à desséchement complet. Mais on ne peut plus
laisser entrer les moutons lorsqu'un jeune repeuplement, même
incomplet, a paru, car ces animaux broutent les plants de toute
sorte, bien différents des bêtes à cornes, qui respectent les résineux.

Le procédé recommandé au § 253 trouve aussi son application
avantageuse lors de la coupe définitive. Le point important est toujours le même; c'est la mise de la graine en contact intime avec le
sol, pour qu'elle puisse y pousser ses tendres radicelles. M. Bagnéris
recommande, pour atteindre ce but, un ameublissement partiel
du sol (ouvrage cité, p. 106).

565. — **Éclaircies et Aménagement des Feuillus en Futaie.** —
Les observations que nous venons de présenter sur les éclaircies
des conifères peuvent s'appliquer, d'une manière générale, aux
futaies d'espèces feuillues. Mais il convient de se rappeler que le
couvert des feuillus, étant plus clair que celui des résineux, est
moins efficace pour étouffer la végétation nuisible qui se développe
sur le sol et tend à l'accaparer au détriment des arbres. Partout où
ce développement est à craindre, il ne faut éclaircir qu'avec la plus
grande précaution; on doit même épargner les essences inférieures,
bois blancs et morts-bois, là où leur enlèvement causerait une

solution de continuité dans le couvert du massif. On se borne, dans ce cas, à affaiblir, par l'élagage ou le raccourcissement, les brins de cette nature qui menacent de gêner la croissance des arbres d'espèces plus méritantes.

Il est, en effet, très important de maintenir la continuité du massif.

Les clairières présentent deux grands inconvénients : le premier, comme nous l'avons signalé, est de favoriser le développement des plantes nuisibles qui accaparent et qui dessèchent le terrain ; le second, c'est d'admettre les coups de vent, souvent très destructeurs, dans les massifs qui viennent d'être éclaircis.

Quant aux coupes définitives, nous ne voyons rien à ajouter aux indications que nous avons données à l'égard de celles de conifères.

LES ÉLAGAGES

566. — **Principes généraux.** — « Dans un massif régulier, de même croissance et de même âge, » — nous citons M. le professeur Landolt, de Zurich, — « l'élagage doit se borner aux branches sèches et aux branches qui provoquent des formations défectueuses de la tige. »

L'élagage, chacun le sait, est un remède violent, un procédé chirurgical, ce n'est pas une mesure normale d'hygiène. Il peut être employé avec utilité sur les arbres isolés, ceux d'alignement, les baliveaux et autres réserves sur taillis, ceux enfin qui, n'étant pas maintenus par leurs voisins, tendent à buissonner et à occuper plus de place qu'il ne faut, dans l'intérêt de leur propre développement ou de celui des autres végétaux voisins. Mais les massifs réguliers, s'ils sont convenablement espacés, n'en ont en général aucun besoin.

Commençons par nous rappeler la manière dont s'accomplit la fonction physiologique la plus essentielle de la vie de l'arbre.

567. — La sève, composée d'eau ou de vapeur et de sels en dis-
solution, puisée en son état élémentaire par les racines de l'arbre,
monte dans les vaisseaux du tronc et des branches, et va dans les
feuilles s'aérer dans les stomates, se modifier sous l'influence de
la lumière et se compléter par l'assimilation du carbone qu'elle
trouve à l'état d'acide carbonique dans l'atmosphère. Redescendant,
elle passe entre l'écorce et le bois; elle y dépose une zone de cambium qui, en se solidifiant, forme l'accroissement ligneux et corti-
cal de l'arbre; enfin, elle rentre dans les racines, qu'elle contribue
de même à allonger et à garnir de fibres chevelues.

Cet admirable travail de tous les organes contribuant au développement commun, cet équilibre délicat de l'arbre, il est évident que
ce serait une folie d'y porter atteinte de gaieté de cœur; il est
également clair que la perte subite des feuilles, organes essentiels
dans cette circulation qui ressemble à celle de notre sang, doit y
jeter le plus grand trouble et nuire très fortement au développement qui en résulte.

Aussi est-il bien connu qu'en sacrifiant une plus ou moins grande
quantité des feuilles d'un arbre, on diminue proportionnellement
sa puissance de végétation. Donc, au point de vue de la production
ligneuse, qui est celui où se place le sylviculteur, l'élagage de
branches vertes ne peut se justifier que dans le cas d'une véritable
déformation ou d'une mauvaise direction de la sève. On sacrifie
alors, sciemment, une portion de l'accroissement ligneux afin que
celle qui reste s'accomplisse dans de meilleures conditions, afin
qu'elle serve, par exemple, à produire un faible accroissement de
bois de tige, d'une valeur considérable, au lieu d'une plus grande
quantité de bois de branches, d'une valeur médiocre.

Chez certains arbres à feuilles caduques atteints de quelque souffrance temporaire, l'élagage, comme remède, se justifie ainsi : En
enlevant de mauvaises branches portant des feuilles faibles et mal
développées, on provoque la formation de jeunes rameaux poussant des feuilles larges et vigoureuses, qui présenteront une surface
plus grande à l'action de l'air, et exerceront mieux leurs fonctions

nourricières et respiratoires. C'est là, nous le répétons, une véritable opération chirurgicale, à laquelle on n'a recours qu'en cas de maladie ou de faiblesse maladive.

568. **Conifères.** — Chez les conifères, la reconstitution des branches et des feuilles n'a pas lieu. Pour eux, autant de feuilles vertes enlevées et de sève écoulée, autant d'accroissement perdu.

569. — C'est une erreur que de croire que l'élagage peut, en « donnant de l'air » aux massifs épais, remédier à leur état trop pressé. Il y a environ quinze ans, nous avons vu sévir en Sologne, riche alors en semis de pin maritime, une véritable manie d'élagage. Beaucoup de propriétaires, voulant éviter le travail d'une éclaircie dont les produits n'auraient pas couvert les frais, tâchaient, à mesure que les jeunes sujets, en se développant, se serraient dans un espace insuffisant pour leur nombre, de remplacer l'éclaircie nécessaire par l'élagage. On oubliait que les deux opérations ont un but essentiellement différent et même contraire. Celui de la première est de donner aux arbres conservés la place qui leur manque ; celui de la seconde est de les contraindre à en occuper moins ; et par quel moyen ? par l'amputation des organes nécessaires à leur développement. Si l'on élague des arbres trop serrés, ils s'étireront, s'étioleront plus encore, et si, au contraire, on éclaircit des arbres déjà trop épars, ils buissonneront encore davantage. Cette manie d'élagage était secondée par les ouvriers qui, ignorant les lois de la physiologie végétale, ne trouvent jamais un arbre présentable avant de l'avoir dénudé aussi haut qu'ils peuvent en atteindre les branches. Grâce à ce noble zèle, on voyait alors beaucoup de jeunes pins portant, pour tout système rameux et foliacé, leurs flèches avec une seule couronne. Inutile de dire que les jeunes arbres souffraient de ce traitement empirique. Leur accroissement *en hauteur* comme en épaisseur s'en trouvait singulièrement amoindri ; l'écorce devenait noire, se serrait, comprimait le bois ; et le tempérament de l'arbre, déjà peu vigoureux dans cette région, recevait une atteinte qui le disposait encore davantage à succomber aux attaques de la maladie ronde, ou à toute autre influence nuisible.

Le vrai remède pour un état trop serré du massif, c'est l'éclaircie prudente, modérée, souvent répétée, et non pas l'élagage. « On ne saurait assez blâmer les propriétaires qui, n'ayant donné aucune attention à leurs pins pendant huit ou dix ans, soumettent tout à coup les arbres à une éclaircie vigoureuse accompagnée d'un élagage excessif. Une telle mutilation, jointe à l'action trop subite de l'air et de la lumière, occasionne un état maladif dont la pinière souffre pendant toute la durée de sa croissance. » (A. Boitel, ouvrage cité.)

570. — Chez les conifères, les plaies d'élagage guérissent lentement et difficilement ; la sève continue pendant longtemps à exsuder et à se perdre, au lieu d'être utilement dirigée sur la cime, comme on le suppose à tort. D'un autre côté, chez la plupart des conifères, la plaie, fermée, n'est plus redoutable comme chez les feuillus, car la résine de la sève préserve de toute pourriture les nœuds durcis qui restent à la place des fortes branches enlevées.

L'enlèvement des branches vertes a un autre inconvénient, chez les résineux comme chez les feuillus : celui de découvrir le sol et de favoriser la pousse des mauvaises herbes et des bruyères, qui pourraient être étouffées par le développement normal des branches si celui-ci était respecté.

571. — Après avoir considéré les inconvénients de l'élagage des résineux en général, nous passerons en revue les cas où il devient nécessaire de supprimer certaines branches.

Aux premières éclaircies, les branches mortes et dépérissantes doivent être enlevées ; elles gênent les mouvements des ouvriers ; plus tard, persistant dans cet état, elles formeraient des nœuds dans le bois du tronc, leurs bases se trouvant enveloppées dans l'accroissement annuel de l'arbre, qui se forme entre le bois et l'écorce.

572. — Il ne faut pas non plus négliger d'enlever les branches « qui provoquent des déformations défectueuses de la tige », c'est-à-dire les branches dites gourmandes, et aussi celles qui arrivent à constituer une seconde tige et à former des arbres doubles par suite d'une cassure de la tête du jeune sujet.

Ces perturbations de la croissance se trouvent habituellement soit sur les arbres des bordures, soit dans des clairières où les arbres n'ont pas été maintenus par la pression de leurs voisins. On peut les redresser hardiment si le jeune arbre, quoique privé de ces membres, a encore un developpement foliacé suffisant pour vivre et s'accroître. Pour notre part, lorsque les *doubles tiges* se trouvent à l'intérieur du massif, et qu'elles sont belles, nous les laissons ; car dans la jeunesse de l'arbre résineux, sa nutrition, tirée princi- palement de l'atmosphère, peut suffire à ce double développement ; plus tard, elles tomberont dans les éclaircies. Comme elles se trou- vent généralement dans les clairières, leur suppression immédiate aurait pour effet de créer ou d'augmenter une rupture du massif, et ainsi de favoriser la croissance d'une végétation arbustive nuisible.

Sur les bordures, où cette forme double ferait des arbres buisson- neux, si la tige superflue est faible, nous pouvons la supprimer immédiatement. Si elle est forte, nous commençons par la raccour- cir seulement, pour éviter à l'arbre l'enlèvement de toutes ces feuilles. La sève n'y porte plus d'accroissement, se dirigeant presque entièrement dans la tige conservée entière, et, l'année suivante, on peut, sans inconvénient, retrancher rez-tronc ce qui reste de la tige déjà raccourcie. De même pour les branches gourmandes, lorsqu'elles sont fortes relativement à la taille de l'arbre. Si elles sont faibles, on peut les retrancher immédiatement rez-tronc.

573. — On a encore recours à l'élagage pour résister aux empiè- tements des sujets d'espèces communes vigoureuses sur ceux aux- quels ils servent de garniture. Si l'on tient à conserver les premiers, on doit alors procéder par le raccourcissement des branches, en laissant des rameaux d'appel.

Chez les espèces à vigoureuse ramure latérale, il est souvent nécessaire d'élaguer les sujets de bordure, qui empiètent tellement sur les allées qu'ils finiraient par les boucher complètement. Il est bon, si l'on a affaire à des pins, d'attendre, autant que possible, que les branches basses commencent à dépérir, alors que la sève se sera portée dans les verticilles supérieurs. Si ce dépérissement n'a pas lieu, il est prudent (comme on tient à conserver à ces arbres, qui sont le plus en vue, leur maximum de vigueur) de faire l'opération en deux fois, en procédant d'abord par le raccourcissement. Elle peut cependant être faite d'un coup, pourvu qu'elle ne s'étende pas au delà du tiers de la hauteur de l'arbre.

574. — Dans certaines régions, l'élagage des résineux peut fournir un véritable produit par la vente des bourrées faites des branches coupées. Nous pensons cependant que, même dans ce cas, il est sage d'attendre autant que possible que ces branches soient dépérissantes, et surtout de ne pas dénuder l'arbre assez haut pour nuire sérieusement à sa croissance en le privant d'une proportion considérable de ses feuilles. En méprisant cette règle, comme on le fait souvent, nous croyons que l'on perd à la longue, par la diminution de l'accroissement de la tige, plus que le produit du menu bois qu'on a exploité.

575. — Lorsque les allées sont bordées de sapins ou de mélèzes ou de cupressinées, etc., la forme pyramidale de ces sujets, régulièrement habillés de verdure de la tête aux pieds, constitue la plus grande beauté de l'alignement. Ces arbres doivent donc être plantés assez en retrait pour laisser à l'allée une largeur suffisante, afin que ni la circulation ni la perspective ne soient interceptées ; on évitera ainsi la nécessité d'avoir recours à l'élagage.

576. — Les saisons les plus favorables à cette opération sont à notre avis : d'abord l'automne, où l'on peut espérer que les tissus auront, avant le printemps suivant, assez de temps pour se resserrer, de manière à réduire au minimum l'écoulement de sève inévitable ; ensuite la fin du printemps, lorsque cette montée s'est effectuée et que la descente commence.

577. — La coupe doit être soigneusement faite, de manière à ne laisser aucun chicot, afin d'éviter le retard du recouvrement et la formation de nœuds, mais l'ouvrier doit en même temps prendre garde d'éclater l'écorce, ce qui aggraverait la plaie et augmenterait l'écoulement de la sève. (Voir § 570.)

La résine de la sève, nous l'avons dit, conserve le bois exposé à

l'air par la plaie et écarte complètement les insectes ; par conséquent, comme on ne craint pas la pourriture chez les conifères, il
n'y a pas besoin de se servir de coaltar ou d'autre substance analogue pour couvrir le « miroir d'élagage ».

578. — **Feuillus.** — Les principes généraux à suivre pour l'élagage des feuillus ne diffèrent pas de ceux que nous venons d'indiquer au commencement de ce chapitre. Sauf les cas de nécessité évi-
dente, il vaut toujours mieux s'abstenir d'enlever des branches vertes.

La question de l'utilité de l'élagage systématique de ces branches
a été très longuement et très chaudement débattue. Nous n'avons
pas la compétence nécessaire pour prononcer entre tant d'autorités
imposantes qui ont pris parti pour ou contre ; mais nous sommes
disposés à croire que les inconvénients et les dangers de cette pratique l'emportent de beaucoup sur le bénéfice que peuvent en
retirer les arbres.

Personne du moins n'hésite à convenir que l'opération est extrêmement délicate, qu'elle exige chez celui qui la pratique une attention toujours en éveil, beaucoup de discernement, des soins scru-
puleux et une grande sûreté de main dans l'exécution.

Nous concluons donc que, ce travail fût-il, en principe, vraiment
avantageux (ce qui est très contesté), il est impossible aux sylviculteurs placés dans les conditions ordinaires, c'est-à-dire disposant
d'ouvriers-bûcherons d'une capacité médiocre, de le faire opérer
convenablement sur une grande échelle. Mal exécuté, il est très
nuisible.

Il doit donc être limité à des cas particuliers, et nous allons
essayer d'indiquer très brièvement comment, dans chacun de ces
cas, on doit procéder.

Dans tout élagage des feuillus, le sylviculteur doit avoir la
peur de la pourriture constamment devant les yeux. C'est en vue
d'éviter cet accident que l'on doit avoir soin de retrancher les
branches mortes qui se trouvent directement sur la tige de l'arbre.
On les coupe rez-tronc au moyen de la serpe spéciale d'élagueur,
lourde, droite, d'acier bien trempé. Si on laissait pourrir ces

branches, au bout de quelque temps elles introduiraient la carie jusque dans le cœur de l'arbre (1).

579. — Quand un arbre est resté souffreteux par suite d'un désastre anormal, comme celui des grandes gelées de 1879-80, on peut quelquefois, en l'émondant, lui rendre sa vigueur pour un certain nombre d'années. Si l'on tient à conserver la quantité du bois du tronc, on doit se contenter de raccourcir les branches malades. Pour opérer ainsi avec soin, il est essentiel de ne couper chaque branche qu'à un mètre ou deux au moins du tronc,

Fig. 366. — BRANCHE coupée à chicot; chêne carié jusqu'au cœur.

au-dessus de quelques vigoureux rameaux d'appel. Ceux-

Fig. 367. — SERPE d'élagage renforcée, longueur 40 centimètres. — Fig. 368. CROCHET porte-serpe. — Fig. 369. SERPE en ceinturon. — Fig. 370. SERPE en bandoulière. — Fig. 371. ÉMONDOIR pour enlever les petites branches gourmandes.

ci doivent être placés de telle sorte qu'ils puissent recevoir toute la lumière qui leur est nécessaire. Autrement, trop ombragés par

1. — Ce raisonnement nous semble rationnel ; cependant, bien des sylviculteurs émérites ont pour règle de ne jamais toucher même aux branches mortes, des arbres à bois dur. Ils préfèrent exploiter ceux qui en ont beaucoup.

les branches supérieures, ils ne suffiraient pas à maintenir la vie dans la branche raccourcie, et celle-ci, une fois morte, finirait, si l'on n'y mettait bon ordre, par communiquer sa pourriture au tronc.

580. — Après une exploitation de taillis, ou une éclaircie de futaie, les réserves, surtout celles de chêne, sont sujettes à se couvrir de branches gourmandes sur le tronc, au préjudice de la cime, qui est exposée à souffrir et même à mourir d'épuisement. Ces petites branches peuvent être enlevées sans le moindre inconvénient pour l'arbre, les plaies de l'opération étant trop minimes pour lui porter préjudice. Le travail doit se faire dans l'année qui suit la coupe.

581. — Tout autre élagage rez-tronc, en vue de *former* des arbres, doit être pratiqué sur des sujets encore jeunes, et se borner à l'enlèvement de branches qui ne sont pas encore bien lignifiées, et dont la perte ne nuira pas à l'élaboration de la sève. La suppression de grosses branches rez-tronc laisse toujours une solution de continuité entre le bois de leur base, qui se dessèche et meurt, et le reste du bois de tronc. Le moindre inconvénient qui puisse en résulter est la formation d'un gros nœud, de bois sain mais dur, défaut considérable dans les pièces de travail ; mais il est plus que probable que ce bois mort se décomposera avant d'être recouvert. Dans ce cas, le loup est renfermé dans la bergerie ; la couverture, si bien qu'elle se soit effectuée, ne fait que cacher la carie, qui attaque lentement mais sûrement la substance de l'arbre. Il arrive souvent ainsi qu'après de longues années, lorsque les traces de la plaie ne sont plus visibles, l'arbre à la fin abattu est reconnu impropre au travail ; le propriétaire y trouve une perte sèche, ou bien le marchand de bois, s'il l'a acheté sur pied, se plaint, avec toute apparence de raison, d'avoir été volé.

Il y a plusieurs circonstances où l'on est obligé d'avoir recours à l'élagage : lorsque, par exemple, des arbres de réserve ombragent trop le taillis, ou bien que ceux de bordure ou d'avenue empiètent trop sur les chemins, etc. Dans ces divers cas, si l'on tient à conserver la quantité du bois de tronc, il faut procéder par le raccour-

cissement, soigneusement pratiqué comme nous venons de l'indiquer. Tant que les arbres sont dans la première période de leur
végétation, qui est alors la plus forte, ils ne doivent pas être
dénudés de branches au-dessus du tiers de leur hauteur.

582. — Les outils les meilleurs sont la serpe et la scie d'élagueur.
On ne les confie qu'aux mains d'un ouvrier intelligent et adroit. Il
doit toujours commencer par entamer la surface inférieure de la
branche, de manière à assurer une plaie nette lorsque celle-ci sera

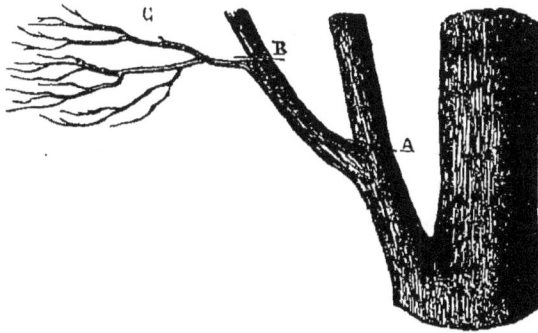

Fig. 372. — Double raccourcissement.
A. Branche gourmande, B. Branche secondaire, C. Branche d'appel.

sciée ou coupée d'en haut, et à éviter la cassure ou l'éclatement de
l'écorce ; car toute surface inégale d'une plaie, outre qu'elle ne se
recouvre que lentement et difficilement, forme une place de refuge
pour des colonies d'insectes. La suppression complète des branches,
lorsqu'elle est nécessaire, doit se faire nettement rez-tronc, sans le
moindre chicot, de manière à appeler un recouvrement plane.

583. — La plaie doit être bien parée, et chaque fois qu'elle se
trouve sur le tronc ou à une faible distance de lui, elle doit être
soigneusement enduite de *coaltar*, en vue de prévenir la décomposition et d'écarter les insectes. Cette substance ne doit pas être
étendue sur l'écorce, à laquelle elle pourrait nuire.

584. — La saison la plus favorable pour l'élagage est généralement le printemps, après la montée de la sève ; plus tôt, on aurait à

redouter les gelées subites, qui sont dans certaines contrées une cause de carie des plaies. Si on peut commodément, avec la main-d'œuvre dont on dispose, remettre jusqu'en plein été, juin, juillet et août, l'enlèvement des branches gourmandes sur les troncs, celles-ci repousseraient beaucoup moins. L'hiver, les jours sont courts et quelquefois trop mauvais pour qu'on puisse facilement monter sur les arbres. (V. *Bulletin de la Session*, 1887, des Agriculteurs de France, p. 355.)

585. — A ceux de nos lecteurs qui désireraient des renseignements plus complets au sujet de ce travail, nous recommandons le petit livre de M. le comte des Cars, *Élagage des Arbres* (Paris, J. Rothschild, éditeur). On y trouvera des instructions complètes sur la manière de pratiquer cette opération. En outre, nous pouvons indiquer comme non moins utile le travail de M. Martinet : *Considérations et Recherches sur l'Élagage*, qui démontre avec une grande clarté et par de nombreux exemples les dangers du procédé, et apprend à s'en abstenir aussi bien qu'à l'exécuter.

586. — Nous avions songé à consacrer un chapitre aux maladies des arbres, presque toutes parasitaires, et spécialement aux ravages exercés par les insectes; mais un sujet si vaste ne peut être utilement traité dans le cadre restreint de notre ouvrage. Nous renvoyons donc nos lecteurs aux traités spéciaux sur cette matière :

Les Ravageurs des Forêts et des Arbres d'Alignement, par H. de la Blanchère et Ch. Robert (Paris, J. Rothschild, éditeur; 6e édition).

Les Maladies des Plantes, par Vesque et d'Arbois de Jubainville, également publié par la Maison J. Rothschild.

Manuel Moret, *Destructeur des Animaux nuisibles*, 2e partie, par le comte de Corberon, d'après Ratzeburg. (Paris, Roret, 1847.)

M. A. Joubaire, aujourd'hui administrateur des Forêts, à Paris, a publié, après les grandes gelées de 1880, une brochure utile : *Notes sur quelques insectes nuisibles aux Forêts d'Indre-et-Loire*. (Tours, 1881.)

L'ouvrage capital sur ce sujet est le *Cours de Zoologie* de Mathieu, comprenant l'entomologie forestière.

Nous avons nous-même, dans notre *Manuel du Cultivateur de Pins en Sologne*, signalé et décrit les principaux ennemis des résineux.

Il vaut mieux essayer de prévenir les ravages des insectes et des champignons que de les combattre lorsqu'ils se sont produits. La destruction de ces ennemis, sur les grandes surfaces des bois, est toujours difficile et coûteuse, généralement impossible.

Le seul moyen de prévenir le danger, c'est une culture soigneuse et judicieuse. Il faut surtout faire promptement disparaître les pieds malades ou mourants, cassés ou couchés par les vents, car c'est dans les arbres maladifs que l'ennemi se propage ordinairement, avant d'attaquer les sujets sains. Si l'insecte élève sa couvée sous l'écorce des brins exploités, il faut écorcer ces derniers, ce qui tue les larves; si, d'un autre côté, la forêt est menacée d'une invasion d'insectes se propageant dans les souches (comme par exemple l'hylobe du pin), il faut procéder à l'extraction de celles-ci, pourvu toutefois que cette mesure soit économiquement possible.

L'introduction des porcs, depuis le mois d'août jusqu'en hiver, peut détruire un certain nombre d'œufs ou de larves nuisibles; les oiseaux de nuit nous débarrassent en partie des papillons nocturnes, qui sont les plus redoutables, et par conséquent de leurs œufs et de leurs larves; ils doivent être soigneusement respectés, comme tous nos autres auxiliaires ailés; malheureusement les insectes xylophages sont en général clos et couverts dans leurs galeries, par conséquent à l'abri de toute atteinte. M. Baltet, dans son remarquable ouvrage déjà cité, constate qu'ils n'ont nullement souffert des grands froids de 1879-80. Nous en avons eu la preuve par leur multiplication effrénée et leurs énormes ravages à l'année suivante.

Il importe aussi de ne pas laisser languir les bois épuisés sur des sols secs et ingrats, où ils atteignent vite leur maturité, et, tombant en décrépitude, servent de repaires aux ravageurs. Bref, pour écarter ce danger, on ne saurait prendre des soins assez vigilants, assez réguliers.

Lorsque, en dépit de toutes les précautions, le fléau a sévi, lorsque les insectes ont rempli la tâche qui leur était assignée, celle de hâter la décomposition des bois maladifs, c'est la nature elle-même, agissant à son heure et avec ses mystérieux moyens de destruction, qui se charge de les supprimer. Insouciante comme toujours, elle détruit, sans scrupule sur le choix des moyens, les instruments dont elle s'était momentanément servie dans son système de mouvement et de modification continuel. Nous avons ainsi vu disparaître des invasions d'insectes, qui semblaient appelées à s'accroître et à se perpétuer indéfiniment.

Ce phénomène est dû, probablement, à une foule de créatures microscopiques, parasites des insectes, et qui, à leur tour, les détruisent en vivant à leurs dépens.

Nous avons accompli notre tâche, dans les limites restreintes que nous nous étions tracées. En terminant, nous tenons à rappeler à nos lecteurs que les règles, ou plutôt les conseils que nous leur avons présentés, pourront ne pas s'appliquer rigoureusement à toutes les circonstances particulières dans lesquelles le travail de chacun devra s'effectuer. Il est impossible d'indiquer dans un livre les mille modifications que les conditions infiniment diverses de terrain et de climat imposent à la végétation et par suite à la culture. Ces modifications, la pratique, l'observation, l'expérience seules nous les apprennent peu à peu. Si c'est en forgeant qu'on devient forgeron, c'est aussi en plantant des bois, en administrant, en exploitant des bois, qu'on devient sylviculteur.

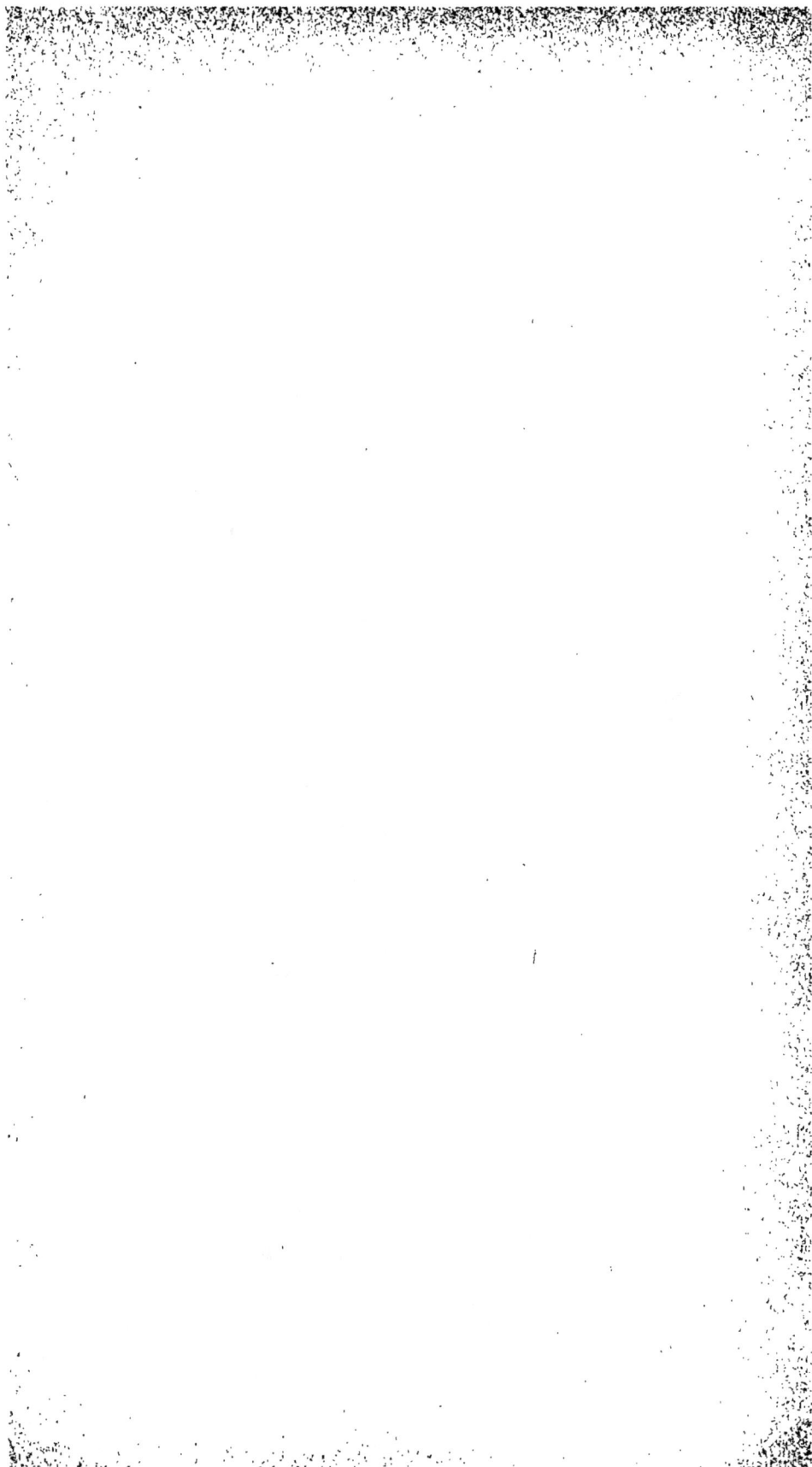

TABLE ALPHABÉTIQUE

DES MATIÈRES, DES NOMS ET DES FIGURES

www.ingramcontent.com/pod-product-compliance
Lightning Source LLC
Chambersburg PA
CBHW061123220326
41599CB00024B/4143